Gerd von Hassler, geboren 1928 in Augsburg, studierte Geschichte, Literatur, Dramaturgie und Musik. Er war als Reporter, Redakteur und freier Journalist für Presse, Funk und Fernsehen tätig. Gerd von Hassler ist Produzent von Schallplatten, Rundfunk- und Fernsehsendungen sowie Autor von Hörspielen und Drehbüchern. Mit seinen Erfolgsbüchern »Wenn die Erde kippt« und »Welt ohne Notausgang« ist er einem breiten Leserpublikum bekannt geworden.

Vollständige Taschenbuchausgabe 1990
Droemersche Verlagsanstalt Th. Knaur Nachf., München
Lizenzausgabe mit freundlicher Genehmigung der F. A. Herbig
Verlagsbuchhandlung, München/Berlin

Umschlaggestaltung Adolf Bachmann
Umschlagfoto Eva Lindenburger/Silvestris
Druck und Bindung brodard & taupin
Printed in France 5 4 3 2 1
ISBN 3-426-03988-5

# Gerd von Hassler:

# Der Menschen törichte Angst von der Zukunft

Mit 54 Schaubildern

Knaur

# Inhalt

## I. Buch:
## Die Atomgegner und ihre Aufforderung zum Selbstmord

II. Buch:

## DIE SIEBEN PLAGEN DER APOKALYPSE

## III. Buch:
## Die neue Zeit – wie sie im Buch des Lebens vorgezeichnet scheint

# I. Buch

# Die Atomgegner und ihre Aufforderung zum Selbstmord

*Die Zukunft hat viele Namen.*
*Für die Schwachen ist sie das Unerreichbare.*
*Für die Ängstlichen ist sie das Unbekannte.*
*Für die Tapferen ist sie die Chance.*

*Victor Hugo*

# Der Atomkrieg findet nicht statt

## *Der Dritte Weltkrieg hat begonnen*

Mai 1987: Der Dritte Weltkrieg hat begonnen. Und fast keiner hat es gemerkt. Geschossen wird nämlich – wie in der Geschichte üblich – erst später. Die Wissenschaft der Historie würde Irrtümer bei der Auffindung der wahren Kriegsverursacher besser vermeiden, wenn sie den jeweiligen Kriegsbeginn mit dem Tag datieren würde, an dem die erklärte Absicht, ihn zu führen, erstmals deutlich wird, zum Beispiel, indem man Forderungen stellt, die nur unter der Androhung von Waffengewalt erfüllt werden[1)] und an jenem Tag automatisch zum Krieg führen, an dem der Bedrohte sich stark genug fühlt, der Drohung zu widerstehen. Oder zum Beispiel, indem man ein Hindernis beseitigt, das einem die Möglichkeit nimmt, seinen Willens notfalls auch mit Waffengewalt durchzusetzen.

Wann dann zum erstenmal geschossen wird, ist danach nur noch eine Frage der Geduld des Bedrohten, der Bereitschaft, sich fremdem Willen – bis zu einer gewissen Grenze – zu unterwerfen, mitunter auch des Verhandlungsgeschicks, listiger Verschleierung und einiger anderer Aufschubmöglichkeiten, somit aber alles in allem nur eine Frage der Zeit.

Im Mai 1987 erlebten wir, wie der Generalsekretär der KPdSU, Michail Gorbatschow, mit dem Vorschlag der sogenannten doppelten Null-Lösung[2)] den entscheidenden Schritt unternahm, ein Hindernis zu beseitigen, das der Sowjetunion trotz ihrer militärischen Überlegenheit die Möglichkeit nahm, ihren Willen weltweit durchzusetzen. Und die

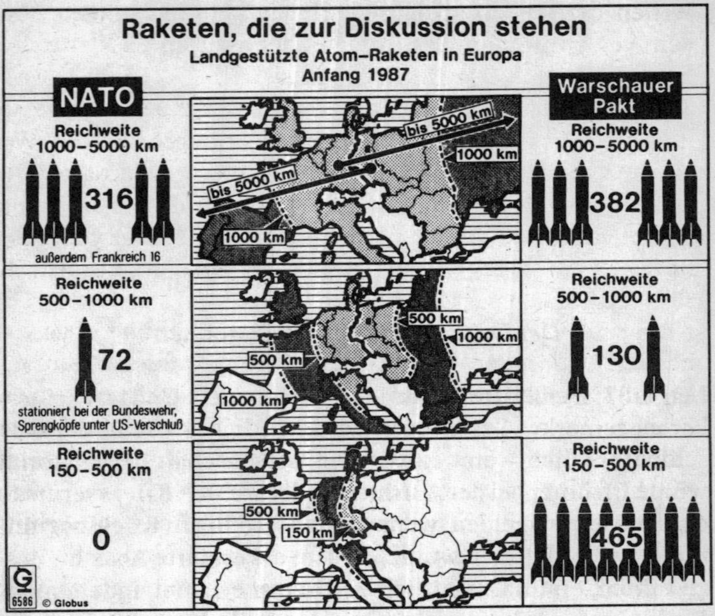


westliche Welt mußte diesen Schritt – sogar aus Überzeugung – gutheißen.

Allen Menschen und insbesondere allen Führenden war seit langem klar, daß ein Atomkrieg nicht zu führen ist. Nur Filmautoren, die einen verrückten General mit dem Schlüssel zum Scharfmachen der Atomsprengköpfe ausstatteten, und Friedensbewegte, die sich mit dem erdachten Weltuntergang in einem atomaren Inferno von jeder Verpflichtung zur Selbsterhaltung durch Schutz- und Verteidigungseinrichtungen freisprechen wollen, spielten mit dem Atomkrieg.

Die politische Realität sah anders aus:

Solange der atomare Overkill einen Sieg im konservativen Sinne unmöglich machte, war die »Fortsetzung der Politik mit anderen Mitteln«, also die Durchsetzung erklärter Ziele, den Großmächten verwehrt. Und sogenannte Stellvertreter-Kriege (in denen sich kleine Länder mit den konventionellen

Waffen der großen schlagen) bringen keine Lösungen, sondern verschlimmern das Desaster der nicht mehr klar fixierbaren Machtgrenzen nur noch mehr.

Jedem mußte klar sein, daß dieser Zustand der Selbstfesselung der Großmächte auf die Dauer untragbar wurde. Wer siegte eigentlich noch wo? Zum Beispiel in Vietnam? Die USA gewiß nicht, aber etwa die Sowjetunion? Und in Afghanistan? Im Iran? Gehört Libyen wirklich zur Machtsphäre der Sowjetunion? Oder Nicaragua? Und ist Japan noch eine militärische Bastion der USA?

Und dabei waren doch wahrhaftig genug Atombomben vorhanden, um da und dort Klarheit über die wahren Machtverhältnisse zu schaffen, nur – man konnte sie nicht einsetzen. Man durfte als Sowjetunion oder USA außerhalb eng abgegrenzter Interessensphären nicht einmal als kriegführende Macht in Erscheinung treten, wollte man nicht die Gefahr eines Atomkriegs heraufbeschwören. Natürlich konnten und wurden die Regeln der Nichteinmischung in innere Angelegenheiten anderer Staaten gelegentlich mit politischen Tricks umgangen, aber gerade dies beweist, wie strikt sie im Prinzip beachtet werden mußten, um den Atomkrieg mit seinem Overkill zu vermeiden.

## *Overkill und Zahlenspiel*

Im Grunde genommen ist »Overkill« nichts als ein grausiger Witz der Weltgeschichte, ein Kinderspiel verantwortungtragender Erwachsener oder – wie manche sagen – ein Gradmesser der psychopathischen Verfassung unserer Gesellschaften und ihrer erwählten Regierungen.

Man fertigte Atombomben nicht mehr an, um sie einzusetzen (das schloß sich von einer gewissen Zahl an aus), sondern um zu imponieren: Kauft dir dein Vater ein Bonbon, kauft mir meiner zwei. Kauft dir deiner zwei Bonbons, kauft mir meiner drei. Kauft dir deiner drei Bonbons, kauft mir meiner vier. Und so weiter. Oder – ein anderes Bild – Weltpolitik als Imponiergehabe sich auf die Brust trommelnder Gorillamännchen. Unglaublich, aber wahr.[3]

Schon das Wort Overkill verrät die Wirklichkeit: Es gibt keinen Übertod. Und kein vernünftiger Mensch kauft, um seinen Feind zu erledigen, den er mit einem einzigen Schuß zu töten vermag, zwanzig Maschinenpistolen. Was soll also ein »Übertod« durch eine Unzahl von Kernwaffen, von denen ein

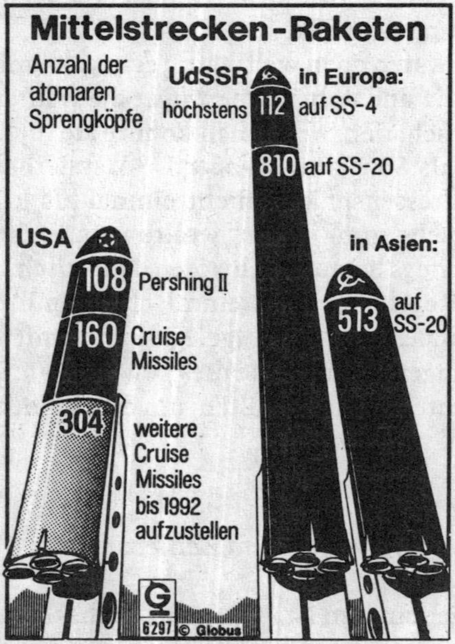


Zwanzigstel ausreichen würde, alle Feinde und gleich noch sich selbst mit zu eliminieren[4] und mit hoher Wahrscheinlichkeit alles Leben auf der Erde für Generationen ernsthaft zu gefährden?[5]

Es ist kindisch. Nur man darf es nicht so nennen, weil wir sonst verraten würden, daß wir alle – heute als Journalisten und Wirtschaftskapitäne, als Hausfrauen und Politikerinnen – seit Anbeginn der Menschheit nie aufgehört haben, kindisch zu sein. Die Mutter, die ihr Baby anzieht, macht das zwar geschickter, aber gewiß nicht mit mehr Liebe und Verantwortungsgefühl als ihre Fünfjährige mit ihrer Puppe. Der »erwachsene« Unteroffizier kriecht – wenn er seinen Soldatenberuf »ernst nimmt« – mit der gleichen Begeisterung durch das Unterholz wie ein Winnetou spielender Sextaner. Und Zwölfjährige verlieren beim Monopoly mit der gleichen erhöhten Frequenz ihrer Herzschläge, mit der ein Unternehmer seinen Betrieb in den Konkurs führt.

Es ist noch nicht lange her, daß uns die Psychologie klarmachte, wie wichtig das Spiel des Kindes ist, »weil es die Welt des Erwachsenen vorwegnimmt«. Und nur weil die Psychologen selbst Erwachsene waren, die sich und ihre Arbeit »ernst nehmen« wollten (als ob ein Kind sich weniger ernst nähme), vermieden sie die wahre Formulierung: »... weil die Welt der Erwachsenen nichts anderes ist als ein mit anderen Mitteln fortgesetztes Kinderspiel.«

Die anderen Mittel erlauben natürlich auch andere Auswirkungen. Das war für den Neandertaler noch nicht so bedeutungsvoll: Konnte sein Knabe einen Stein werfen, konnte er eine Keule schwingen. Aber ob David oder Goliath, töten konnten sie schlimmstenfalls immer nur einen Menschen zur gleichen Zeit. Das nun hat sich seit Einführung des Schießpulvers als Mittel tödlicher Auseinandersetzungen geändert.

Der alte Raubritter zog noch in die Fehde, weil es ihm zugestandenermaßen Spaß machte, die Pfeffersäcke um einen Sack Dukaten zu erleichtern und gegebenenfalls auch um ihr Leben zu bringen. Er dachte sich nicht viel dabei. Er schlug sich für seinen Spaß zwar mit dem Schwert des Erwachsenen, aber das unterschied sich vom Kinderschwert nur durch mehr Gewicht. Im moralisch-ethischen Sinne erwachsen wurde die Welt der kleinen und der großen Leute bis heute nicht. Man lernte lediglich, sich »ernst« zu nehmen. Die Kinder lernen noch im Spiel, aber die Lehrer lehren »im Ernst« angehäufte Unwesentlichkeiten.

Verräterisch ist ja schon, wie sehr das immer wieder betont

werden muß: daß der Forstmeister »im Ernst« mit seinem Auto durch den Wald fährt; daß die Verkäuferin »im Ernst« einen Stapel Dessous sortiert; daß der Bankmanager »im Ernst« hundert Millionen Dollar Kredit an das Land Mixmax vergibt (von wo er sie nie wiederbekommt); daß der Verteidigungsminister »im Ernst« neue Atomraketen bestellt (obwohl er besser als jedes Kind wissen müßte, daß sie nie eingesetzt werden, nie eingesetzt werden dürfen).

Dieser »Ernst« in der Phase der Unwirklichkeit der Überrüstung mit Atomraketen aller Kaliber und Reichweiten[6], mit dem argumentiert und gegenseitig die Megatonnen atomarer Sprengkraft einander vorgerechnet wurden, war etwas, das einem wirklich Angst machen konnte. Für das kindhaft-sinnlose Anhäufeln jenes – im »Ernst«fall – einen ganzen Planeten radioaktiv verseuchenden Kriegsspielzeugs gab es gelegentlich Argumente von beiden Seiten[7], die einen erheblich zurückgebliebenen geistigen Entwicklungsstand oder zumindest eine partielle Behinderung des Intellekts der Argumentierenden vermuten lassen mußten.

Ja, das konnte einem tatsächlich Angst machen: Angst vor der Gegenwart. Davor, daß die Dummheit weltweit und endgültig die Alleinherrschaft angetreten hat. Alles, was uns bleibt, ist die Hoffnung auf die Zukunft, die – wenn auch wohl nur über die Stationen Not und Schrecken – der Menschheit Wege in eine neue, bessere Welt eröffnet, in eine Welt, in der es den Menschen gelingt, nicht nur biologisch, sondern auch moralisch erwachsen zu werden.

## *Die kontrollierten Geisteskranken*

Bevor wir nun zu analysieren versuchen, wie es zu dieser kindischen – oder wem das lieber ist: psychopathischen –, jedenfalls im tiefsten Sinne sinnlosen Anhäufung von Atombomben kommen mußte, sollten wir, um Mißverständnisse auszuschließen, uns zwei wesentliche Punkte vor Augen halten.

Punkt eins: Ob mit oder künftig ohne Atombomben, auch

wenn der Dritte Weltkrieg durch den Vorschlag des Ostens und das Einverständnis des Westens[8] möglich gemacht (und damit wahrscheinlich eingeleitet) wurde – wirklich interessiert ist gegenwärtig sicher weder die östliche noch die westliche Großmacht an einem Krieg.

Punkt zwei: Die Tatsache, daß die Abschaffung der Atomwaffen den Dritten Weltkrieg demnächst zur Realität werden lassen kann, bedeutet keine Befürwortung und kein auch nur stillschweigendes Akzeptieren der Atomrüstung.

Wenn nach der Pest in Mitteleuropa Cholera-Epidemien wüteten, so hieß das doch gewiß für keinen vernünftigen Menschen, daß er sich und allen anderen deshalb wieder die Pest an den Hals gewünscht hätte. Es zeigt sich nur eines: daß wir Zwangsläufigkeiten von Entwicklungen nicht entfliehen können.

Der König ist tot, es lebe der König. So folgte jahrhundertelang in der Welt – nicht nur in der abendländischen – ein Herrscher dem anderen. Und sie waren Herrscher von Gottes Gnaden, die in Gottes Namen ihre Urteile sprachen und ihre Kriege führten. Mord und andere Untaten bis hin zu bescheidenen Ungerechtigkeiten waren in ihr Gottesgnadentum eingeschlossen. Sie hatten sich für alles, was sie dachten, sagten und taten, nur vor einer einzigen Instanz zu verantworten: vor dem Gericht Gottes oder – dies vorweggenommen – ihrem eigenen Gewissen. Wobei zwischen beidem – so dürfen wir glauben – oft genug Welten klafften.

Aber diese absolutistischen Herrscher sind nun endgültig tot, und keine neuen dieser Art leben. Die Führer der Völker sind – selbst in den Diktaturen – ihrer Anhängerschaft verantwortlich, müssen ihr ständig Rechenschaft ablegen und können jederzeit, wenn ihre Maßnahmen keine Billigung finden, in die Wüste geschickt oder exekutiert werden. Die letzten in die politische Gestaltung der Erde eingreifenden Diktatoren, denen es gelang, ihre Anhänger absolut unter Kontrolle zu halten, waren Stalin und Hitler.

Und noch Hitler hängte sich trickreich an die im Deutschland seiner Zeit nachwirkende Vorstellung vom Gottesgnadentum der Kaiser und Könige an, indem er sich auf seine Berufung durch die »Vorsehung« berief.

Wie wirklichkeitsfremd er sich also – vor allem dem Ende zu – auch immer verhalten mochte, sein Wort und seine Entscheidungen waren durch jene unangreifbare »Vorsehung« gedeckt. Er hätte in seiner Phase der »Götterdämmerung« auch noch den chemischen Krieg entfesseln, die vielerorts bereitliegenden Gasgranaten einsetzen können – seine Gefolgschaft hätte wohl auch diese Befehle noch ausgeführt.

Der Zweite Weltkrieg wäre dann in eine neue Dimension zusätzlicher Schrecken für Freund und Feind eingetreten. Hitlers Idee, daß ein Volk sein Lebensrecht verwirkt habe, wenn es nicht in der Lage sei, eine »Unterwelt von Bolschewiken und Plutokraten« zu vernichten, daß dieses Volk – selbst wenn es ein »arisches« sei – den Untergang verdiene, wäre dann im Sinne der totalen Selbstzerstörung und einer fast auf Null minimierten Überlebenschance zur deutschen Wirklichkeit des Jahres 1945 oder vielleicht auch erst 1946 geworden.

Herrscher solcher Absolutheit wie ein Hitler, ein Stalin oder ein Napoleon sind gegenwärtig bei keiner führenden Nation zu finden. Ebensowenig ihre durch Treue, Gläubigkeit oder Furcht bis zur vollkommenen Selbstentäußerung gefügigen Gefolgschaften. Ob amerikanischer Kongreß oder sowjetrussisches Politbüro, ob Präsident oder Diktator, gegenseitige Kontrolle und Kritik sind bei allen politisch und wirtschaftlich führenden Mächten unserer Zeit – wie die Beispiele Chruschtschow und Nixon zeigten – eine Realität der innerstaatlichen Politik.

Ein Geisteskranker ist also auf dem Sessel des US-Präsidenten heute ebenso unvorstellbar wie auf der Tribüne der sowjetischen Hierarchie. Und daß nur ein Geisteskranker fähig sein könnte, den Atomkrieg auszulösen oder durchzuführen, war selbst bei phantasievollen Filmautoren eine Voraussetzung für jeden erdachten Holocaust.

Und selbst wenn wir einmal behaupten wollen, daß jede Führungsqualität, die für ein höchstes Amt befähigt, notwendigerweise nicht mehr einer geistigen Verfassung entsprechen kann, die wir üblicher Alltagsnormalität zuordnen würden – die Kontrolle ist damit nicht außer Kraft gesetzt. Und die enge Nachbarschaft von Genie und Wahnsinn hätte in unserer Zeit der Demokratien und von Parteihierarchien beherrschten Diktaturen nur eine Konsequenz: daß kein Genie in eine Führungsposition aufzusteigen vermöchte, die es der Kontrolle der kleinen »normalen« Geister entzöge.

Damit aber sind Entscheidungen wie die für einen Atomkrieg praktisch illusorisch. Und wenn die Propheten des Weltuntergangs durch atomaren Holocaust sich auch die Finger wund schreiben, der Atomkrieg fand nicht statt und wird nicht stattfinden. Um der politischen Ungeschicklichkeit und Infantilität, wie sie der Europa-Parlamentarier Otto von Habsburg insbesondere den Amerikanern bescheinigt[9], endlich den Weg zum Dritten Weltkrieg zu ebnen, muß vor dem Wort Krieg erst wieder das Wort Atom verschwinden. Es muß, wie es Altsozialist und Nobelpreisträger Willy Brandt Anfang Juni 1987 dem Deutschen Bundestag erklärte, erst wieder eine »politische Beweglichkeit« zurückerobert werden.

Brandt, schon immer ein Meister im Aussprechen von Halbwahrheiten, versäumte auch hier wissentlich oder unwissentlich, in einem notwendigen Nachsatz anzufügen, was die von ihm als so lange verloren beklagte »politische Beweglichkeit« seit jeher – seit es auf der Erde Staaten und Politik gibt – bedeutet: Aggression und Gewalt, Durchsetzung von Machtansprüchen und den Sieg dessen, der schneller, härter und tödlicher zuzuschlagen vermag. Anderes wurde in der Menschheitsgeschichte von der Politik – welchen persönlichen, religiösen, ideologischen oder sonstigen Vorstellungen sie sich auch verschrieben haben mochte – nie auf Dauer gezeigt.

Zumindest soweit wir diese Geschichte durch Überlieferungen und Mythen oder Aufzeichnungen zurückverfolgen können. Das dürfte den Zeitraum bis zur Sintflut[10], also etwa die vergangenen elftausend Jahre umfassen. Daß die Menschheit davor vielleicht andere Formen und Zielsetzungen der

»Politik« kannte, ist ein Thema für sich. Es gibt – nur soviel soll an dieser Stelle schon gesagt sein – archäologische Hinweise, daß sich mit der sogenannten neolithischen Revolution eine erkennbare und dem »Verlust des Paradieses« entsprechende Veränderung im Wesen, Fühlen und Denken der Menschen vollzogen hat.[11)]

Freuen wir uns also erst einmal, daß die funktionierenden Kontrollsysteme den Atomkrieg verhindert haben, aber seien wir nicht gar zu fröhlich ob der neuen »politischen Beweglichkeit«. Sie hat den Dritten Weltkrieg ganz »konventionell« in ihrem Marschgepäck, weil er nun wieder als »Fortsetzung der Politik mit anderen Mitteln« auch den Kontrolleuren ein guter alter Bekannter ist, vor dem man sich im Zweifelsfall nicht allzusehr und allzulange zieren wird.

### *Die Atombombe und der Egoismus*

Begonnen hat die Atomrüstung am 14. Juni 1946 mit der Ablehnung der Sowjetunion, den USA – die sich damals bereit erklärten, ihre neun vorhandenen Atombomben zu vernichten – den politischen Vorsprung als Atommacht und damit das Renommee der wissenschaftlich-technischen Führungsposition zu überlassen. Sie wußten nicht, was sie taten. Milliarden Rubel hat die Sowjetunion von diesem Tag an in ein Waffensystem investieren müssen, das nur einen einzigen Endzweck haben konnte: verschrottet zu werden. Jeden alten Panzer kann man noch an irgendeinen afrikanischen oder mittelamerikanischen Staat verkaufen, aber keine Atomrakete.

Selbstverständlich hat Stalin das 1946 nicht so gesehen. Er war sicher noch davon überzeugt, daß die neue Superwaffe zum Vorteil der Sowjetmacht da oder dort einmal eingesetzt werden könnte. Und ebenso sahen jahrzehntelang ja auch die westlichen Führungsmächte ihren Vorteil in der teueren Atomrüstung, weil sich offenbar niemand ausrechnete, daß eines Tages rund 50000 atomare Sprengköpfe verschiedenster Kaliber auf der Erde existieren würden, die damit ihren Einsatz illusorisch machen.

Nach gegenwärtigen Zählungen und Schätzungen haben die Chinesen zur Zeit etwa 940 Atomsprengköpfe, die Franzosen 720 und die Engländer etwa 600. Den Rest – je zwischen 20000 und 30000 atomare Sprengköpfe – teilen sich die USA und die Sowjetunion. An Mittelstrecken- und Kurzstreckenraketen stehen sich Anfang 1987 in Europa auf westlicher Seite (NATO und Frankreich) 613 Waffensysteme mit je einem atomaren Sprengkopf und auf östlicher Seite 1541, davon 270 Systeme mit je drei Atomsprengköpfen gegenüber.[12)]

Anfangen können alle zusammen mit dieser im ureigentlichsten Sinne des Wortes »Un«-Zahl von Atomsprengköpfen – wie gesagt – nichts in ihrem Sinne Sinnvolles mehr. Entfällt aber die damit angepeilte gegenseitige »Abschreckung«, muß man auf beiden Seiten intensiver als bisher über die konventionelle Rüstung nachdenken. Und vor allem darüber, ob

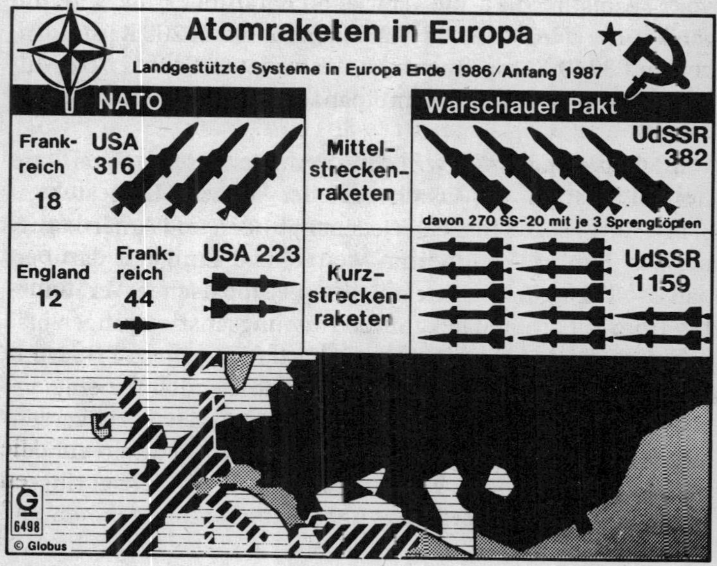

man in der Überlegenheit der einen Seite eine ständige Bedrohung der anderen sehen muß oder ob es auch hier Mechanismen der Abschreckung gibt, die einen Krieg noch immer als nicht tragbares Risiko erscheinen lassen.

Zweifellos sind auch die konventionellen Waffenarsenale im Osten wie im Westen heute so ausgestattet, daß jeder Aggressor ein gewisses Risiko fürchten muß. Das war und ist ein Argument gegen die Notwendigkeit der Abschreckung durch Atomwaffen.[13] Aber andererseits hat der Sieben-Tage-Krieg Israels im Juni 1967 Freund und Feind deutlich vor Augen geführt, wie sich derartige Risiken minimieren lassen. Selbst mit einer unterlegenen Zahl von Menschen und Waffen war und ist also ein schneller Sieg möglich, wenn die erforderlichen günstigen Voraussetzungen geschaffen und genutzt werden.

Bei der Gegenüberstellung NATO contra Sowjetunion aber wird deutlich, daß letztere keineswegs an Zahl der Soldaten und Waffen unterlegen wäre, sondern im Zweifelsfalle zur eventuellen Gunst der Stunde auch noch – nach dem Stand vom Frühjahr 1987 – die »stärkeren Bataillone« ins Feld führen könnte (NATO: 2,088 Millionen Mann, 21 200 Kampfpanzer und 3240 Kampfflugzeuge; Warschauer Pakt: 2,704 Millionen Mann, 46 600 Kampfpanzer und 5300 Kampfflugzeuge).

Bleibt die Frage: Wer will denn demnächst seine Bataillone ins Feld führen, der Osten oder der Westen? Es besteht – selbst unter sogenannten Friedensfreunden und Amerikagegnern in Europa – immerhin weitgehend Einigkeit darüber, daß die USA gemeinsam mit ihren europäischen Verbündeten trotz der offiziell bekannten Rüstungsanstrengungen bisher nachweisbar nie die Absicht hatten und ihren Erklärungen und bekannten Zielsetzungen zufolge auch für eine absehbare Zukunft die Absicht nicht haben, offensiv zu werden (die erklärte Angst der Friedensfreunde beruht allein auf der Vorstellung, daß der Westen es tatsächlich fertigbringen könnte, sich einer östlichen Aggression verteidigend entgegenzustellen).

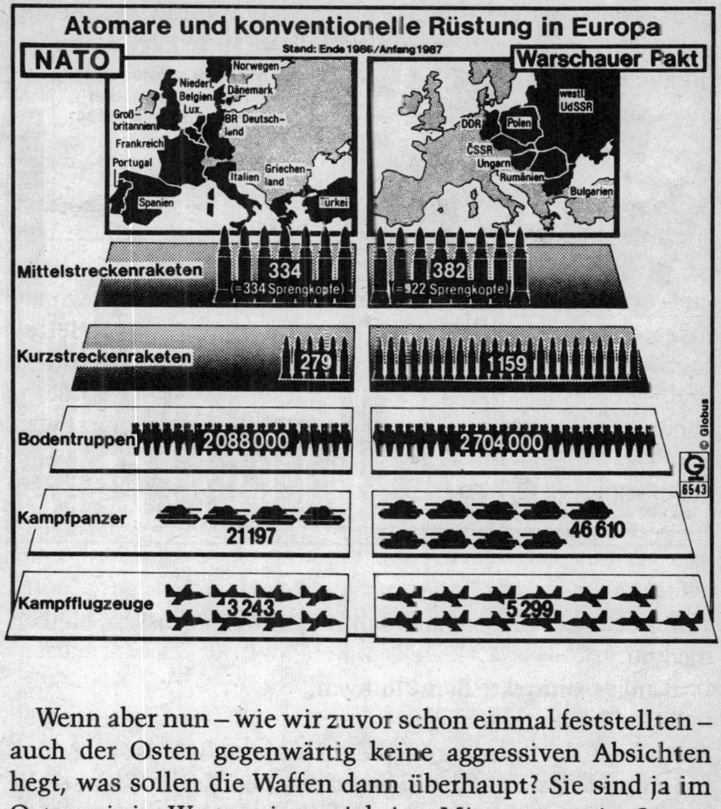


Wenn aber nun – wie wir zuvor schon einmal feststellten – auch der Osten gegenwärtig keine aggressiven Absichten hegt, was sollen die Waffen dann überhaupt? Sie sind ja im Osten wie im Westen ein gewichtiger Minusposten im Staatshaushalt[14], und es steht außer Zweifel, daß insbesondere die Menschen östlich des »eisernen Vorhangs« ihre Wohlstandswünsche der Rüstung opfern müssen. Dennoch muß die Sowjetunion weiter aufrüsten – und der Westen entsprechend mithalten –, weil sie unter bestimmten Gegebenheiten zur Aggression gezwungen ist.[15]

Diese Gegebenheiten sind:

1. Die Wirtschaftskraft des freien Westens, die selbst mit geringer Anstrengung einen Zuwachs an militärischem Potential schaffen würde, dem der Osten bei gleichen gemäßigten Rüstungsaufwendungen über kurz oder lang rettungslos un-

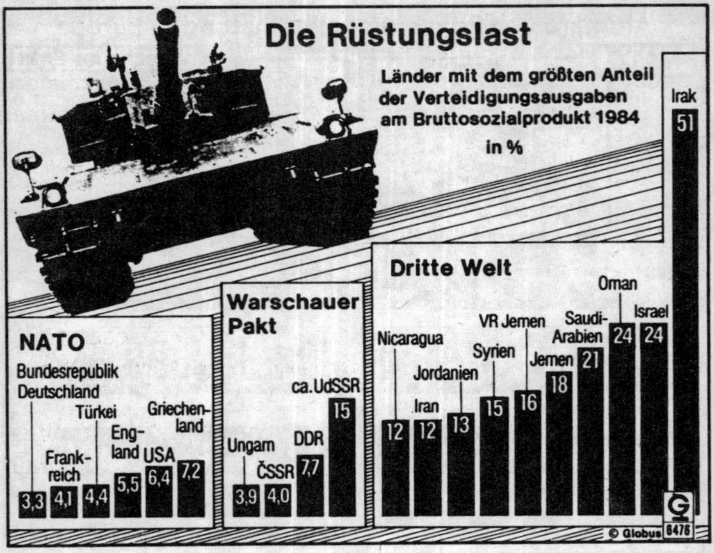


terlegen wäre. Um es nicht dahin kommen zu lassen, bleiben also nur

a) angespannteste Bemühungen;

b) ein Präventivschlag.

2. Die Verlockung der Freiheit. Der Sozialismus stützt sich einzig und allein auf die Bajonette seiner Macht. Kann er die Macht nicht mehr überzeugend demonstrieren, laufen ihm die Menschen (insbesondere in den unterworfenen Ländern) davon.[16] Da aber Diktaturen ihren egoistischen Selbstbehauptungswillen nur gegenüber Unterworfenen realisieren können, müssen ihre Bajonette in steter Wachsamkeit geschärft bleiben, um Auflösungstendenzen entgegenzuwirken. Echte Auflösungserscheinungen zwingen gegebenenfalls zur Umlenkung der aufgestauten Aggressionen nach außen (sprich: zum Krieg). Auflösungstendenzen werden meistens ausgelöst durch

a) wachsenden Wohlstand;

b) steigende Not.

3. Der vor siebzehn Jahren unterschriebene Atomwaffensperrvertrag ist keine Garantie mehr, daß nicht bald kleinere Länder diese Technologie zur Erpressung der Großmächte nutzen. Eine Demokratie kann in solchen Fällen flexibler handeln als eine Diktatur. Es kann daher nicht im Interesse der Sowjetunion liegen, daß weitere Länder außerhalb des sowjetischen Machtbereichs die Atomtechnologie für ihre eigenen militärischen Zwecke nutzen. Aus diesem Grund können Entwicklungen, die dem zuwiderlaufen, eine russische Intervention erzwingen, die dann vielleicht eine Interessensphäre der westlichen Welt berührt (Iran, Persischer Golf). Der Konflikt der Großmächte und damit der Dritte Weltkrieg erscheinen in diesem Fall fast programmiert.[17]

4. Die Schwächen demokratischer Politik und die Uneinigkeit speziell der europäischen Demokratien haben schon mehr als einmal eine Diktatur zu einem Erstschlag herausgefordert[18] und könnten morgen die Sowjetunion zu ähnlichem Handeln veranlassen. Demokratische Politiker können offenbar nie erkennen, daß sie es bei Gesprächspartnern aus

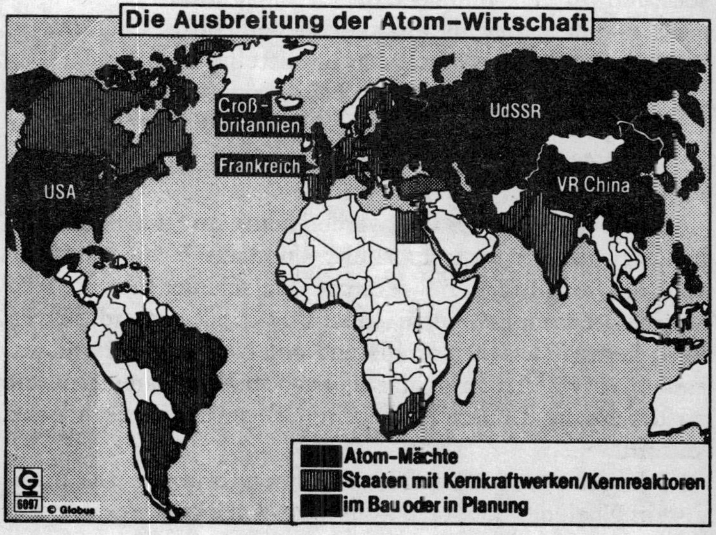

Diktaturen nicht nur mit den Vertretern eines Staates, sondern vor allem mit den Angehörigen einer inzwischen etablierten Herrschaftskaste zu tun haben. Deren erworbene Vorrechte sind untrennbar mit den Interessen des Staates verknüpft und lassen daher wenig politischen Spielraum. Der nationale Egoismus wird hier ergänzt durch den persönlichen Egoismus, der sich Macht und »Standes«-Privilegien erhalten will. Wo demokratischen Politikern noch Kompromisse möglich erscheinen, sind sie der Führungskaste einer Diktatur längst verwehrt. Diese Position der Schwäche verkehrt sich in den Augen der Welt oft in den Anschein der Stärke und zeigt auch ein entsprechend »starkes Handeln« – wie ein kleiner Hund aus Angst zubeißt, wo ein großer sich mit einem warnenden Knurren begnügt, so kann es dann plötzlich zu einem »Ernstfall« kommen, für den objektiv überhaupt keine hinreichenden Gründe gegeben sind.

5. Es sind also nicht etwa humanitäre Rücksichten, sondern es ist schlicht der Egoismus der Selbsterhaltung, der die Maßnahmen zum Abbau der Atomwaffen erzwingt, wie sie im Frühjahr 1987 von der Regierung der Sowjetunion vorgeschlagen wurden. Weil eben diese Atomwaffen

a) nicht nur die »Beweglichkeit der Politik« behindern, sondern im Kriegsfall sehr unmittelbar auch das Überleben der Funktionärskaste bedrohen;
b) ungeheure finanzielle Mittel binden, die durch Verzicht auf Atomwaffen anderweitig eingesetzt werden können.[19]

Gerade diese Gelder aber werden heute im Osten dringend benötigt, um die wirtschaftliche – und damit auch die konventionelle militärische – Kraft des Warschauer Pakts zu stärken, damit das notwendige Gleichgewicht der unterdrückten Bevölkerung zwischen Wohlstand und Not weiterhin so ausbalanciert werden kann, daß es auch in absehbarer Zukunft zu keinem ernsthaften Aufbegehren gegen die Herrschenden kommt.

»Ich betrachte auch einen siegreichen Krieg an sich immer als ein Übel, das die Staatskunst den Völkern zu ersparen bemüht sein muß«, sagte der»Eiserne Kanzler« Otto von Bismarck – und führte Preußen in drei Kriege, die seine Staatskunst für erforderlich erachtete.

### *Atomkrieg als Bestätigung menschlicher Hybris?*

Staatskünstler sind ja zur Zeit wahrhaft genug am Werk. Und wo dem einen oder anderen tatsächlich mal einige der Fäden, an denen er glaubt, weltpolitische Marionetten tanzen zu lassen, aus der Hand gleiten, da springen ihm genügend berufene Kommentatoren oder Fernsehmagazin-Gestalter zur Seite, um ihm schnell die richtigen wieder in die Hand zu drücken. Ein großartiges Schauspiel (wenn ich auch persönlich Mozarts »Zauberflöte« im Salzburger Marionettentheater vorziehe; aber das ist Geschmackssache).

Während jedenfalls einige russische und amerikanische Staatskünstler darin übereinstimmen, daß es an der Zeit sei, das Geld für die unnützen Atomwaffen zu sparen, sind bundesdeutsche Staatskünstler auch darin uneinig. Wollen sie also nun den Atomkrieg? Oder meinen sie einfach, was so lange gutging – die »atomare Abschreckung« nämlich –, könnte ja auch noch ein paar weitere Jahre gutgehen?

Also demnächst doch ein Atomkrieg? Und zwar aus lauter Vertrauen darauf, daß alle Welt so vernünftig sein wird, diese Dinger nicht einzusetzen? Nun, wir Deutschen waren ja im Vertrauen schon immer stark. Nur diejenigen, denen wir unser Vertrauen schenkten, die waren mitunter falsch. Aber das soll uns in unserer Nationaltugend nicht anfechten.

Was geschieht jedoch, wenn alle anderen der Vernunft nicht vertrauen und das ebenso kostspielige wie unverantwortliche »Spiel«zeug des wissenschaftlich-technischen Fortschritts endgültig verschrotten? Verschwindet es dann tatsächlich nur, weil jene, die der Vernunft nicht mehr vertrauen wollen, so vernünftig sind? Werden die Atombomben tatsächlich am Vorabend des Dritten Weltkriegs schnell noch eliminiert, weil sie so unwirtschaftlich sind?

Jonathan Schell meinte in seinem Anti-Atombuch »Das Schicksal der Erde«, wir würden »aufstehen, um sämtliche Atomwaffen vom Antlitz der Erde hinwegzufegen«.[20] Schon 1984, als ich diesen Satz in »Welt ohne Notausgang« zitierte, sah ich keine derartigen »Wirs«, und ich sehe sie auch heute noch nicht. Aber ich sah und sehe etwas anderes: daß ausgerechnet bis zu den neunziger Jahren dieses Jahrhunderts, wenn verschiedene Spannungen ihren Höhepunkt erreicht haben und diverse Katastrophen und Nöte zum dritten und letzten Mal die große Schlacht um die Macht in Europa entflammen lassen, daß dann kaum mehr eine Atombombe einsatzbereit ist!

Warum? Gewiß nicht, weil – wie heißt es in Reader's Digest immer so schön – Menschen wie du und ich »gefegt« hätten. Und sicher auch nicht, weil die Atombomben »zufällig« Herrn Gorbatschow und Herrn Reagan zur gleichen Zeit zu teuer wurden. Ich schrieb es 1984 und wiederhole es – dank der liebenswürdigen Unterstützung der Kremlchefs – jetzt mit vertrauensvoller Bestimmtheit: weil nichts geschieht, das nicht geschehen soll.[21]

Ausgerechnet dieser Menschheit, die sich schon für die »Krone der Schöpfung« hält, die nach zehntausend Jahren immer strebenden Bemühens endlich in diesem Jahrhundert den unseligen Gipfel des Materialismus erklommen hat, die da meint, daß im Guten wie im Bösen für sie »alles machbar« sei, diesen knapp dem Urwald entlaufenen Enkeln des unglücklichen Kain soll es erlaubt sein, die ganze Erde, sich selbst und alles Leben und damit einen wesentlichen Teil der Schöpfung einfach mal so atomisieren zu dürfen?

Es ist nichts als Überheblichkeit zu meinen, man könnte früher oder später alles wissen und alles schaffen. Aber es ist nicht weniger hybrid, sich einzubilden, man dürfe und könne alles zerstören.

Wenn es eine Schöpfung gibt, so gibt es auch einen Plan. Und in dem großangelegten Plan eines Weltenschöpfers dürfte die Menschheit des 20. Jahrhunderts mit an Sicherheit grenzender Wahrscheinlichkeit nicht die Endstufe des großen

Schöpfungswillens sein. Bestenfalls ein Zwischenglied: so ein Zwischengeschöpf, wie es die Anthropologen seit langem als Verbindung auf dem evolutionären Weg vom Affen zum Menschen suchen und wie es frei nach Konrad Lorenz doch längst gefunden ist: »Dieses Geschöpf zwischen Affe und Mensch«, soll er gesagt haben, »sind wir«!

Wenn es eine Schöpfung gibt? Seit mehr als hundert Jahren sind Wissenschaftler der verschiedensten Fachrichtungen bemüht nachzuweisen, daß die Erde, die Sonne, das ganze Universum, insbesondere aber das Leben auf der Erde sich im Zuge einer naturgegebenen Evolution ganz von selbst entwickelt hat. Die einzige Voraussetzung dazu, so meinte man, waren ein paar glückliche »Zufälle«.

Ganz abgesehen davon, daß damit die Grundfrage allen Seins – die Frage nach dem Warum – nicht beantwortet ist (ich werde noch ausführlich darauf eingehen), haben die fleißigen Wissenschaftler inzwischen herausgefunden, daß doch ein paar mehr »Zufälle« notwendig gewesen wären, das Leben und uns selbst entstehen zu lassen. Besser als ihre Urgroßväter wissen sie heute, daß die Zahl der erforderlichen »Zufälle« nach heutigem Wissensstand schon zu groß ist, als daß man sie einfach der Reihe nach niederschreiben, geschweige denn lesen könnte.

Aber es gibt ein gutes Beispiel, mit dem man sich die Zahl der notwendigen Zufälle gut veranschaulichen kann: Nehmen Sie dieses Buch, reißen Sie jede Seite aus, schneiden Sie jede Zeile aus und schneiden Sie dann noch jeden Buchstaben einzeln aus. Dann füllen Sie alle Schnipsel in einen großen Karton, gehen mit ihm auf die Straße und streuen nach und nach alle einzelnen Buchstaben auf Ihren Weg.

Am Anfang werden die Buchstaben – wie es der Zufall will – ziemlich ungeordnet auf den Weg fallen, aber Sie haben ja Zeit: fast fünf Milliarden Jahre. So lange wie etwa unsere Erde existiert. Sammeln Sie also die Buchstaben wieder auf, um sie danach wieder auf den Weg zu streuen. Aufsammeln und streuen, Tag und Nacht – fast fünf Milliarden Jahre lang. Und wenn Sie es schaffen, daß eines Tages alle Buchstaben »zufällig« (und nach der Wahrscheinlichkeitslehre soll das irgendwann einmal möglich sein) genau in der Ordnung fallen, daß sie von der ersten bis zur letzten Seite wieder dieses Buch ergeben, dann wäre das der Beweis, daß es dem Zufall in fünf Milliarden Jahren möglich ist, aus dem Nichts das Leben und sogar denkende Menschen hervorzubringen.

Man kann diesen ganzen Vorgang natürlich auch so kurz und treffend formulieren wie der 1952 verstorbene amerikanische Biologe Professor Edwin Conklin. Er sagte: »Die Entstehung des Lebens auf der Erde mit dem Zufall erklären heißt, von der Explosion einer Druckerei das Zustandekommen eines Lexikons zu erwarten.«

Wer das erwarten möchte – bitte! Für den Rest der Menschheit aber ergibt sich aus all dem eine, wie ich meine, überzeugende Schlußfolgerung: Wenn das Leben kein Zufall ist, muß es eine Schöpfung sein. Die jedoch setzt im Zusammenhang mit der selbst von zufallsgläubigen Zweiflern unbestrittenen Gesetzmäßigkeit des Ablaufs der Evolution einen planenden und gestaltenden Schöpfer voraus (zu der Frage »planend oder planlos« kommen wir noch). Und die Entscheidung, wann das Leben und speziell das inzwischen sogar zur Reflexion befähigte Leben – also der Mensch – »fertig« und an seiner Endstufe angelangt ist, dürfte sich dann doch wohl dieser Schöpfer vorbehalten haben.

Die Vorstellung, der Mensch mit seinem jetzigen geistig-moralischen Habitus könnte auch nur annähernd ein »Endprodukt« der Schöpfung sein, hat eher etwas mit zeitgemäßem Größenwahn als mit der Realität zu tun. Zwar beweist die Geschichte der Menschheit, daß Gott seinen Geschöpfen und insbesondere dem Menschen sehr viel Freiheit läßt. Aber wohl kaum die, unser »Haus des Lebens« zu zerstören.

Dabei sind wir noch nicht einmal sicher, ob die Erde nicht vielleicht doch der einzige Planet im ganzen Universum ist, der denkendes Leben hervorgebracht hat. Auch wenn ich meinem lieben Kollegen Johannes v. Buttlar folgen und Leben auf dem Mars und in anderen Welten als denkbar akzeptieren sollte[22)], so ist doch unbestreitbar auf absehbare Zeit die Erde das einzig mögliche »Haus des Lebens« für uns. Und wenn es um den wahren Eigentümer geht, sollten wir wohl allmählich zugestehen, daß es – mit allem, was auf dieser Erde lebt – eher SEIN als unser Haus ist. Und darum wird es »zufällig«, wenn es zum Dritten Weltkrieg kommt, keine Atombomben mehr geben.

Eigentlich schade. Der totale Atomkrieg wäre eine zu schöne Bestätigung für die menschliche Hybris gewesen.

# Kernenergie – Das Gold der Alchimisten

## *Hochintelligent, aber kein bißchen weise*

Ludwig Thoma hat eine hübsche Geschichte geschrieben, von einem Menschen, den er den »Examenseinser« oder »ein Rindvieh mit zwei Haxen« nennt. Der Mann muß sich in den letzten hundert Jahren unheimlich vermehrt haben. Es gibt heute eine schier unglaubliche Zahl von Menschen, die nahezu schon fast alles wissen, aber überhaupt nichts begreifen. Und alle großen Denker der neueren Zeit sind sich darin einig, daß wir die Gegenrichtung einschlagen müssen: Ein bißchen Wissen – mit aller Bescheidenheit und Demut – schadet sicher nicht, aber ein bißchen mehr begreifen, worauf es eigentlich ankommt, das wäre das Ziel, »aufs innigste zu wünschen«!

Nur – und da habe ich, wenn ich die Bücher von Capra bis Weizsäcker mit so schönen Titeln wie »Wendezeit« (Capra), »Neuland des Denkens« (Vester), »Wege in der Gefahr« (Weizsäcker) lese, so meine Bedenken: Wie bringt man einen Wagen, der mit »zweihundert Sachen« über die Betonpiste rast, blitzschnell auf Gegenkurs? Genau da liegt nämlich das Problem. Wir müßten, wenn wir mit allen unseren Errungenschaften unbeschadet aus dem Desaster herauskommen wollten, schon seit mindestens einem halben Jahrhundert in die Gegenrichtung steuern.

Gleich nach dem Zweiten Weltkrieg: wenn da die ganze Menschheit allem, was sie bis dahin anstrebte, wofür sie glaubte kämpfen und sich umbringen zu müssen, abgeschworen hätte, das wäre eine echte Chance gewesen. Daß sie nicht genutzt wurde, hat sich inzwischen herumgesprochen. Und also ging und geht alles weiter. Und jetzt haben wir keine Zeit mehr. Die schöne neue Welt läßt sich in den nächsten fünf Jahren nicht realisieren. So schnell kann niemand die Welt umlenken.

Aber es gibt immer wieder eine Chance. Die nächste ist die Mauer am Ende der Betonpiste, groß und bereits unübersehbar. Die Examenseinser treten das Gaspedal noch voll durch, während einige auf den hinteren Plätzen nach der Bremse schreien. Wie auch immer – gebremst oder ungebremst (ersteres wäre mir natürlich lieber) –, es wird einen mörderischen Crash geben. Und dann können die Überlebenden endlich auf Gegenrichtung gehen. Aber zu Fuß. Unsere Errungenschaften, zum Beispiel das grandiose Raseinstrument mit vielen seiner bequemen Einrichtungen, werden in einem wüsten Trümmerhaufen an der Mauer liegenbleiben.

Und davor haben einige Menschen Angst: vor dem Fußweg in die andere Richtung, der unsere Zukunft ist. Natürlich auch vor dem Crash. Aber der ist ja keine Zukunft mehr, der ist bereits Gegenwart. Wir sind schon mittendrin im Unausweichlichen. Die paar hundert Meter vor der Mauer kann man wirklich nicht mehr großartig als Zukunft bezeichnen. Sie wollen es nicht glauben? Lesen Sie noch ein bißchen weiter, dann werden Sie es wissen. Und dann werden Sie noch etwas wissen: daß unsere Zukunft ein wunderbarer Traum sein kann. Und daß uns nur eines zittern lassen müßte: die Gegenwart! Aber eigentlich auch schon nicht mehr, wenn wir sehen, wie bald schon die Überlebenden sie überwunden haben werden.

## *Naturwissenschaft – der Kult technologischer Manie*

Sie finden die Gegenwart schön? O ja, ich auch: Wenn am Sonntagmorgen in meinem Dorf die Kirchenglocken läuten, die Menschen in ihrem besten Gewand zur Kirche gehen, über den Feldern noch frisch der Tau liegt und alles so still, friedlich und unberührt erscheint, da kann man schon für ein paar Minuten vergessen, was man weiß. Aber das sind zehn von den 1440 Minuten eines Tages, und das ist einer der 52 Sonntage von den 365 Tagen des Jahres. Der Rest ist eine Geschichte für sich.

Sie fing ganz harmlos an. Sie erinnern sich: Adam und Eva und der Apfel vom Baum der Erkenntnis. Und es ist doch eigentlich wirklich nichts Schlimmes, daß die Menschen ein bißchen mehr wissen wollten: woher sie kommen, wie alles zusammenhängt, wie klein die kleinsten und wie groß die größten Dinge dieser Welt sind. Die Natur zu erforschen war und ist eine wunderbare Aufgabe des Menschen. Und aus dem gesammelten Wissen um die Natur wurde die Naturwissenschaft.

So einfach ist das. Man entdeckte mechanische Gesetzmäßigkeiten und chemische Verbindungen, fand Moleküle, Atome, Elektronen, Atomkerne und Relativitäten und Quanten und Unschärfen, und man hat sogar schon so eine gewisse Ahnung, wie alles – soweit wir es übersehen können – funktioniert. Und parallel dazu entdeckte man, daß sich viele dieser Entdeckungen in technische Effekte umsetzen lassen, die das Leben bequemer machen können.

O nein, nicht etwa, daß die Umsetzung lebensnotwendig wäre. Leben existiert auch ohne naturwissenschaftliche Institute und moderne Technologien. Aber, wie gesagt, bequemer läßt sich das Leben für den Menschen einrichten, wenn er einfach einen Stecker in die Steckdose steckt, und die Kreissäge sägt ihm das Holz, das er sonst im Schweiße seines Angesichts selbst sägen müßte, und die Waschmaschine wäscht die Wäsche, die von der Urgroßmutter noch mühevoll in einem riesigen Trog in der dampfbrodelnden Waschküche gerubbelt, geklopft und in einer kochenden Brühe herumgerührt werden mußte.

Für diese Bequemlichkeit zahlen die Menschen. Also bauten die Techniker entsprechende Maschinen, nachdem die Naturwissenschaftler mit der Erforschung der chemischen und physikalischen Zusammenhänge die Voraussetzungen dafür geschaffen hatten. So war das. Der nützliche Wissenstrieb brachte Erkenntnisse. Techniker setzten sie in praktische Maschinen um, und dankbare Menschen zahlten dafür. Aber dieses Modell kippte eines Tages: Da waren Menschen und boten Geld für noch mehr Bequemlichkeit. Da sahen Techniker die Möglichkeit, dieses Geld zu verdienen, wenn die Forscher nur bitte endlich gewisse Voraussetzungen dafür entdecken würden. Und die Forscher sahen Verdienst und Ruhm winken und forschten nach dem, was der Markt verlangte.

Wen interessiert noch, ob es Gott oder der Teufel ist, dem er sich hingibt, wenn er sich so erfolgreich prostituieren kann? Und wenn es bezahlt wird und am Ende gar noch ein Nobelpreis dabei herausspringt, dann entwickelt man auch eine Atombombe. Das Volk bezahlt sie, die Techniker wollen sie bauen. Was interessiert da den Wissenschaftler die Moral?

Und hat er nicht recht? Lebt er etwa nicht in der gleichen Welt wie wir alle? Wieso sollen für ihn Regeln einer Ethik gelten, die niemand sonst beachtet? Wieso soll er sich mit dem Lorbeer, den wir ihm winden, nicht sein stolzes Haupt umkränzen? Es ist an der Zeit, daß wir aufhören, mit zweierlei Maß messen zu wollen. Eine Moral, die wir, die Allgemeinheit, nicht als gültige Lebensregel respektieren, die wir nicht als festen Bestandteil unseres täglichen Umgangs miteinander achten und ebenso beachten bei unserem Umgang mit der Natur, mit allen Dingen dieser Welt, die können wir auch keinem anderen abverlangen – keinem Politiker, keinem Techniker und eben auch keinem Wissenschaftler.

Solange wir bereit sind, jedes Callgirl zu feiern, wenn es nur hübsch genug und – auf welchen Umwegen auch immer – populär geworden ist, so lange haben wir kein Recht die geistige Prostitution oder die politische Korruption zu verurteilen. Sie sind Teil des um unserer Bequemlichkeit willen von uns so gewollten sozialen Systems. Wer den neuen, verantwortungsbewußten, mehr der Moral und Ethik als dem Materialismus unterworfenen Menschen will, der muß andere Lebensregeln und somit ein anderes – und mit Sicherheit wesentlich unbequemeres – gesellschaftliches System wollen. Und jetzt – Hand aufs Herz: Wer will das heute wirklich?

Uns geht es so gut wie nie zuvor. Und dabei wollen wir nun doch bleiben, oder? Auch um den Preis einer neuen Art von A-Bombe. Es ist nämlich nur ein – wenn auch gern angenommener und weitverbreiteter – Irrglaube, daß einem auf dieser Erde etwas geschenkt würde. Wir müssen für alles bezahlen. Also bitte zur Kasse: Die Küchenmaschine für einen Hauch Radioaktivität.

Und bitte etwas Ehrlichkeit: Kein Vorwurf, für niemand! Wir alle haben jahrhundertelang den Traum der Alchimisten mitgeträumt: Man nehme eine Handvoll Dreck, sage Abrakadabra und hat pures Gold. Und wenn man einen Traum nur lange genug träumt, so wird er irgendwann einmal zur Wirklichkeit. Also wurde auch der Traum mit der Handvoll Dreck zu goldener Wahrheit: Der Dreck heißt Uran, und das Gold heißt Kernenergie. Aber wie das mit solchen Zaubertricks halt immer ist, ein Teil ist Weiße, aber ein Teil auch Schwarze Magie. Und schwarz ist nun einmal der Tod.

Aber was ist der Tod (der anderen) für ein lächerlicher Preis angesichts der Häuser voll Gold, die wir uns damit schufen. Wir alle schreien nach diesem Gold. Wir alle sind es, die – wenn wir wie gegenwärtig die Wahl haben – nicht nach dem trockenen Stück Roggenbrot, sondern nach der Erdbeertorte greifen.

Auch wenn die Erdbeeren tausend Kilometer weit eingeflogen werden müssen – wir zahlen jeden Preis. Aber bitte mit Sahne!

## *Plutonium und der angemessene Preis*

Wenn wir heute so viel von der Atombombe reden und hören und von der Angst vor ihr, so einfach deshalb, weil sie ein gängiges und einleuchtendes Bild vermittelt. Aber im Grunde wissen wir genau, daß sie nur den geringsten Teil jener Gefahr darstellt, mit der wir gegenwärtig jeden Tag leben. Selbst den nächsten Krieg in Europa vorausgedacht, ist die Gefahr, daß uns eines unserer so unentbehrlichen und übers ganze Land verstreuten Kernkraftwerke[23] mit einem Super-GAU um die Ohren fliegt, hundertmal größer, als die, daß jemand auf Mitteleuropa mit Atomraketen schießt.

Aber wir leben mit dieser Gefahr. Und wie uns führende Politiker absolut zu Recht jeden Tag vorrechnen können, leben wir mit ihr sehr viel besser als ohne sie. Wer heute gegen ein Kernkraftwerk protestiert, der muß wissen, daß ohne diese Instrumente des Völkertods die nächsten Urlaube auf Teneriffa und Mallorca, ja sogar in Riccione gestrichen und der nächste Kühlschrank wie auch der nächste Farbfernseher nicht mehr so leicht zu bezahlen sind, daß vielleicht nicht einmal mehr die Sonntagnachmittagsfahrt mit dem Auto zur Oma stattfinden kann.

Die Mehrheit der Bundesdeutschen hat das begriffen. Siebzig Prozent von ihnen haben sich kürzlich bei einer Umfrage für die Nutzung der Kernenergie ausgesprochen. Sie wählten statt der Not den Tod. Aber so sehen sie das natürlich nicht. Und mit Recht. Denn es muß ja nicht ihr Tod sein. Es könnte ja vielleicht erst der ihrer Kinder werden. Oder der ihrer Enkel. So skrupellos sind wir. So mörderisch.

Angst vor der Zukunft? Wir gehen durch einen Wald voller Mörder und fürchten uns davor, aus diesem Wald herauszukommen. Wir nennen den einen Optimisten, der daran glaubt, daß uns diese Gesellschaft erhalten bleibt, und schimpfen den einen Pessimisten, der uns den Trost vermittelt, daß dieser Mörderwald nicht mehr lange existieren wird.

Aber die meisten Menschen glauben das natürlich nicht, daß sie in einem Mörderwald leben – und daß sie sich mit ihrem Verhalten, mit der Anhänglichkeit an unsere gegenwärtige Lebensweise und zum Beispiel mit ihrer Zustimmung zur »friedlichen Nutzung« der Kernenergie selbst zu Mördern machen. Sie haben zwar bestimmt schon mal irgendwo gelesen, daß in unseren Kernkraftwerken automatisch, eben durch diese Nutzung der Kernenergie, Plutonium

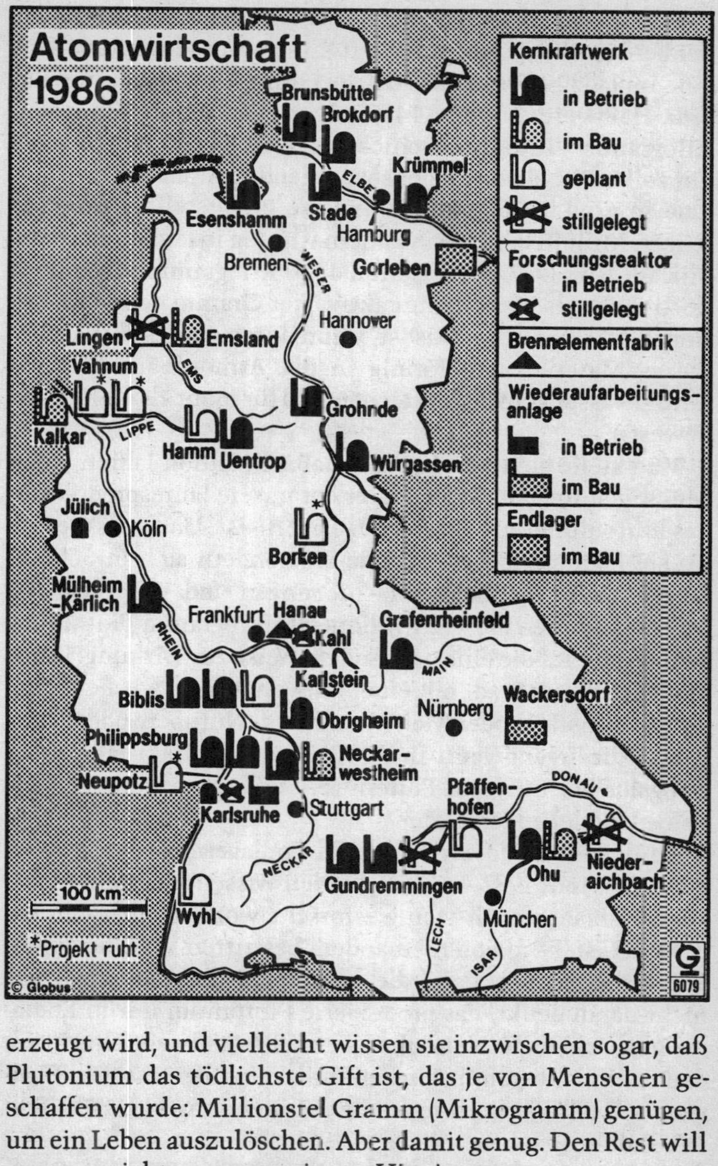


erzeugt wird, und vielleicht wissen sie inzwischen sogar, daß Plutonium das tödlichste Gift ist, das je von Menschen geschaffen wurde: Millionstel Gramm (Mikrogramm) genügen, um ein Leben auszulöschen. Aber damit genug. Den Rest will man gar nicht so genau wissen. Hier ist er:

Jedes Kernkraftwerk in der Bundesrepublik produziert »nebenbei« in einem Jahr rund 270 Kilogramm Plutonium. Das sind im Jahr 1987 etwa 4320 Kilogramm. Und Plutonium hat eine Halbwertzeit von 24400 Jahren. Das heißt: Von jedem Kilogramm Plutonium schickt auch in 24400 Jahren noch ein volles Pfund seine lebensbedrohenden Alphastrahlen aus. Und in rund 500000 Jahren (nahezu unvorstellbar: in einer halben Million Jahren) sind allein von den in der Bundesrepublik im Jahr 1987 produzierten 4320 Kilogramm Plutonium noch mehr als vier Gramm aktiv. Vier Gramm oder 4,12 Millionen Mikrogramm. Das ist, wenn durch eine Erdbewegung dieses Material staubförmig in die Atmosphäre oder ins Grundwasser kommt, der sichere Tod für mehr als 400000 Lebewesen.

Man stelle sich vor: In einer halben Million Jahren leben Menschen in einer Stadt, unter der unsere Jahresproduktion des Plutoniums von 1987 »endgelagert« ist. Und weil die Erdkruste kein statisches Gebilde ist, sondern sich in 500000 Jahren ganz erhebliche Verschiebungen und Verlagerungen leistet, kommen die 4,12 Millionen Mikrogramm Plutonium schlagartig auf die eine oder andere Weise zur Wirkung. Dann gibt es in dieser Stadt mit einer Einwohnerzahl wie heute Bochum, Karlsruhe oder Kiel, Mannheim, Nürnberg oder Stuttgart – die irgendwann in 300000 oder 400000 Jahren ahnungslos auf unserem Plutonium-Endlager gebaut wurde – keine Überlebenden mehr.

Zu der Methode der »direkten Endlagerung« heißt es in einem im Juni 1987 veröffentlichten Wissenschaftsmagazin: »Sie ist bisher noch wenig erforscht worden. Aber daß sie möglich ist, wird von niemandem bestritten.«[24] Und außerdem erfahren wir, daß »die kerntechnische Industrie« gar nicht daran denkt, das produzierte Plutonium nur in Endlager abzuschieben. Nein, man vermehrt und vervielfacht es, denn »ein Kilogramm Plutonium erzeugt bei restloser Spaltung so viel Wärme, wie bei der Verbrennung von 1900 Tonnen Erdöl entsteht«.

Weiß jetzt wenigstens jedermann, um welche Milliardenbeträge es da geht? Was eine Plutoniumfabrik wie Alkem bei Frankfurt am Main oder eine Wiederaufbereitungsanlage bei Wackersdorf in Wahrheit wert ist? Mit wieviel Millionen da Politiker und Wissenschaftler leicht zu bezahlen sind? Huren sind gesellschaftsfähig geworden. Wenn sie nur genug Geld mitbringen, sind sie inzwischen auch im Klub der hehren Wissenschaft willkommen.

Gelegentlich wird davon gesprochen, wir würden heute auf Kosten der nächsten Generationen leben. Was heißt hier der »nächsten« Generationen? Bis in 500000 Jahren sind mehr als 16000 »nächste« Generationen bedroht: Noch in einer Viertelmillion Jahren allein mit dem Plutonium-Ausstoß der bundesdeutschen Kernkraftwerke des Jahres 1987 mehr als vierhundert Millionen Menschen. Das ist – wenn das Zeug auf irgendeine durchaus vorstellbare Weise in 250000 Jahren in die Atmosphäre kommt – der unabweisbare Tod für die derzeitige Bevölkerungszahl fast des ganzen amerikanischen Kontinents.

Das ist der Preis, den auch noch die Zukunft für unsere Gegenwart bezahlt. Und dafür leben wir gut. Und kein Politiker darf es wagen, uns den Flug nach Teneriffa oder die Erdbeertorte aus der Hand zu schlagen. Wir haben keine Skrupel. Nur viel Sahne und ein kleines bißchen Angst. Aber doch bitte nicht vor der Zukunft. Es ist diese Gegenwart, die uns schaudern machen müßte. Und daß wir für sie bezahlen müssen, ist doch eigentlich eine Selbstverständlichkeit.

Es fürchtet sich ja wohl auch niemand, der beim Bäcker ein Brot kauft, ein Geldstück dafür hinzulegen. Warum sollten wir uns also fürchten, für diese Gegenwart, die wir uns leisten, zu bezahlen. Ich bin ganz sicher – der Preis wird angemessen sein.

### *Rentabilität contra Erfindergeist*

Es gibt Menschen, die meinen, da würde schon noch rechtzeitig etwas erfunden werden, um die Kernenergie zu ersetzen, um unsere Wälder zu retten, die Gewässer wieder sauber zu machen, fünf Milliarden Menschen zu ernähren, genügend Trinkwasser zu beschaffen und die Atemluft wieder rein werden zu lassen. Kein Zweifel, die Menschheit hat sich von Zeit zu Zeit als sehr erfinderisch erwiesen. Aber alle Erfindungen des 15. und 16. Jahrhunderts – vom Buchdruck über den gezogenen Gewehrlauf bis zu Peter Henleins Taschenuhr – haben weder die Pest noch den Dreißigjährigen Krieg verhindert.

Vor allem aber würde die Erfüllung dieses frommen Wunsches voraussetzen, daß sich der Erfindergeist wirklich vorzugsweise dieser Aufgaben annehmen würde. Doch warum wohl sollte er das? Diese Aufgaben genießen im Rahmen unserer Wachstumsideologie keinen Vorrang, ja sie bringen nicht einmal viel Geld (vielleicht in zwanzig Jahren ein bißchen Ruhm, aber wen interessiert der Schnee von übermorgen).

Vor allem aber – man muß diese Frage wirklich wiederholen –, warum sollte sich der Erfinder, Wissenschaftler, Techniker weniger prostituieren als wir alle? Warum sollte er seine Familie schlechter ernähren als jeder mittlere Angestellte? Warum sollte er an seinem gegenwärtigen Ansehen – und das wird ja fast ausschließlich durch sein Einkommen bestimmt – Einbußen hinnehmen, wenn er es leicht vermeiden kann?

Und es ist sehr leicht zu vermeiden, weil es ja in unserer Zeit viel interessantere Aufgaben gibt, die sich mit wesentlich mehr Effizienz lösen lassen, als etwa irgendwelche undankbaren Bäume – die ohnehin kaum noch Geld bringen, solange die Völker der südlichen Hemisphäre ihre Wälder verschleudern – am Sterben zu hindern oder sich mit der Erforschung einer Energiequelle herumzuplagen, die mit Sicherheit – das steht fest – vorläufig teurer ist als Erdöl und Kernenergie.

Gewiß sind die Erdöl- und Uranvorräte in rund vierzig Jahren zu Ende. Dann lohnt es sich auch, neue Energiequellen zum Sprudeln zu bringen. Dann zahlt ja auch jedermann dafür. Und dem, der dann einen Herd wieder zum Kochen bringt, winken Gold und Ehren. Aber bis dahin ist es interessanter, einem Waschmittel den richtigen, verkaufsträchtigen, sauberen Duft der großen weiten Welt zu verpassen und aus einem Uranstab 0,2 Prozent mehr Energieleistung herauszukitzeln. Es ist sogar gewinnbringender, die Insekten mit einem neuen Gift und uns – weil wir ohnehin zuviel Milch haben – mit künstlicher Sahne zu beglücken.

Es wird doch wohl niemand allen Ernstes behaupten wollen, daß es in unserer Zeit etwas Wichtigeres gäbe, als reichlich Geld zu verdienen. Und also wissen wir auch, in welche Richtung jener oft erwähnte menschliche Erfindergeist schielt. Erinnern wir uns bitte daran, daß Erfinden spätestens seit Edison zu einem einträglichen Beruf geworden ist.

Einträglichkeit – das ist das Stichwort, das die gegenwärtigen Aufgaben der Erfinder, Wissenschaftler und Techniker am besten klassifiziert. Natürlich gibt es Institute, die sich um Sonnen- und Windenergie, um biologischen Landbau und ähnliches bemühen, aber man vergleiche deren Etats mit den Milliardenbeträgen, die für die Kernenergie-Forschung, für ein einziges Kernkraftwerk, einen Schnellen Brüter (der nie fertig wird) oder eine Wiederaufbereitungsanlage (die nie wirklich kostendeckend aufbereiten wird) ausgegeben werden.

Ein Bruchteil dieser Gelder, in eine andere Richtung gelenkt, und die Wüste könnte blühen. Aber wer will schon in die Wüste, solange man Kalkar und Wackersdorf als eventuelle künftige Steuerquellen im eigenen Hause hat.

## *Der geistige Stillstand wird gut bezahlt*

Immer wieder einmal gab es in der Geschichte Zeiten des Aufbruchs, Zeiten, in denen die Menschen ihre ganze Hoffnung auf die Zukunft setzten. Unsere Zeit wird beherrscht von gegenteiligen Gefühlen: Wir fühlen uns wohl in unserem Mörderwald, wir genießen die rasende Fahrt über die Betonpiste (und die Mauer vor uns registrieren wir nicht). Was brauchen wir eine Zukunft? In der findet sich ja doch nichts Besseres als Plutonium im Boden, Nitrat im Grundwasser, Chloride, Bromide und alle möglichen Gifte in unseren Bächen und Flüssen, zuviel Staube und Kohlendioxyd in der Atmosphäre und leere Bierdosen in den sterbenden Wäldern.

Und sage jetzt bitte niemand, die Zeiten früher seien besser gewesen – höchstens, weil es den Menschen nicht so leicht gemacht wurde, Übles zu tun und ihrem Goldenen Kalb nachzulaufen. Ein Konquistador wie Pizzaro mußte mit seiner Handvoll Raufbolden noch über einen Ozean und ein ganzes Volk, eine ganze Kultur vernichten, damit er mit ausgestrecktem Arm einen Strich an die Wand des Tempelsaals zeichnen und sich diesen mit Inka-Gold füllen lassen konnte. Die Konquistadoren unserer Zeit nennen sich Manager und erledigen Ähnliches mit Telefon und Telex von ihrem Schreibtisch aus. Und sie müssen auch nirgendwo mehr hin und zum Zweck des Gold-Anhäufens eine Kultur vernichten. Man wirft ihnen Kultur – soweit vorhanden – samt Spendenquittung für Wohltätigkeit hinterher.

Das ist es: Die Welt ist nicht schlechter geworden. Das Schlechte ist nur leichter zu handhaben und darum alltäglicher geworden. Und wir befinden uns sehr wohl dabei, so wohl, daß wir nur ungern einen Gedanken an eine anders geartete Zukunft – das wäre höchst pessimistisch – verschwenden. Also bleibt alles, wie es ist – weil wir es so wollen.

Ist Ihnen schon einmal aufgefallen, wie wenig Neues (Innovatives, sagt man heute) unsere Zeit kreiert? Vor mehr als hundert Jahren kamen die ersten großen Chemiker darauf, daß man gewisse natürliche Bestandteile in ihrer Substanz, in ihrem molekularen Aufbau verändern kann. Mit so gewonnener »Chemie« konnte man Felder düngen und Insekten töten, Menschen heilen und umbringen. Mit anderen Worten, man konnte auf diese Weise der Natur ganz erheblich ins Handwerk pfuschen.

Das war zwar – auf Dauer gesehen – keine besonders glückliche, aber eine zweifellos finanziell sehr einträgliche Entdeckung. Inzwischen wäre längst die nächste fällig: nämlich wie wir uns der Natur besser anpassen, wie wir die entartete menschliche Existenz wieder besser in das ökologische Gefüge einbauen können. Das könnte zum Beispiel bedeuten, daß wir darüber nachdenken, wie wir die Regenwürmer – eines der nützlichsten Lebewesen, die es gibt – nicht umbringen, sondern wie wir ihr Wirken erleichtern, es sinnvoll ergänzen und sie dort, wo sie von Natur aus nicht leben können, vielleicht sogar so lange ersetzen, bis die Voraussetzungen für ihr Leben und Wirken geschaffen sind.

Das wäre eine Aufgabe, wahrhaftig eines neuen, großen Liebig würdig. Aber der ist nicht zu sehen. Auf den Spuren, die dieser eine vor mehr als hundert Jahren, sinnvoll für seine Zeit, in den Acker trat, stapfen ihm seitdem Generationen höchst- und teuerst ausgebildeter Chemiker gedankenfaul und stumpf hinterher, den Blick stier auf das bestmögliche Jahreseinkommen gerichtet. Wir beklagen uns heute über die chemische Industrie und ihre unliebsamen Folgen für unsere Umwelt. Dann müssen wir uns eher darüber beklagen, daß es den Chemikern und uns so gut geht. Denn ein satter Magen – das ist eine alte Studentenweisheit – denkt nicht gern.

Laßt es uns nur ein bißchen schlechter gehen, laßt uns nur wieder ein bißchen hungern, so daß ein armer Drogistensohn sein Gehirnschmalz in Bewegung setzen muß, wenn er überleben will, dann wird der geistige Stillstand bald zu Ende sein. Und davor sollen wir Angst haben? Eine wahrhaft törichte Angst!

Vor hundert Jahren haben ein Handwerkermeister namens Otto und ein bankrotter Ingenieur namens Diesel herausgefunden, wie man einen Motor in Bewegung setzen kann. Auf eine recht schmutzige Art und Weise, wie wir wissen. Man muß dazu Millionen Jahre altes, stinkendes Erdöl aus dem Boden holen und es dazu bringen, in einer kleinen Kammer so zu explodieren, daß es Arbeit leistet. Rauch und Ruß, Gase und Gifte bleiben, aber immerhin, der Motor läuft. Soweit eine großartige Sache. Und was machen seitdem die Magier dieses technischen Erbes? Sie verbessern es.

Keine Frage, daß der Dieselmotor heute schneller und leiser läuft als vor hundert Jahren. Und Herrn Ottos Erfindung jagt heute die exklusivsten Luxuslimousinen über endlose Autobahnen. Und weiter? Nichts! Längst bräuchten wir Motoren, die nicht Sauerstoff verbrennen, sondern Sauerstoff erzeugen. Denn wir Lebewesen können zwar ohne Auto, aber nicht ohne Sauerstoff existieren. Und der Vorrat an Sauerstoff ist begrenzt und geht – weil wir »Verbrennungs«-Motoren betreiben und nebenbei der Natur viele Möglichkeiten nehmen, genügend nachzuliefern – irgendwann zu Ende. Also bitte, wo sind die Erfinder und ihre Erfindungen? Wo sind die Maschinen, die gleichzeitig Energie *und* Sauerstoff liefern? Fehlanzeige. Aber man pusselt fleißig an den alten Motoren herum, als seien sie erst gestern erfunden worden.

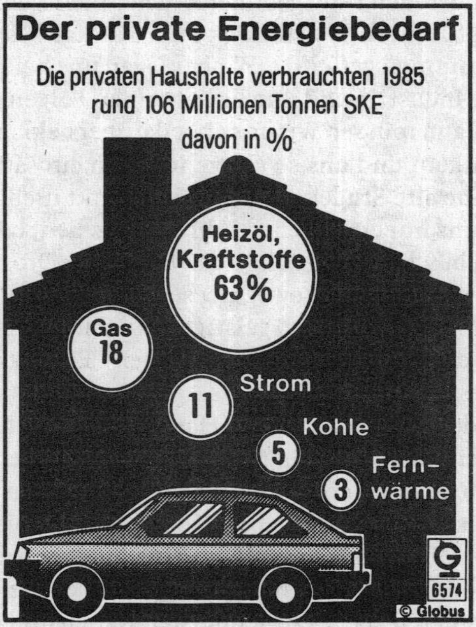


Gerade, daß man es unter dem Druck der Ölkrise geschafft hat, die lieben Schmutzmaschinen ein bißchen sparsamer[25] laufen zu lassen. Wie großartig! Und die alten Zündkerzen werden jetzt elektronisch gesteuert. Ein erhebender Gedanke! Und die Rudolf-Diesel-Gedächtnisminute, die man brauchte, um seinen alten Kurbelkasten in Schwung zu bringen, die dauert jetzt nur noch zwanzig Sekunden. Das ist genial! Aber jene neue Maschine, die uns vielleicht wirklich helfen würde, etwas von unseren liebgewordenen Bequemlichkeiten in die Zukunft zu retten, die gibt es nicht.

Die Religion des Wachstums gedeiht auf dem Humus des gutbezahlten geistigen Stillstands, was durchaus eine gewisse Logik hat, denn Wachstum setzt die Pflanzung voraus: Die Wurzeln sind alle im Boden. Wir brauchen wirklich nur noch ein bißchen die Pflänzchen zu hüten und zu pflegen, dann wachsen sie uns in den Mund. Was für eine herrliche, erstrebens- und erhaltenswerte Gegenwart. Vergessen wir, daß es ein Mörderwald ist, in dem wir uns so wohl fühlen. Bitte nicht denken! Vor allem nichts Neues denken oder gar erdenken. Der vorhandene Boden ist bereits vergeben und mit den wuchernden Pflänzchen unserer Ururgroßväter besetzt. Wir dürfen und wir werden daran nicht rühren.

Bis wahrscheinlich der liebe Gott selber kommt, den Boden umbricht und uns aufscheucht, weil es wohl nicht die Aufgabe des Menschen ist, luftverpestend und gifteschwitzend in den gewärmten Betten der Vorfahren generationenlang vor sich hin zu dösen. Sollen wir vor IHM Angst haben? Wie kleine Kinder, die weinen, wenn der Vater sie weckt? Dabei haben wir doch gerade so schön geträumt!

# Der siegreiche Kampf gegen den Individualismus

## *Die Macht des Zeitgeists*

Es wäre billig und falsch, die Ideenlosigkeit einseitig nur den Ingenieuren und Wissenschaftlern anzukreiden. Nein, sie ist eine entscheidende Krankheit unserer Zeit, die ja auch bald weltweit die von uns bevorzugte Staatsform der Demokratie ausschwitzte. Darum hat sich nun auch in der Politik wie in einem Konvoi jede geistige Vorwärtsentwicklung nach den Langsamsten zu richten: die Erkenntnisfähigkeit und die Möglichkeiten der denkenden Elite eingebunden in den Konvoi der Minderbemittelten.

Da geschieht es dann – wie in der Technik und Wissenschaft, so auch in der Wirtschaft und in der Politik –, daß man, wie wir bei Otto von Habsburg nachlesen können, in einer Art »wahnwitzigem Beginnen versucht, die Probleme unserer Tage mit dem Instrumentarium unserer Großeltern zu lösen«.[26] Und der Menschentyp, der dabei obsiegt, ist der bürokratische Schleicher, der modernifizierte Wurm aus Schillers »Kabale und Liebe«.[27]

Aber wer oder was hat uns denn gezwungen, das Neutrum Demokratie mit diesem Ballast ideologischer Gemeinmachung zu befrachten? Nirgends steht geschrieben, daß Demokratie nicht auch Individualismus und geistiges Einzelgängertum blühen und gedeihen lassen dürfte, daß die stumpfe Masse zu allem und jedem ihr Ja und Amen zu sagen habe. Warum müssen wir Schulen, Betriebe und Universitäten »demokratisieren«? Wer heißt uns den politischen Stumpfsinn unter dem Stichwort »Basisdemokratie« auf die Spitze zu treiben?[28] Niemand. Nur unsere unter den seit zweihundert Jahren dahingeplapperten Parolen wie Freiheit, Gleichheit, Brüderlichkeit verschüttete Zivilcourage, unsere mangelhafte Charakterbildung, die uns nichts so sehr fürchten läßt, als mal irgendwann, irgendwo mit unserer Meinung allein zu stehen.

### *Gehorsam, eine Insel geistiger Freiheit*

An dieser Stelle muß ich von einem Schlüsselerlebnis berichten, das ich im Winter 1944/45 als Sechzehnjähriger bei der Kriegsmarine hatte. Es ging dabei um nichts Großes, nur um den alltäglichen Vorgang von Befehl und Gehorsam, um Dinge also, die uns gründlich eingebleut worden waren.

Eines Tages hatten wir Rekruten seit etwa zwölf Stunden nahezu ohne Unterbrechung Verwundete von einigen in Stralsund eingelaufenen Schiffen geholt, und dann – ich glaubte am Ende meiner Kraft zu sein – sollte ich mit einem Kameraden auch noch einen Schrank in das Behelfslazarett schleppen.

Während wir uns dann die Treppen hinauf mühten, spürte ich auf einmal, daß ich Kraft in sinnlosem innerem Widerstand vergeudete. Und von dieser Sekunde an, in der ich mir sagte, »ich will diesen Schrank jetzt tragen«, wuchsen mir plötzlich ungeahnte Kräfte zu.

Indem ich den Befehl zu meinem eigenen Wollen machte, war ich nicht mehr ein unter fremden Willen gebeugter Rekrut, sondern – in einer merkwürdigen irrationalen Umkehrung – »mein eigener Kapitän«. Jetzt war es mit einemmal meine persönliche Entscheidung, daß, wie und wohin dieser Schrank getragen und gestellt wurde, jetzt kommandierte ich mich selbst.

Und von diesem Tag an machte ich eigenartige Erfahrungen. Viele Befehle der Vorgesetzten nahm ich jetzt nur noch als eine Art Rahmenanweisung, die mir die Freiheit des Tuns und vor allem des Denkens völlig unbenommen ließ. Und dann entdeckte ich, daß viele der älteren Seeleute, obwohl in strengstem Gehorsam erzogen, dabei doch gleichzeitig – ähnlich wie nun ich selbst – in absoluter innerer Freiheit lebten. Natürlich konnte in Augenblicken der Gefahr nur einer – der Kommandant – befehlen. Aber auch wo ein Befehl nicht kam, übernahmen wir nahtlos die Befehlsgewalt uns selbst gegenüber, gehorsam unserer Einsicht und unserem gemeinsam auf ein gleiches Ziel gerichteten Wollen.

Die so gewonnene Freiheit war erfrischend ehrlich und offen. Es gab ja in großer Überzahl Befehle, die nicht von Gefahr oder Not diktiert waren, sondern die einfach erteilt wurden, um eine gewisse militärische Ordnung aufrechtzuerhalten, um den üblichen Tagesablauf an Bord zu regeln. Dann sah ich mit großem Vergnügen, wie unsere erfahrenen Obergefreiten und Maate, die Hände an der Hosennaht, mit unbewegtem Gesicht »Jawoll« brüllten, aber im Ausdruck ihrer Augen für jedermann deutlich das berühmte Zitat aus Goethes »Götz« zu lesen war.

Niemand störte sich daran. Vielleicht weil auch unsere Offiziere erfahrene Seeleute und alte Kriegsveteranen waren, die genau wußten, daß es in entscheidenden Augenblicken genau dieser freie Wille, diese Selbständigkeit des einzelnen ist, die das Boot über Wasser hält. Der Befehl war gegeben, der Befehl wurde ausgeführt. Wie und mit welchen eigenen Gedanken, das interessierte nicht. Es wäre keinem meiner Offiziere je eingefallen, sich zu einem Befehl oder zu einer Kursanweisung beglückwünschen zu lassen.

Dagegen erleben wir nun heute die »demokratische Freiheit« in Wirtschaft und Politik, verbunden mit Speichelleckerei und Heuchelei, daß sich einem Außenstehenden mitunter die Haare sträuben. Wie da Assistenten ihren Direktoren, Jungpolitiker den »großen Tieren« ihrer Partei »das Wort vom Munde nehmen«, das ist würde- und charakterlos. Da herrscht kein freier Wille mehr, und nirgendwo ist jene innere Selbständigkeit, mit der man zwar militärisch »Jawohl« sagt, im gleichen Augenblick jedoch entschlossen ist, das Befohlene nach eigenem Ermessen so zu machen, wie man glaubt, es am besten vor sich selbst verantworten zu können.

So sehen inzwischen jetzt auch schon »Chefs« aus, die sich in solcher Schule hoch-»gesessen« haben: unfähig, ohne Rückversicherung eine eigene Meinung zu vertreten, ungnädig, wenn ihnen nicht mindestens fünfmal am Tag versichert wird, wie großartig sie dieses oder jenes Problem erkannt haben.

Die Zerstörung der Persönlichkeit und der gebrochene Individualismus sind bei Behörden und in nahezu allen bürokratisch geführten Großunternehmen die Wirklichkeit der Gegenwart. Wenn wir uns gelegentlich wundern, welche abgeschmackten, abgedroschenen Schlagworte von den sogenannten Repräsentanten unserer Wirtschaft und Politik ohne Scham anderen nachgeredet werden – und das ist wahrhaftig kein Einzel- oder Ausnahmefall –, sollten wir uns klarmachen: Charakter- und Persönlichkeitsschulung setzt die absolute geistige Freiheit voraus.

Befehl und Gehorsam berühren diese geistige Freiheit nicht, weil sie nicht die »innere Übereinstimmung« von Befehlendem und Gehorchendem erfordern, sondern selbständiges, mitunter sogar ablehnendes Denken wenn nicht geradezu fördern, so doch zumindest nie ausschließen. Ganz anders dagegen die Karriere-Voraussetzungen in unserer west-östlichen Leistungsgesellschaft:

Da herrschen Gesinnungsschnüffelei und firmen- oder parteiideologische Ausrichtung. Da kommt nur vorwärts, wer die Gedanken der jeweiligen Chefs am besten vor- und mitdenken kann. Und wer die Seifenblasen der Firma Schneidereit eines Tages als Vertriebschef verkaufen will, der muß ein echter Schneidereit-Mann sein; einer, der mit Schneidereit zu Bett geht und mit Schneidereit wieder aufsteht. Denn Schneidereits Seifenblasen sind nicht nur die besten, sie sind alles. Menschen, auch Direktoren, kann man ersetzen, aber Schneidereits Seifenblasen nie!

Eigentlich kann man solchen Leuten mit den Rückgratverkrümmungen des heutigen Managers, die zehn Juristen und zwanzig Verträge brauchen, wo anderen ein gegebenes Wort genügt, nicht einmal ein Ruderboot, geschweige denn ein Schiff anvertrauen. Aber wir alle vertrauten ihnen inzwischen »voller Optimismus« unsere Politik, unsere Industrie, unsere Banken und den ganzen Welthandel, somit also unsere Gegenwart an. Und so sieht die inzwischen auch aus.

Da braucht nur mal eine steife Brise zu wehen, und vorweg bei der großmächtigen US-Wirtschaft – die uns ja diese moderne Management-Erziehung von Anpassungsgiganten vorexerziert hat – kommen die Segel ins Flattern. Da läuft die Währung aus dem Ruder, und die Milliarden des Handelsdefizits rinnen aus einem riesigen Leck wie das Öl aus einem gestrandeten Tankschiff.[29]

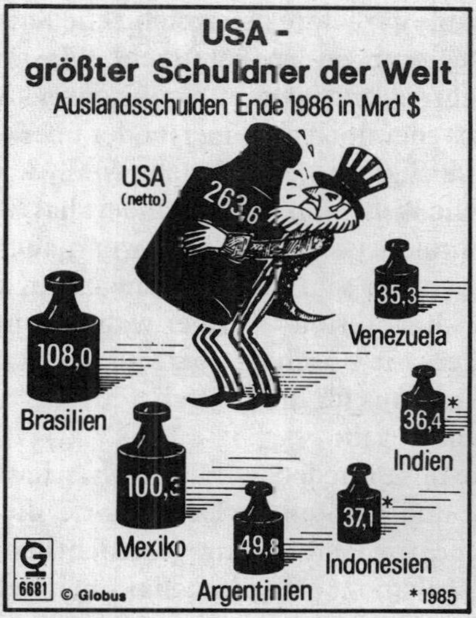


Was machen Manager in so einem Fall: Sie suchen einen Schuldigen, schieben sich gegenseitig die Verantwortung zu, schreien um Hilfe und lassen unser Schiff weitertreiben auf das nächste Riff. Und wir – heute in Amerika, morgen in Europa – sollen nicht einmal die Plätze in den Rettungsbooten zählen, denn an Katastrophen zu denken ist nicht opportun.

Der demokratische Wählerwille will das nicht. Und »wo man sein Vertrauen läßt«, sagte mir mal ein erfahrener Rechtsanwalt, »da muß man es sich holen«. Mit anderen Worten: Es ist nichts mehr zu holen. Wir werden fast täglich daran erinnert.

Soll sich an dieser Gegenwart – die den Untergang in sich trägt – freuen, wer mag. Der Gedanke, daß es danach eine Zukunft geben wird, in der andere Denkweisen und andere gesellschaftliche Prinzipien auch andere Menschen formen, hat doch wohl – so meine ich – viel Tröstliches.

## *Sozialismus und Bürokratismus*

Es sei die vornehmste Aufgabe der Monarchen, meinte kurz vor seinem Ende der letzte österreichische Kaiser, die Völker vor ihren Regierungen zu schützen. Wir müssen diesen Schutz entbehren, und so geht es uns denn auch. Gesegnet jeder, der entweder noch zu jung ist oder über ein schlechtes Gedächtnis verfügt und daher nicht weiß, wie sich unsere abendländische Welt nach 1945 verändert hat, wie wir zentralisiert und bürokratisiert wurden – wenn auch glücklicherweise nicht ganz so schlimm wie die armen Franzosen bei ihrer »großen Revolution«.[30] Aber wahrscheinlich sind wir Mitteleuropäer mit unserem überzeugten Stammesdenken und Partikularismus für die zentralisierte Unfreiheit einfach nicht genügend begabt.

Man wollte uns einreden, wir Deutschen hätten zuviel Untertanengeist und müßten die Demokratie, die Freiheit, erst lernen. Welche irre Verdrehung geschichtlicher Tatsachen. Wenn dieses Volk nicht einen unbeugsamen Individualismus und ein angeborenes stammesbewußtes kleinbürgerliches (das ist hier als Ehrentitel gemeint) Demokratie-Verständnis hätte, müßten wir nicht über zwei, sondern über vier Millionen Arbeitslose klagen, und wir hätten wohl auch ebenso desolate Staatsfinanzen wie andere westliche Länder (von den östlichen gar nicht zu reden).

Gerade im Vergleich mit anderen Ländern wird deutlich,

welchen Vorteil unsere föderalistische Tradition verbunden mit unserer Neigung zur mittelständischen Wirtschaft, zum eigenen kleinen und selbständigen Betrieb, bietet. Sein eigener Chef zu sein, das ist in unserem Land glücklicherweise immer noch für viele ein erstrebenswertes Ziel. Und alle »sozialen Netze« konnten uns nicht generell fangen. Die sogenannte Schattenwirtschaft (auch sie ein Ausdruck antistaatlichen Unabhängigkeitswillens) floriert. Auch die gewerkschaftlichen Bemühungen und Versprechungen haben das Gefühl nicht bei jedermann abtöten können, daß eigene Verantwortung und die freie Entscheidung Bürgertugenden sind, für die es sich sogar lohnt, persönliche Opfer an Freizeit und sicherem Einkommen zu bringen.

Und diese deutschen Bürgertugenden sind nun wahrhaftig keine Errungenschaften der Neuzeit. Im Gegenteil: Selten in der Geschichte wurde der kleine und mittlere Unternehmer so ausgepreßt wie gegenwärtig, so mit Steuern und Frondienst belastet.[31)] Nach einer im Mai 1987 veröffentlichten Analyse des Bundes der Steuerzahler arbeiten die Bundesbürger 142 Tage im Jahr, also vom 1. Januar bis zum 23. Mai, nur für das Finanzamt und die Sozialversicherung. Und nicht das Finanzamt muß beweisen, wieviel wir zu zahlen haben, es darf schätzen, und jeder Gewerbetreibende oder Betrieb muß zusätzliche Zeit und Arbeit aufwenden, die richtige Berechnung beweiskräftig vorzulegen.

Wir waren vordem mehr Freiheit gewohnt, als Zentralismus und Bürokratie uns heute zugestehen wollen. Selbst die Diktatur des Dritten Reiches hat in viele intakte Sippen und kleine, dezentral sich regierende Gemeinwesen weniger Einfluß genommen als derzeit manche der in Überzahl unser Leben einengenden »demokratischen« Gesetze.

Bismarck war gewiß nicht gerade das Vorbild eines überzeugten Demokraten, aber von Bürokratie hielt er noch weniger. In einem Brief an einen Freund schrieb er: »Ein Staat, der sich von einer Bürokratie wie die unsere, nicht durch einen heilsamen Gewittersturm losreißen kann, ist und bleibt dem Untergang geweiht. Die Bürokratie ist krebsmäßig an Haupt und Gliedern, nur ihr Magen ist gesund, und Gesetzesexkremente, die sie von sich gibt, sind der natürlichste Dreck von der Welt.«

Wobei wir mit der Industrialisierung eine Richtung eingeschlagen haben, die der Selbständigkeit das Wasser abgegraben hat und dafür den Behörden eine unerwartete Konkurrenz bescherte: die mit ihnen an Bürokratisierung wetteifernden Großbetriebe. Die Bastionen des Mittelstandes kämpfen einen verzweifelten Kampf, weil jugendliche Dummheit wieder längst verstaubte Sozialisierungstendenzen in die Politik einbrachte, denen jeder kleine freie Unternehmer absolut im Wege steht.[32)]

Wer wirklich Freiheit meint und nicht nur davon schwätzt, der sollte sich vor Augen halten, daß sie nur in überschaubaren Räumen gedeihen kann: Ein Gemeinde-Parlamentarier, der von seinen Nachbarn beobachtet wird, muß sich gut überlegen, wofür er seine Zustimmung gibt. Ein Bundestagsabgeordneter versteht von dem, wofür er die Hand hebt, in neun von zehn Fällen ohnehin nichts. Da ist die Partei, die Fraktion alles, das Individuum und seine persönliche Einsicht spielen keine Rolle.

Da wird, wenn die richtige Mehrheit beisammen ist, schnell zentralisiert und verstaatlicht, und niemand überlegt, wie fast unmöglich es ist, danach wieder den umgekehrten Weg einzuschlagen: Bürokratien wollen ihre Machtsphäre ausdehnen, und der Amtsleiter, der ohne Widerstand im Zuge einer Dezentralisierung eine Behörde abgeben würde, ist noch nicht geboren.

Eher schreit er sofort nach neuen Gesetzen. Und die Gesetze werden erlassen, denn eine große Zahl neuer Gesetze gilt dem demokratischen Parlamentarier als Nachweis seiner Effektivität. Er sagt nur nie dazu (und wahrscheinlich verdrängt er das Wissen darum sogar bei sich selbst), daß jedes Gesetz irgendwo bei irgendwem ein Stück Freiheit beschneidet. Statt Freiheit werden dann sogenannte »öffentliche Mittel« verteilt, und die Massen der Wähler finden das ungeheuer sozial.

Dabei stammt alles Geld, das da verteilt wird, in Wahrheit aus unserem Portemonnaie und zur überwiegenden Mehrheit aus den Geldbeuteln der Arbeiter und Angestellten, der »kleinen Leute« also. Aber was schert das den, der »sozial« sein will. Er will »umverteilen« und merkt nicht, daß er mit dem Recht, derart umzuverteilen, ein großes Stück seiner eigenen Freiheit, seiner eigenen Möglichkeiten, sozial zu sein und zu handeln, an die anonyme Macht der Bürokratie abgetreten hat.

Aber wer sich gegen diese Zug um Zug sich vollziehende Beschränkung der Freiheit wendet, der gilt als unsozial, und die Massen schreien ihn nieder. Wir aber, die Generation, die noch die Diktatur erlebt hat, wir stehen mit Kummer im Herzen am Rande und sind inzwischen die Minderheit. Eine Minderheit, die es leider besser weiß:

Freiheit – das ist das Recht jedes einzelnen – wird nicht »von oben« zugeteilt. Sie muß erkämpft oder wie seit Jahrhunderten von deutschen Bürgern und ihren kleinen Staaten mit Klauen und Zähnen verteidigt werden. Die Franzosen und die Engländer zum Beispiel haben das nicht geschafft. Und die Russen schon gar nicht. Deshalb sind wir Mitteleuropäer den umliegenden Völkern auch immer ein bißchen suspekt. Wir sind so schwer einzuordnen, wir individualistischen, aus eigenem Willen gehorchenden Untertanen. Wir, die wir sogar gern einem Fürsten oder König oder – aber das war ein schreckliches Mißverständnis – einem Führer zujubeln. Je kleiner und bescheidener er ist, desto lieber.

Wo es um Europa geht, sind die umliegenden Länder und ihre »Fürsten« fast alle viel zu groß. Und sie waren es schon 1870, und ein Jahr später war es das Deutsche Reich auch. Mit der großartigen, föderalistisch freien Vereinigung der kleinen, gewachsenen Lebens- und Herrschaftsbereiche unter dem Dach des Heiligen Römischen Reiches Deutscher Nation hatte das Deutsche Reich leider nicht mehr viel zu tun. Und nach dem Versailler Diktat bäumte sich der nationale Trotz zur »Großmachtpolitik« auf und wurde wieder zerschlagen, ohne daß die anderen – etwa ein de Gaulle mit seinem national auseinanderdividierten »Europa der Vaterländer« – etwas gelernt oder begriffen hätten.[33]

Aber glücklicherweise bleibt in der Geschichte nichts, wie es ist. Und der absehbare Zusammenbruch dieser Welt ist noch einmal eine große Chance: die widersinnigen und durch nichts als überzogene bürokratische Machtansprüche begründeten Nationalstaaten endlich wieder zu zerschlagen, damit Elsässer und Bretonen, Waliser und Schotten, Schlesier und Balten, Ukrainer und Banater Schwaben wieder so politisch frei und selbständig werden wie heute etwa die Hamburger und die Bayern.

Angst vor der Zukunft? Das hieße ja Angst vor dieser Dezentralisation, Angst vor der Selbständigkeit gewachsener Volksstämme, Angst vor der Freiheit zu haben. Als ob es etwas gäbe, das mehr zu wünschen wäre.

## *Die ungehorsamen Untertanen*

Es ist Geschichtsklitterung, der Jugend vom preußischen Kadavergehorsam zu erzählen, aber den staatstragenden Freiheitswillen und Ungehorsam eines Seydlitz, York, Scharnhorst oder Moltke zu unterschlagen. Man muß wohl ein paar Einzelheiten in Erinnerung rufen:

Im Siebenjährigen Krieg ließ der preußische Kavalleriegeneral Seydlitz entgegen eines mehrfach ergangenen Befehls nicht angreifen. Als ihm der König sagen ließ, »wenn durch Ihre Schuld etwas versäumt wird, haben Sie's mit Ihrem Kopf zu verantworten«, entgegnete Seydlitz: »Sagen Sie dem König, nach der Schlacht steht ihm mein Kopf zu Befehl. In der Schlacht muß er mir erlauben, daß ich davon Gebrauch mache. Zu seinem Dienst.«

Und Seydlitz ließ immer noch nicht angreifen. Wartete, bis die preußische Infanterie regellos floh, bis die russischen Schwadronen anritten und durch die Reihen ihrer eigenen Infanterie – den Preußen nach – vorwärts stürmten. In diesem Augenblick griff Seydlitz an und brach mit einer glanzvoll geführten Attacke in die aufgelöste Flanke des Feindes. So gewann er – mit seinem Ungehorsam – am 25. August 1758 seinem König, Friedrich dem Großen, die Schlacht bei Zorndorf.

Scharnhorst formierte die nach den Siegen Napoleons völlig derangierte preußische Armee nach eigener Überzeugung und gegen den Willen und die Befehle erfahrener Generale. Es war »seine Armee« die in den Freiheitskriegen dann die kriegserfahrenen und sieggewohnten Napoleonischen Truppen schlug.

General York handelte gegen ausdrücklichen Befehl, als er nach dem Zusammenbruch der Napoleonischen Armee im Rußlandfeldzug seine dem französischen Oberkommando unterstellten Truppen diesem entzog und – ohne seinen König zu fragen – mit den Russen einen separaten Waffenstillstand schloß. Seine auf diese Weise intakt gehaltenen Truppen waren dann mit die ersten, die Napoleon aus Deutschland vertrieben.

Und Moltke leistete sich 1866 eine für seine Zeit unglaubliche militärische Extravaganz, als er gegen alle Regeln damaliger Kriegskunst die preußische Armee beim Anmarsch auf Königgrätz teilte. Und es ging schief: Der vom Kronprinzen geführte Armeeteil kam nicht rechtzeitig zum Schlachtfeld, und die anderen, vor dem Feind haltenden Heeresteile mußten sich hilflos von der massierten österreichischen Artillerie zusammenschießen lassen. Der Intervention seiner Generale folgend, forderte der König daraufhin von dem »Theoretiker« Moltke, daß er sofort den Befehl zum Angriff oder zum Rückzug gebe.

Aber Moltke verweigerte seinem obersten Kriegsherrn den Gehorsam und blieb starrsinnig. Er verlangte das Schwerste, das man Soldaten im Feld abfordern kann: im Feuer halten. Stunden später grollte Geschützdonner im Rücken der Österreicher. Die Armee des Kronprinzen war heran, hatte die Österreicher umgangen und eingeschlossen. Jetzt gab Moltke den Befehl zum Angriff, wandte sich dann zum König um und sagte: »Majestät haben in diesem Augenblick nicht eine Schlacht, Majestät haben den Krieg gewonnen.« Und so war es dann auch.

Die anderen deutschen Gaue haben ihre freiheitlichen Traditionen nicht weniger festgehalten. Wer auch nur die geringsten Geschichtskenntnisse hat, wird den Franken, Schwaben, Alemannen und Bayern ihren in Jahrhunderten bewahrten Freiheitswillen nicht absprechen. Wo gab es denn die Freien Reichsstädte wie Augsburg, Nürnberg, Frankfurt am Main? Ja sogar das kleine württembergische Reutlingen schlug sich einst tapfer gegen die Fürstenmacht.

Andere Völker wie zum Beispiel die Briten brauchten ihre »Magna Charta«, die deutschen Städte ließen an ihren urdemokratischen Bürgerrechten nie Zweifel aufkommen. Zwei Anekdoten aus dem süddeutschen Raum verdeutlichen besser als viele Aufsätze über Redefreiheit und Antimilitarismus, wie man es früher bei uns damit hielt.

Zu Zeiten jener strengen Herrschaft in Württemberg, als Schiller und Schubart dort schrieben und sich von keiner Fürstenmacht einschüchtern ließen, schimpfte ein biederer schwäbischer Handwerksmeister bei einem Glas Wein im Stuttgarter Ratskeller wütend über die Steuern. Als einer, um die öffentliche Ruhe besorgt, dem Meister anbot, ihm den Betrag für die Steuer zu ersetzen, schob der Schwabe die Talerstücke von sich mit der Bemerkung: »Noi, Herrle, schimpfe will i dürfe!«

Vor dem Ersten Weltkrieg antwortete ein badischer Grenadier, dem sein Hauptmann während des Marschierens das Rauchen verbieten wollte, der Herr Hauptmann könne ihn »mal kreuzweis ...« Als der Hauptmann daraufhin meinte, so etwas dürfe der Grenadier bei den Preußen nicht zu seinem Hauptmann sagen, erwiderte der Grenadier gelassen: »Nar, Kerle, bei di Preuße wärescht du au net Hauptma.«

Mehr persönlichen Mut, mehr individuelle Freiheit, mehr Selbstvertrauen und Zivilcourage finden wir heute wohl kaum in unserem demokratisierten Land. Und wo wir sie finden, da haben sie – wie wir an den vorstehenden Beispielen sehen – bei uns eine gute Tradition.

Mögen sich Gesetze, Staaten und andere Äußerlichkeiten ändern, wie sie wollen, solange Menschen trotz der einschüchternden Gegenwart diese Bürgertugenden erhalten – und fast alles spricht dafür –, brauchen wir um die Zukunft Mitteleuropas wohl keine Angst zu haben.

### *Liebe deine nächsten Massen*

Seinen Nächsten lieben wie sich selbst, das kann man sicher. Aber wenn man einen vor lauter Masse Mensch anonymen Haufen, der einem unentwegt auf die Füße tritt, lieben soll, dann ist es mit der Nächstenliebe irgendwann vorbei. Und dies genau ist die Situation der zweiten Hälfte unseres Jahrhunderts – eine Situation, die alle Schwierigkeiten, die Menschen je haben konnten, ins Unüberwindliche potenziert. Da helfen keine Disziplin und kein Gehorsam mehr, da ist schon fast jede Freiheit zuviel und der Individualismus lebensbedrohlich.

Wo zu viele Menschen sich auf engem Raum drängen, ist der Spaß bald vorbei. Da wachsen Aggressionen und Allergien, da geht die Lebenskraft mit der Lebensfreude in stinkenden Abwässern baden. Die Bevölkerungsexplosion frißt an unseren Nerven und nicht weniger an unseren Vorräten von Kohle, Erdöl, Gas und Uran, sie verwüstet unsere Wälder und Felder und ist letztendlich schuld an allem Elend unserer Zeit.

Woher sie kommt? Wir wissen es nicht.

Bitte nicht schon wieder jene fortschrittsgläubige Hybris, die da meint, unser Gesundheitswesen, unsere Hygiene, unsere medizinischen Errungenschaften hätten die Bevölkerungsexplosion ausgelöst. Mit anderen Worten: Weil wir »die Größten« sind, wurden wir auch die meisten. Wer so argumentiert, verlagert den Beginn der Bevölkerungsexplosion am liebsten hinter Louis Pasteur und Robert Koch samt ihrer Entdeckung der Bazillen. Dazu kommt dann gleich noch die städtische Kanalisation und Müllabfuhr, und schon paßt das Bild.

Es stimmt nur leider nicht. Die Menschheit hat sich im

Verlauf der Jahrtausende, soweit unsere Bevölkerungsstatistiker zurückrechnen konnten[34], etwa alle tausend bis zweitausend Jahre einmal verdoppelt. Aber plötzlich wurden aus den rund eineinhalbtausend Jahren nur noch hundert Jahre!

Sie haben richtig gelesen, und es ist auch kein Druckfehler: Die ganze Menschheit hat sich statt in etwa fünfzehnhundert in hundert Jahren verdoppelt. Und das geschah das erste Mal fast genau zwischen 1750 und 1850. Damals aber herrschten nachts auf den Straßen Europas noch die Ratten, da schüttete man den Inhalt des »Nachtgeschirrs« noch zum Fenster hinaus, und die stinkenden und verseuchten Abwässer liefen in der Straßenrinne bis zum nächsten Bächlein, in dem ein Dorf weiter die Frauen die Wäsche schwenkten und die Kinder badeten. Das Wort Hygiene war den Massen unbekannt. Aber alle wußten noch, was Pest und Cholera sind.

Die medizinische Wissenschaft machte sich gerade erst allgemein damit vertraut, daß der Blutkreislauf keine Narretei, sondern Realität ist, und wenn einer krank wurde, ließ man ihn zur Ader oder setzte ihm – zum gleichen Zweck – Blutegel an, die man auch in dem eben erwähnten Bächlein gefan-

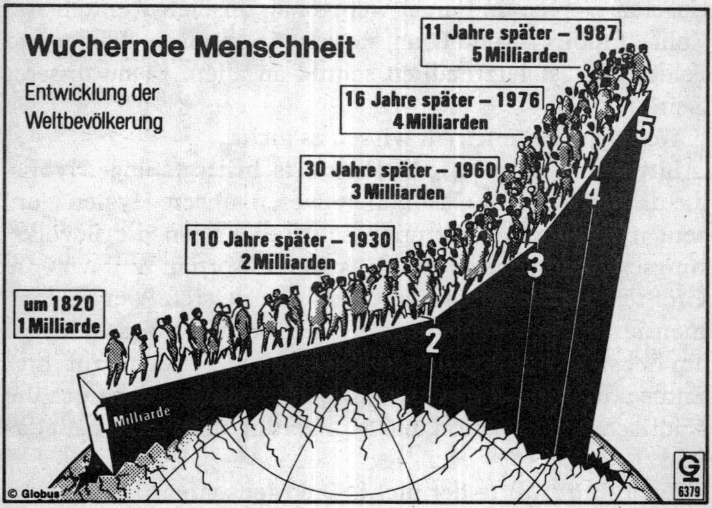

gen hatte – und trotzdem verdoppelte sich die Menschheit damals explosionsartig.[35]

Von da an ging es immer schneller, wobei seit dem 20. Jahrhundert sicher die Errungenschaften der Medizin und ihre Verbreitung auch in den Entwicklungsländern – damit auch die Eindämmung der Kindersterblichkeit – eine große Rolle spielten. Bis 1960 verdoppelte sich die Menschheit in nur noch dreißig Jahren. Mit ihr verdoppelten sich allerdings nicht die Nächstenliebe und andere Tugenden, sondern vor allem Aggressionen und Kriminalität. Die Menschen wurden böser. In der Bundesrepublik Deutschland wurde seit 1966 eine überproportionale Zunahme der Straftaten registriert.

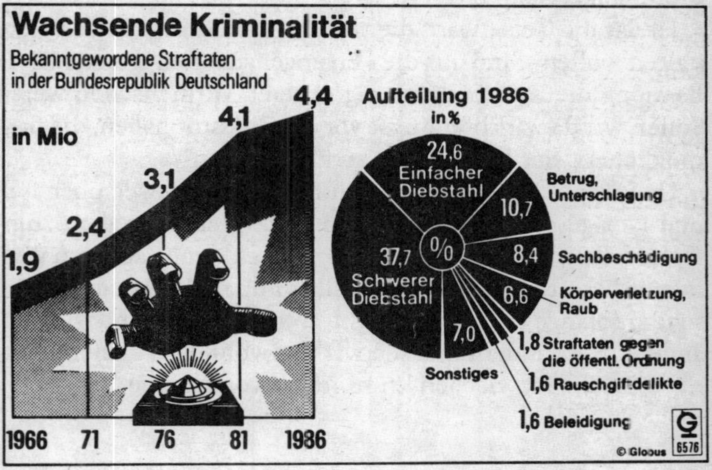


Mehr als 290000 Fälle von Körperverletzung und Raub im Jahr 1986 verraten deutlich, wo unsere Gesellschaft heute steht. Auch bei den Einbrüchen und Sachbeschädigungen geht es nicht um Kavaliersdelikte, sondern um die bemerkenswerte Tatsache, daß es in unserer Wohlstandsgesellschaft, in einem Staat, dessen »soziales Netz« als vorbildlich gelten kann, in dem es praktisch keine breite Schicht von Armen und Notleidenden mehr gibt, daß es für den Bürger in einem solchen Staat heute zum Alltag gehört, um Leben, Gesundheit oder zumindest sein Eigentum fürchten zu müssen.[36]

Kriminalität ist über die Jahrhunderte eine Begleiterscheinung des bürgerlichen Lebens. Raub und Totschlag sind ein Teil der Erbsünde, mit der – wie wir im Alten Testament nachlesen können – die Menschheit belastet ist. Aber ist das die Gegenwart, von der wir träumen? Wenn die kriminellen Anlagen in den Menschen zu wuchern beginnen? Wenn die Straftaten in unserem Land mehr zunehmen als die Bevölkerung? Wenn offenbar viele, die wir bisher als normale Bürger einschätzten, sich plötzlich zu kriminellen Handlungen und – das geht voraus – zur kriminellem, aggressivem Denken hinreißen lassen?

Ist das die Gegenwart, die wir unter allen Umständen festhalten wollen? Sind uns die »Errungenschaften unserer Zivilisation« die Kriminalisierung unserer Mitmenschen wert? Sollen wir da wirklich Angst vor der Zukunft haben, die uns möglicherweise hilft, all das zu überwinden?

Und wenn dies tatsächlich nur auf dem Umweg über Tod und Not geschehen kann, wenn viele Menschen dem zum Opfer fallen, so doch nur deshalb, weil es keinen anderen Weg in eine bessere Zukunft gibt; weil es nun mal so ist, daß Menschen, solange es ihnen gutgeht, wenig geneigt sind, sich zu ändern. Aber ändern müssen wir uns wohl. Und sicher nicht nur jene, die inzwischen kriminell geworden sind.

# Die Friedensfreunde leben vom Krieg

## *Friedensfreunde weit vom Schuß*

»Man stelle sich vor, es ist Krieg, und keiner geht hin« (ein beliebtes Bonmot der Kriegsgegner), aber was machen dann die organisierten Friedensfreunde? Wogegen demonstrieren und kämpfen sie dann? Ihre Crux ist, daß sie den Unfrieden brauchen, um den Frieden fordern zu können. Theoretisch dürfte es nach einer in der europäischen Geschichte seltenen Friedensphase von mehr als vierzig Jahren bei uns eigentlich keine Friedensbewegung mehr geben. Überall sonst in der Welt könnte sie für den Frieden kämpfen: in Uganda, in Afghanistan, im Iran und an vielen anderen Plätzen, aber doch nicht in Europa, wo keine Regierung – auch nicht die der Sowjetunion – nach 1945 je erklärt hat, einen Krieg führen zu wollen, um dies oder jenes zu erobern oder durchzusetzen.

Wenn Europäer nach dem Zweiten Weltkrieg durch ihre Städte gingen – im Westen wie im Osten –, dann konnten viele von ihnen sich nicht vorstellen, daß es angesichts der durchstandenen Schrecken und der ungeheuren Zerstörungen[37)] jemals auf der Welt noch eine Regierung geben könnte, die wieder einen Krieg vom Zaune bricht. Also wurde Europa wahrhaft ein friedlicher Kontinent (abgesehen von Bürgerkriegen wie in Irland oder »Interventionen« wie 1956 in Ungarn). So friedlich, daß er um »des lieben Friedens willen« zeitweilig sogar – hier die Sowjetunion ausgenommen – sein Ansehen und seine Glaubwürdigkeit aufs Spiel setzte. Obwohl man gerade mit dieser Methode den Frieden nur dann si-

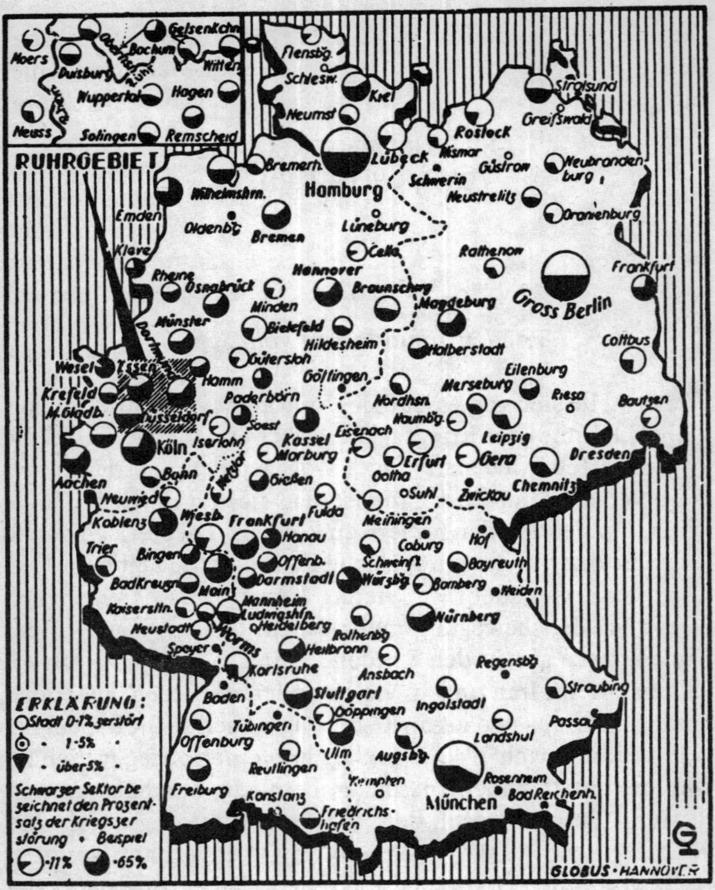


chern kann, wenn der potentielle Gegner ebenfalls von Unlust am Krieg – und da ist die Sowjetunion zweifellos wieder einzuschließen – erfüllt ist.

Vor dem Zweiten Weltkrieg hat Winston Churchill die Entschlossenheit Hitlers, seine Ziele notfalls auch mit Waffengewalt durchzusetzen, richtig eingeschätzt, als er dem verhandlungswilligen Neville Chamberlain sagte: »Sie glaubten die Wahl zwischen Ehrlosigkeit und Krieg zu haben. Sie wählten die Ehrlosigkeit, und Sie werden den Krieg erhalten.«[38] Ähnliches durfte man sicher nach dem Zweiten Weltkrieg denjenigen sagen, die im Westen einseitiges Abschaffen der Atombomben und Abrüsten forderten.

Die Atombomben und die Rüstung des Westens halfen immerhin vierzig Jahre lang, den Diktatoren des Ostens die Lust auf kriegerische Abenteuer zu nehmen. Selbst der temperamentvolle Nikita Chruschtschow beschränkte sich darauf, bei Gelegenheit (vor der UNO in New York) mit seinem Schuh auf das Rednerpult zu hauen. Aber die sowjetischen Schiffe drehten vor Kuba ab, und der Dritte Weltkrieg fand – noch – nicht statt.

Trotzdem wurden inzwischen mehr als genug Kriege geführt. Ganze sechsundzwanzig Tage nur gab es wirklich einmal Frieden auf der Welt: Das war im September 1945. Danach aber ging die Saat der Gewalt weltweit in mehr als hundertfünfzig Fällen auf[39]), und es ist sicher nicht von der Hand zu weisen, daß unser friedliches Bollwerk Europa sich von derartigen Konflikten nicht ewig wird fernhalten können. Warum bekämpft man also den Krieg nicht dort, wo er statt-

findet, wo die Keimzellen der Aggressionen liegen, die auch unseren Frieden bedrohen?

Die organisierten Friedensfreunde demonstrieren seit mehr als hundert Jahren immer dort für den Frieden, wo er ohnehin herrscht. Dort, wo der Krieg herrscht, sind die demonstrativ ihre Spruchbänder und Fahnen schwenkenden Friedensfreunde nicht zu finden. Dort gibt es nur die selbstlosen leisen Helfer, die Märtyrer für den Frieden, aber von denen wird wenig gesprochen. Die im Frieden mit Gewalt und Fanatismus für »den Frieden« (und genauso auch für anderes) demonstrieren, die sind laut. Aber die ohne Waffen ihr Leben für ihre Mitmenschen opfern, die hört man nicht.

Wer wagt es schon, angesichts der friedlosen Friedensforderer, der gewalttätigen Gewaltverneiner, der die Freiheit des anderen mißachtenden Freiheitskämpfer zu fragen, auf welcher Seite denn nun die wahren Friedensfreunde stehen?

## *Der neue Mensch ist unter uns*

Eine merkwürdige Idee: sein Leben zu geben für den Frieden. Tatsächlich aber haben seit mehr als zweitausend Jahren nachweisbar immer wieder Menschen diesen religiösen Impuls aufgegriffen, obwohl doch scheinbar alle Gesetze des Lebens dagegen sprechen. Sie haben für eine – so scheint es – seltsam unwirkliche Vorstellung des in den Daseinskampf geworfenen Menschen ihre Furcht vor dem Tod überwunden, ihn auf sich genommen, und sind so zu Wegweisern in eine Zukunft geworden, die wahrhaftig – wenn sie je realisiert wird – uns nicht mit Angst, sondern ganz im Gegenteil mit unendlicher Beglückung erfüllen muß.

Aber die sich heute in lautstarken Minderheiten artikulieren, die vorgeben, alle zu sein, weil sie genug Lärm für alle machen, die mögen den stillen Helden von einst – zum Beispiel den christlichen Märtyrern – nicht mehr trauen.

Im Jahre des Heils 1987 nennen sich Christen mit größtem Nachdruck jene, die Unduldsamkeit und Ungeduld predigen, die nichts Gott, aber alles ihren eigenen Fäusten überlassen wollen. Zum Bau »einer neuen Welt im Diesseits« rief der schwarze Präsident des reformierten Weltbundes, Allan Boesak, beim 22. Deutschen Evangelischen Kirchentag in Frankfurt am Main auf. Er sprach von »der biblischen Verheißung eines neuen Himmels und einer neuen Welt«. Das »neue Jerusalem«, sagte er, sei keine Fata Morgana und brauche »nicht auf die Ewigkeit zu warten«, sondern werde »aus der Asche all dessen entstehen, was heute Pretoria heißt«!

Er sagte nicht, wer dieses »Pretoria« niederbrennen wird oder soll, und er erinnerte auch nicht daran, daß noch alle, die das Paradies auf dieser Erde bringen wollten, ihren Mitmenschen die Hölle geschaffen haben. Solche Gedanken lagen ihm ebenso fern wie die Offenbarung des Johannes, der vor den Tagen des Jüngsten Gerichts das Wirken und Walten der falschen Prediger und Propheten sah, denen die Massen zujubeln.

»Überwältigende Zustimmung« registrierten die Zeitungen bei den Forderungen Boesaks, der den gelben Schal der Apartheidgegner über dem schwarzen Priestergewand trug, und »minutenlangen Beifall« für seine Formulierung, den »Zeichen der Solidarität« nun »Taten folgen« zu lassen. Und zu registrieren waren auch »Anzeichen einer neuen Intoleranz«: »Lauter als früher waren die Pfiffe in den Hallen, die Grenze von Ungeduld zur Unduldsamkeit wurde gelegentlich überschritten.«[40] »Bundeskanzler Helmut Kohl und der hessische Ministerpräsident Walter Wallmann waren bei der Begrüßung mit einem Pfeifkonzert empfangen worden.«

Frankfurter Banken wurden nach einer Kundgebung, bei der das Ratsmitglied der Evangelischen Kirche, Jan Niemöller, ihre Geschäftsbeziehungen zu Südafrika kritisiert hatte, Scheiben eingeschmissen und Brandsätze ins Innere geworfen. Symbole der wahren Nächstenliebe? Wie auf dem Kirchentagsgelände an der Theke der »Safer Sekt Bar« der Deutschen Aids-Hilfe die Broschüren über »Safer Sex«, Alkohol und Kondome.

Der Heidelberger Professor Wolfgang Huber, Präsidiumsmitglied des Kirchentags, erkannte wohl richtig, daß »die Härte der Formen intensiver« geworden sei und »intolerantes Verhalten« zugenommen habe. Der Nürnberger Pfarrer Heimbucher nannte den Kirchentag eine Mischung »von Ideologie, Religion, Heidentum und christlichem Glauben«, die all jene mit Intoleranz verfolge, »die sich nicht einer Meinungsdiktatur beugen«.

Was da beim Kirchentag geschah, das hat mit Christentum soviel zu tun wie Friedensliebe mit Sprechchören. Stolze Statistik: Die Zahl der Kirchentagsbesucher hat sich in fünfzehn Jahren verzehnfacht. Aber auch die Gewißheit hat sich verdeutlicht, daß die Pfeifenden oder wild Applaudierenden unter den 125000 Frankfurter Kirchentagsbesuchern nicht der »Mensch von morgen« sind, auf den sich unsere Hoffnungen gründen könnten.

Es sind vielmehr die ewig Gestrigen, die das Christentum bis heute daran hinderten und hindern, seiner Aufgabe voll zu entsprechen: im Mitmenschen – auch in jenem, den ich nicht mag – ein Gottesgeschöpf zu sehen und seinem Leben wie meinem in Demut zu dienen. Ohne Forderungen und vor allem: ohne ihm »mein Paradies« aufdrängen oder abtrotzen zu wollen.

Menschen, die so denken und handeln, gab es und gibt es. Sie sind – wenn wir auf eine Zukunft hoffen – diejenigen, denen wir begegnen möchten. Um ihretwillen kann man ein Kreuz auf sich nehmen. Um ihretwillen hängt keiner sein offizielles Glaubensbekenntnis an den Nagel. Aber in der wohl berechtigten Abkehr vom Geist des ewigen Kain verlassen viele eine Kirche, die es nicht mehr schafft, ihr Haus von ihm rein zu halten.

Für sich selbst sprechende Statistik: In den letzten fünfzehn Jahren verlor die evangelische Kirche drei Millionen Mitglieder.

Wer die Großen der Gegenwartsliteratur studiert, wird schnell den Punkt finden, an dem alle übereinstimmen. Der Mensch, der die Welt von heute schuf und mit allen Mitteln in dem gegenwärtigen Zustand zu erhalten sucht, bringt die Katastrophe. Eine Katastrophe, die – wenn man Hoimar von Ditfurth[41)] und anderen folgen will – nicht weniger als einen mittleren Weltuntergang, zumindest aber das Ende des Menschen als eine auf der Erde angesiedelte Art von Lebewesen unausweichlich zur Folge hat.

Dieser Meinung kann ich mich nicht anschließen, weil ich die Katastrophe

1. anders datiere als viele Zukunftsforscher. Sie sind überzeugt, daß der »Weltuntergang« in den nächsten zehn bis hundert Jahren unsere Zukunft sein wird. Ich stelle dagegen fest, daß wir mitten in der Katastrophe leben – auch wenn man es in einigen Teilen dieser Erde offenbar noch nicht deutlich genug merkt – und daß diese Katastrophe ein Sieb ist, bei dem viele schon durchgefallen sind oder noch durchfallen werden. Und weil ich sie

2. als einen Teil des großen Entwurfs sehe, der uns den Weg zum besseren Menschsein weist. Ich bin überzeugt, daß der gegenwärtige »Homo atomicus«[42)] nicht das Ende, sondern erst ein noch nicht ganz gelungener Versuch eines zur Selbstreflexion befähigten Lebewesens ist, eines Wesens, das irgendwann viel unmittelbarer als wir uns heute vorstellen können, in Beziehung zu jenem universalen Geist treten wird, dem wir unsere Schöpfung verdanken.

Mit unserer gegenwärtigen Informationsgesellschaft sind wir in ein Stadium des weltweiten »Daseins« getreten, wo die Konfrontation des einzelnen mit allen und allem immer unausweichlicher wird. Wir können an dem, was rund um uns her geschieht, nicht mehr vorbeisehen. Wir sind heute einfach gezwungen, vieles zur Kenntnis zu nehmen, vor dem eine Gesellschaft ohne Fernsehen und Radio Augen und Ohren verschließen konnte. Diese Informationsüberfülle ist

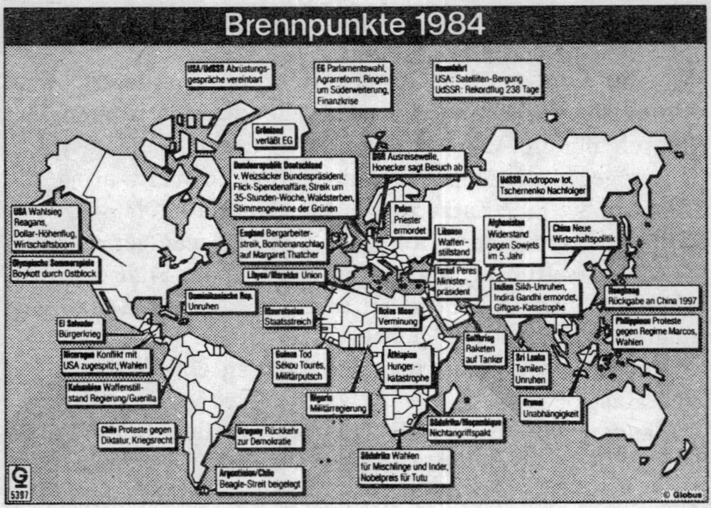


ein Teil des Systems »Sieb« – ein System, das uns die Chance der Selbsteinordnung gibt. Welche inneren Standpunkte wir beziehen, das wird uns »groß« werden oder zum Durchfallen »klein« genug erscheinen lassen.

Noch vor hundert Jahren konnten wir Krankheit, Krieg oder Kriminalität, die in unserem eigenen Haus oder in der Nachbarschaft Opfer forderten, als persönliches Schicksal empfinden und beklagen, heute müssen wir diese Erscheinungen als Teile eines Prinzips erkennen, dem wir mit allen Menschen gemeinsam weltweit unterworfen sind. Was in Kabul oder Amsterdam geschieht, geschieht in meinem Zimmer. Pfiffe in Frankfurt, Schreie in London, sie gellen in meinem Ohr.

In Afghanistan wird ein Krieg geführt, bei dem Bomben, als Spielzeug getarnt, unschuldige Kinder zerreißen. In Spanien werden Menschen in einem Kaufhaus zerfetzt, weil einige andere sich eine autonome Regierung wünschen. In den Niederlanden müssen siebzig Kinder zwischen drei und sechs Jahren sexuelle Mißhandlungen erdulden, weil unbekannte Geschäftemacher Pornofilme drehen wollen, für die es offenbar

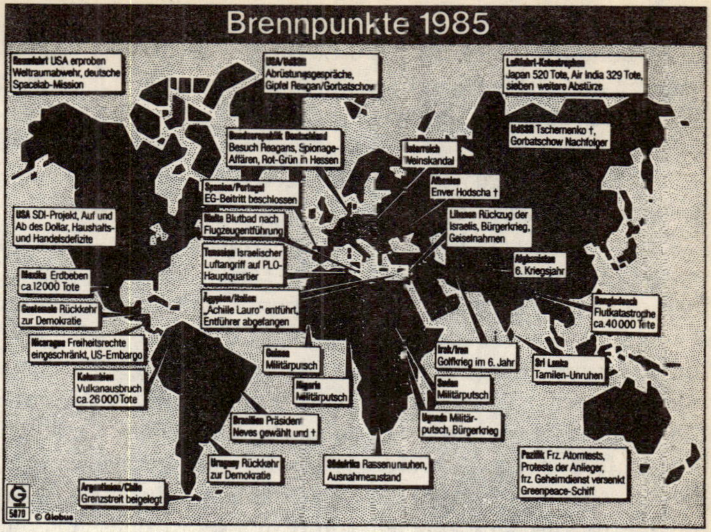


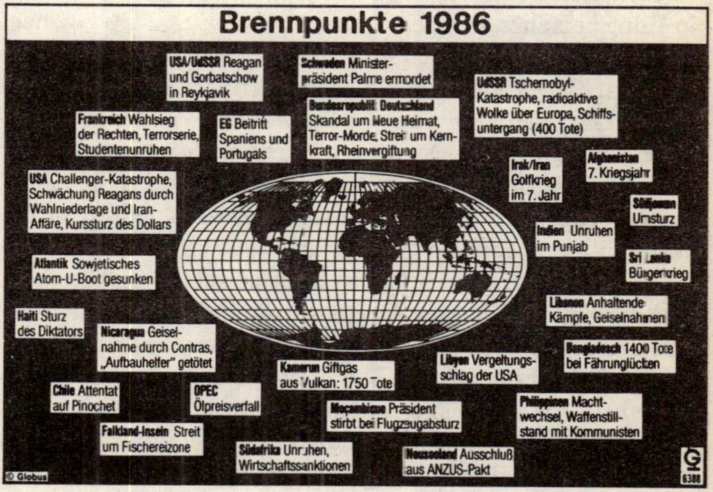


in unserer Gesellschaft genügend zahlungsfähige Interessenten gibt! Mitten in einer Großstadt wird einer Neunundsiebzigjährigen die Handtasche entrissen, und der jugendliche

Täter entkommt, weil sich kein Mensch um die Hilferufe der alten Frau kümmert. In London wird eine Zwanzigjährige in einem Geschäftshaus auf der Treppe vergewaltigt. Sie schreit um Hilfe, aber fünf Menschen gehen vorbei, drei steigen förmlich über sie hinweg, ohne auch nur von der Not dieses Menschen Notiz zu nehmen, ohne etwas zu veranlassen oder gar selbst einzugreifen.

Fünf Meldungen, in einer einzigen Woche; in der Zeitung, im Radio, im Fernsehen. Mitteilungen, an denen wir teilhaben, denen wir nicht ausweichen können. Mitten in unserem Haus finden wir sie, die Brennpunkte des Weltgeschehens, die Kriege und Bürgerkriege, die Natur- und Umweltkatastrophen, die Terroranschläge und Entführungen, die Rauschgift- und Bandenkriminalität, die menschlichen und politischen Skandale.[43] Alles als weltweit gesammelte Informationen, die über uns hereinbrechen und zu denen wir in immerwährenden unruhigen Gesprächen mit uns selbst oder anderen Stellung beziehen müssen.

»Wenn Sie ein aktuelles Vorwort zu diesem Buch lesen wollen, so schlagen Sie bitte die Tageszeitung auf«, schrieb ich 1981.[44] Und wenn Sie nun wissen wollen, wie das Sieb aussieht, durch das die Menschheit gegenwärtig geschüttelt wird, Spreu vom Weizen zu trennen, dann – so sage ich auch heute noch – lesen Sie Ihre Tageszeitung und schalten Sie die Rundfunk- und Fernseh-Nachrichten an.

Es besteht kein Zweifel: Das Sieb ist bereits in Tätigkeit. Und die Philosophen der Gegenwart haben recht: Die Menschen müssen sich ändern. Zumindest die, denen die Zukunft Hoffnung bedeutet. Sie müssen sich mehr zu sich selbst bekennen als bisher. Sie müssen Stellung beziehen, wo sie gestern noch vorbeisehen durften (und konnten). Es geht nicht mehr darum, Frieden zu fordern, sondern ihn in sich zu verwirklichen. Wir müssen lernen, in Demut zu akzeptieren, daß die Erde und mit ihr die Menschheit den Weg in eine neue Zukunft auch ohne uns finden wird, wenn wir selbst für die neue Welt – die Welt des Friedens – noch nicht die nötige Reife haben sollten.

Die Zeit ist reif! Ob wir es sind, muß sich für jeden einzelnen erweisen. Viele Äpfel werden vom Baume fallen, aber nur wenige werden des Auflesens wert befunden werden.

## *Der »planlose« Plan der Evolution*

Da stolpern wir also nun durch eine »große Zeit«. Das ist schon mal etwas, was nicht glücklich macht. »Große Zeiten« sind immer schwere Zeiten für den einzelnen. Es lebt sich in kleinen Zeiten problemloser und bequemer. Aber wir können es – warum eigentlich? – nicht ändern. Die Zeit ist da, und wir sind in ihr.

Und das ist nichts als ein dummer Zufall? Genauso ein Zufall wie jene unzählbaren Zufälle, denen wir es verdanken sollen, daß wir überhaupt da sind, da sein können?

Man mache sich eine Theorie und heiße sie dann stimmen. Dazu nehme man eine Handvoll Indizien – oh, gewiß, ohne sie würde die Theorie von ernsthaften Wissenschaftlern ja nicht ernstgenommen (erinnern wir uns an die Ernsthaftigkeit des Kinderspiels) –, und die Lücken fülle man auf mit Vermutungen und dem Glauben an den Zufall (mangels eines besseren). So entsteht dann das, was Generationen von Wissenschaftlern einer Dis'ziplin (in des Wortes zweifacher Bedeutung) in eine gemeinsame – sich auf diese Weise gegenseitig stützende – Denkrichtung zwingt.

Auch der Glaube an die planlose Evolution ist so entstanden und gewachsen, an die mit Zufällen forcierte Evolution vom Urknall bis zum Homo atomicus. Evolution – das ist die Faszination des Ausgedachten!

Die Evolution, so versuchen Wissenschaftler seit mehr als hundert Jahren zu beweisen, ist allein an allem schuld. Daß es uns, den Menschen – und damit alle Probleme der Gegenwart, alle Hoffnungen für die Zukunft –, gibt, das sei, so wird behauptet, nichts als eine Kette sich eigentlich ganz logisch ergebender Folgen, von denen einige beweisbar, andere vermutbar seien, wobei alle mehr oder weniger auf zufälligem »Das ist nun mal so« basieren.

Das klingt reichlich dünn. Dabei haben unsagbar viele mit Wissen bis obenhin angereicherte Gehirne ihre Gedanken, Überlegungen und Theorien zu diesem Thema auf Bergen von Papier verewigt. Und da liest sich das natürlich ganz anders: konstruktiv und gelehrt.

Eines aber dürfen wir in all diesen Fällen, in denen wir solche Berge von Papier durchackern, ganz sicher nicht: die Hypothesen hinterfragen. Sonst brechen kunstvolle Gebäude zusammen, und was dann übrig bleibt, bietet keine Wahrheiten, sondern nur ein neues Fragezeichen: Glaube ich lieber an konstruierte Hypothesen oder an Gott?

Um dies an einem konkreten Beispiel aufzuzeigen, suchte ich mir also einen solchen Aufsatz zu unserem Thema, der »planlosen« Evolution, der die Annahme stützt, daß wir Menschen nichts weiter sind als ein überflüssiges Zufallsprodukt, ein »Irrläufer der Evolution«.[45] Ein Ausrutscher der Natur, der sich, ohne im Universum weiter Schaden anzurichten, demnächst – wenn die organisierten Friedensfreunde uns nicht mit Gewalt davon abhalten – atomisieren wird.

Es war wieder einmal »der Zufall«, der mir zu Hilfe kam. Just als ich in Büchern und wissenschaftlichen Abhandlungen nach der geeigneten Unterlage suchte, erschien die Juliausgabe der populärwissenschaftlichen Zeitschrift »P. M«, in der gerade zur rechten Zeit unter dem Titel »Bakterien ›entdeckten‹ die Sexualität« all jene Thesen aufbereitet wurden, mit denen die Forschung gegenwärtig versucht, die Entwicklung des Lebens auf der Erde zu erklären.

Das beginnt mit der »Ursuppe« und ihrem reichen Angebot an Nährstoffen, in der über Jahrmillionen hinweg einige wenige Arten von einzelligen Individuen ihr gedeihliches Auskommen fanden. Aber dann, so erfahren wir, kam es vor etwa 570 Millionen Jahren zu einer wohl ersten »Umwelt-Verschmutzungskrise«. Milliarden Jahre lang waren Wassermoleküle von diesen einzelligen Individuen, zum Beispiel Blaualgen, aufgespalten und der Sauerstoff als Abfall ausgeschieden worden. Und also vergiftete er nun »den Lebensraum der Einzeller«. Und ganz logisch war daraufhin »die einzige Abwehrstrategie, die den sauerstoffempfindlichen Einzellern zur Verfügung stand, der Zusammenschluß zu größeren Zellverbänden«.

Wie bitte? – Seien wir großzügig, fragen wir nicht, wieso es unbedingt zu solcherart sauerstofferzeugenden Einzellern gekommen war, nehmen wir alles bis zu diesem Tag vor 570 Millionen Jahren einfach mal als gegeben hin. Aber wer postuliert hier eine »Abwehrstrategie«? Warum sollten die Einzeller nicht wieder gehen, wie sie gekommen waren? Wer hat sie gerufen? Wer wollte sie erhalten? Und wozu denn bitte?

Waren sie nur zufällig da, so konnten sie doch wohl auch – ganz logisch – ebenso zufällig wieder verschwinden! Kein Hahn hätte nach ihnen gekräht. Schon weil es einen solchen ja noch nicht einmal als Idee oder gar Plan gab. Oder war da etwa ETWAS, das einmal einen Hahn wollte, das wußte, daß die Einzeller nur eine Station auf dem Weg der Evolution zu diesem Hahn sind? Daß sie also unbedingt, damit er mal nach ihnen krähen kann, erhalten werden müssen? Daß sie eine Abwehrstrategie brauchen, um ihn, den Hahn, dereinst zu ermöglichen?

Man kann doch wohl nicht der Evolution Zufälligkeit und Planlosigkeit unterstellen und im gleichen Atemzug den Begriff »Strategie« verwenden. Man kann doch nicht, wenn man logisch bleiben will, nachweislich erfolgreiche »Abwehraktionen« wie den – bewußten/unbewußten – »Zusammenschluß zu größeren Zellverbänden« als bewiesen gelten lassen und gleichzeitig diesen Vorgang als absichtslos erklären.

Wenn also die Einzeller sich gegen die Selbstvergiftung – wie auch immer – zur Wehr setzten, dann hatten sie unleugbar die erklärte Absicht zu überleben. Oder ETWAS hatte den erklärten Willen, das in die Welt gesetzte Leben zu erhalten. Und sogar nicht nur es im Status quo zu erhalten, sondern es Schritt für Schritt über die »Abwehrstrategie« und den dadurch bedingten »Zusammenschluß zu größeren Zellverbänden« zu neuen Lebensformen weiterzuführen.

Und es geschah »der Austausch von biologischen Informationen«. Und es »bildete sich eine Hierarchie aus, eine Rangordnung. Eine Zelle übernahm das Kommando und wurde zum Zellkern. Alle übrigen wurden zu dienstbaren Geistern. Und wie das so ist in einer Diktatur: Alle Informationen waren fortan geheim – nur der Zellkern besaß sie ...«

Was, bitte, wissen unbedarfte Zellhaufen von Rangordnungen und Diktatur? Allein das Wort Ordnung ist verräterisch, denn der Zufall kennt keine Ordnung. Der Zufall ist das Prinzip des Nichtgeordneten, eben des Zufälligen. Und doch gilt es als erwiesen, daß die Zellen sich einer Ordnung unterwarfen, daß sie Informationen austauschten, daß sie also die Erfinder von Kommunikation und Diktatur sind.

Wer bitte? Die Zellen? Die einzelligen Zufälle in der Ursuppe? Die sollen sich also eines schönen Tages entschlossen haben, nicht nur unbegreifliche und durch nichts begründete Überlebensstrategien zu entwickeln, sondern gleich auch noch die Prinzipien des Informationsaustauschs zu kanalisieren und Rangordnungen zu begründen? Das alles – diesen zusammenfabulierten Unsinn – soll ich wirklich glauben, soll glauben, daß jetzt plötzlich aus heiterem Himmel die Viren erscheinen, die der große Biologe Adolf Portmann dem »Reich des Dämonischen« zuordnet, weil sie »zufällig« eine »für das Gleichgewicht des Lebens« notwendige Art von Antidiktaturen, von tödlichen Angreifern sind? »Was ist ein Virus?« wird nun gefragt, und die Antwort lautet: »Reine Erbinformation, nichts weiter als ein Bauplan.«

Da haben wir sie sogar in einem Satz beisammen: die aus dem Nichts kommende »Erb«-Information und den planlosen »Plan«!

Eigentlich müßte – so sollte man meinen – jeder des Lesens und Schreibens kundige Wissenschaftler schon beim Gebrauch einzelner Wörter merken, daß sie mit seinen Aussagen und Theorien nicht übereinstimmen. Aber wen Gott strafen will, den schlägt er mit Blindheit. Und man muß wohl wahrhaft blind sein, um immer noch nichts zu begreifen, wenn man folgende weitere Aussage liest: »Die frühesten Formen der Sexualität sind entstanden, ohne daß schon die Fortpflanzung ein Ziel war. Vielmehr ging es darum, das Überleben schon bestehender, schon existierender Lebewesen zu ermöglichen.«

Wem bitte sollte es denn um das Überleben schon existierender Lebewesen gehen? Wer, wenn nicht Gott, ist »Es«? Der seiner eigenen Existenz unbewußte Zellhaufen? Die Antiinformation namens Virus?

»Die Evolution hat die Sexualität gar nicht zielbewußt angesteuert, es gab keinen Plan zu ihrer Entwicklung. Vielmehr hat das Leben in ganz genau beschreibbaren Situationen auf Bedrohungen reagiert.« Das Leben also, aha! Wer oder was ist das oder vielmehr war das zu jener fernen Zeit? Schon gut, wir wissen es ja – es waren Zellhaufen und Viren. Aber warum bedrohten die einen die anderen? Und warum reagierten die anderen auf die Bedrohung? Es gibt dafür keinen vernünftigen Grund. Uns allen wäre doch wahrscheinlich wohler, wenn die »ungewollten« Zellhaufen (von wem sollten sie denn gewollt sein?) den Viren das Feld überlassen und diese dann ihren eigenen »Bauplan« aufgefressen hätten. Warum, um Himmels willen, haben sie das nicht?

Statt dessen haben die Eukaryonten (so nennt die Wissenschaft jene ersten diktatorisch regierten Zellverbände) wieder einmal neue »Abwehrmaßnahmen« erfunden. Sie, so lesen wir jetzt, »versuchten es erfolgreich mit einer verblüffenden Methode. Sie tauschten untereinander Erbsubstanz aus. So kam die Weiterentwicklung des Lebens durch Mutation und Selektion in die Welt.«

Einfach so. Nur weil die lieben kleinen Eukaryonten – ich sehe sie förmlich vor mir, wie sie beim »Brainstorming« schwitzend am runden Tisch beraten und diskutieren – eine tolle Idee hatten. Die Kleinen, meinen also einige Wissenschaftler, brachten das entscheidende Handwerkszeug der Evolution, die Mutation und die Selektion, auf die Erde.

Und wer das glauben soll, der darf sicher ebensogut und ebensogern an den Weihnachtsmann glauben.

Und dann noch eine besonders delikate Aussage: »Wissenschaftler meinen, daß Zwittertum die älteste Form der Sexualität ist. Warum wurde sie von so vielen Individuen aufgegeben? Antwort: weil es besonders kostspielig ist, mal die männliche und mal die weibliche Rolle zu spielen.«

Sie haben richtig gelesen: »kostspielig« heißt es hier. Wirklich kostspielig? Jetzt kommt in die Evolution der aufgehäuften Zufälligkeiten auch noch das merkantilistische Prinzip. Da fragten sich die nach Jahrmillionen bis zu Zwitterwesen zusammengeballten Zellhäufchen doch tatsächlich, ob sie sich das Zwittern auf die Dauer leisten können. Und als Herr Zwitter zu Frau Zwitter sagte, du wirst mir zu teuer, da beschloß – ja, wer denn nun? Also sagen wir einfach – die Evolution, endlich klare sexuelle Verhältnisse zu schaffen.

Genug des seltsamen Spiels. Lesen Sie selbst solche Darstellungen, in denen Ihnen genau erklärt wird, wie – zeitweise schleicht sich dann das Wörtchen »vermutlich« ein – der Weg vom Urknall bis zum denkenden Zweibeiner ganz logisch – planlos dem Plan der Evolution folgend –, zwar ziellos, aber nach erkennbaren Strategien, wenn auch ohne Ziel, so doch immer zielgerichtet verlief. Weshalb wir Menschen eben auch nur Zufallsprodukte sind und nach Ansicht jener Wissenschaftler, die den Einzellern den Zwang zum Überleben attestieren, absolut ohne eine Lücke zu hinterlassen, ja mit einem Overkill-Atomkrieg geradezu unauffällig, wieder aus dem Universum verschwinden könnten.

Wir dürfen das. So meinen ja auch viele Freunde des Friedens. Nur die sauerstoffproduzierenden Ursuppen-Einzeller und die niedlichen Eukaryonten, die durften das nicht.

Merkwürdig. Sehr merkwürdig.

## Wer gibt die Garantie für den Weltuntergang?

### *Das Ende des Friedens*

Jede Gegenwart, mag sie aussehen, wie sie will, hat etwas Tröstliches an sich: Wir wissen, daß sie vorübergeht. Mit diesem Wissen haben Menschen in Mitteleuropa die Schrecken der Völkerwanderungszeit, die Pest und den Dreißigjährigen Krieg überstanden. Mit diesem Wissen werden wir auch jeden gegenwärtigen Tag überstehen. Es ist ja von der Natur so eingerichtet, daß wir immer nur eine Minute, eine Stunde, einen Tag auf einmal erleben. Und wie wir nur befähigt sind, einen kurzen, überschaubaren Teil der Zeit auf einmal zu erleben, so auch nur einen zeitlich gebundenen Teil aller Schrecken dieser Welt (ebenso allerdings auch immer nur einen kurzen Ausschnitt des Glücks).

Die alte Binsenweisheit, daß man immer nur ein Stück Kuchen auf einmal essen kann, verführt jedoch umgekehrt oft zu dem Trugschluß, es gebe nur dieses eine Stück. Und die Neigung, nicht über den Kuchenrand hinaussehen zu wollen, ist sehr verbreitet. Nicht anders verhält sich jeder, der den Frieden vor seiner Haustür für den Frieden der Welt hält, der von dem zeitlichen Ausschnitt »Ruhe vor dem Sturm« nur die Ruhe registriert.

Wie die Dinge wirklich sind, wurde mir vor einigen Jahren bei einem Interview in einem seismologischen Observatorium bewußt. Da zeigte eine Nadel ständige leichte Ausschläge, obwohl ich meinte, auf völlig ruhigem Boden zu stehen. Diese für mich nicht wahrnehmbaren Mini-Erschütterungen kamen von schweren Lastwagen, die in einiger Entfernung über die Autobahn donnerten.

Wenn viele Menschen sich in der Gegenwart noch wohl fühlen, so liegt das einfach daran, daß ihnen die Sensibilität fehlt, die Schwingungen des Unfriedens, der über unsere Welt hereingebrochen ist, bereits fühlen zu können. Erst wenn ein Panzer vor ihre Haustüre rollt und ein Beben den Boden unter ihren Füßen aufreißt, werden sie fühlen, was die feine Nadel des Weltgeschehens bereits heute verzeichnet.

Diese gewisse Stumpfheit ist zweifellos eine weise Einrichtung der Natur. Im anderen Fall müßten wir uns wahrscheinlich ständig vor lauter Heulen und Wehklagen rund um uns herum die Ohren verstopfen. So aber leben wir »friedlich« in den Tag und genießen dankbar die uns noch geschenkten Stunden der Ruhe.

Mag man diese gewisse Stumpfheit des Fühlens also begrüßen, so ist die Unfähigkeit, sie mit Wissen und Erfahrung so weit zu kompensieren, daß man sein Haus gegen Sturm und Beben abstützt, doch erschreckend. Zu glauben, man habe den Weltfrieden für alle Zeiten eingekauft und in der Tasche, das ist nicht mangelhafte Sensibilität , sondern wohl eher etwas naiv.

Wer feuerbereite Kanonen sieht, aber nicht willens ist, wenigstens einen Splittergraben auszuheben, um sich vor einem Granateinschlag zu schützen, der ist kein Friedensfreund, sondern ein Selbstmörder. Anderen Menschen die in unserer Zeit notwendigen Vorkehrungen zum Selbstschutz wie Vorratshaltung und ähnliche von Erfahrung und Klugheit diktierte Maßnahmen ausreden zu wollen, entspricht in diesem Zusammenhang einer Aufforderung zum Selbstmord.

Seit es Leben gibt, besteht – wir haben das bei den Einzellern gesehen – das Gesetz der Selbsterhaltung. Mit Prophezeiungen vom atomaren Weltuntergang und dem Gerede, es habe ja ohnehin alles keinen Zweck, Menschen von der natürlichen Pflicht zum Schutz des Lebens abzuhalten, ist durch nichts zu rechtfertigen.

Wir wissen, daß der Friede aus der Welt ist. Wir wissen

nicht, ob und wann der offene Unfriede in Form von Granateinschlägen uns heimsuchen wird. Aber wir wissen aus Erfahrung, daß er nach mehr als vierzig Jahren ohne Krieg von Tag zu Tag wahrscheinlicher wird.

Bisher haben im Osten alte Herren regiert, die sich – auch wenn es keine Atomwaffen gegeben hätte – wenig Chancen ausrechnen konnten, ihre Führungsposition durch das Risiko eines Krieges länger erhalten oder auch nur verbessern zu können. Doch das ist vorbei.

### *Das Spiel mit dem Weltuntergang*

Heute stehen wir vor der Situation, daß ein relativ junger Cheffunktionär der Sowjetmacht sich ausrechnen kann, die Freiheit der Entscheidung zu einem »Waffengang« noch in seiner Regierungszeit zurückzugewinnen, wenn es ihm gelingt, im Einvernehmen mit dem Westen in den nächsten fünf bis zehn Jahren die Beschränkung auf die konventionelle Rüstung (in der die Staaten des Warschauer Pakts eindeutig überlegen sind) zu erreichen.

Für den nicht ideologisch verblendeten Friedensfreund – und das dürfte die überwiegende Mehrheit aller gegenwärtig lebenden Europäer sein – ergibt sich damit folgende Überlegung: Vierzig Jahre Frieden im Schutz von atomarer Überrüstung sind keine Garantie für weitere vierzig Jahre Frieden.[46] 1993 läuft der Atomwaffensperrvertrag ab. Staaten wie Argentinien, Brasilien, China, Frankreich, Indien, Israel, Pakistan, Spanien, Südafrika sind ihm nie beigetreten, und andere werden sich einer Verlängerung nicht anschließen. Die Atomtechnologie wird immer »handlicher«, die nukleare Erpressung immer einfacher.

Im Juni 1987 ging folgende Meldung durch die Presse: »Der Iran hat den USA indirekt mit Anschlägen auf Kernkraftwerke und auf amerikanische Einrichtungen in aller Welt gedroht, falls die US-Regierung ihre Überlegungen über einen Präventivschlag gegen iranische Raketenstellungen an der Straße von Hormus in die Tat umsetzen sollte.«[47]

Mit anderen Worten: Die atomare Bedrohung ist Gegenwart. Wir müssen deshalb – auch wenn der Dritte Weltkrieg damit aktuell wird – der schnellen Beseitigung eines Instrumentariums zustimmen, dessen Fähigkeit zur radioaktiven Verstrahlung allen Lebens bereits als Zeitbombe tickt. Der nächste weltweite Krieg geschieht zweifellos besser ohne ABC(atomare, bakteriologische, chemische)-Waffen. Er wird auch so noch genug Schrecken bringen.

Aber mit jeder nicht eingesetzten ABC-Waffe reduziert sich auch der von den organisierten Friedensbewegten beschworene atomare, bakteriologische oder chemische Weltuntergang. Und dieses Gerede vom sicheren Weltuntergang hat speziell für die Mitteleuropäer, die den nächsten Kriegsschauplatz stellen werden, grauenhafte Folgen.

Mit dem festen Versprechen, daß der nächste Krieg unbedingt ein Atomkrieg wird, daß ganz Europa über Jahrzehnte hinweg radioaktiv verseucht werden wird, daß es besser sein wird, gleich ums Leben zu kommen, als Monate in einem engen Bunker auszuharren, um dann doch noch verstrahlt zu werden und sterben zu müssen, mit diesen Beschwörungen wurde eines erreicht: Wir haben in der Bundesrepublik nur für drei Prozent von sechzig Millionen Menschen Schutzräume.

Und jetzt, nachdem die leichtfertige »Garantie« des Weltuntergangs sich als das herausstellt, was sie von Anfang an war – ein ideologisch gestütztes, verbrecherisches Spiel mit Leben und Unversehrtheit von Millionen Menschen –, jetzt wird der Spieß herumgedreht: Weil ohnehin nicht in fünf Jahren Schutzräume für fünfzig Millionen Bundesbürger gebaut werden könnten, dürften gar keine mehr gebaut werden, erklären die organisierten Friedensfreunde jetzt. Denn – so ihre Logik – es sei nach den Grundsätzen der Demokratie und Gleichheit nicht zu vertreten, wenn fünfzig Menschen in einem Bunker seien (der nur so viele aufnehmen kann), ihn dann vor den nächsten zweihundert, die auch noch hinein möchten, zu verschließen.

Eine großartige Erkenntnis. Erst verketzert man jeden, der für sich und seine Mitmenschen Schutz schaffen will als »Kriegsvorbereiter«, und dann erklärt man mitleiderregend naiv, jetzt sei leider ohnehin alles zu spät. Und der Erfolg dieser militanten Friedensliebe: Millionen Menschen, Kinder, Frauen und Männer, werden sterben, werden unter Trümmern erschlagen, werden zu Krüppeln und werden unsägliche körperliche und seelische Leiden erdulden müssen.

Sie kennen jetzt die, bei denen Sie sich eines Tages dafür bedanken können.

## *Kein Trost für hungernde Kinder*

Niemand bestreitet, daß wir seit mehr als vierzig Jahren Frieden und seit mehr als zwanzig Jahren einen Wohlstand haben, wie ihn die große Mehrheit des Volkes im Herzstück Europas noch nie zuvor in der Geschichte erlebt hat. Aber das heißt doch nicht, daß man mit Not und Armut auch Verstand und Erinnerungsvermögen verlieren muß. Es ist auch nirgendwo ein Vertrag mit dem Schicksal besiegelt worden, in welchem es heißt, daß keines der Übel dieser Welt je zu uns zurückkehren dürfte.

In den sieben fetten Jahren für sieben magere vorzusorgen ist wahrhaftig eine Weisheit, die weitaus älter ist als die Idee von einem atomaren Weltuntergang. Den als einzige Zukunft sehen zu wollen ist eine seltsam abartige Form jenes Optimismus, mit dem sich manche Menschen einreden, ihr Glück währe ewiglich – bis in den Tod. Also lautet ihre törichte Parole: Mit allen Mitteln das Gegenwärtige erhalten, weil ihm nur Zerstörung oder dann doch am besten gleich die Selbstzerstörung folgen kann. Und weil niemand genau weiß, wann die Vernichtung über ihn hereinbricht, beginnen viele mit der Selbstvernichtung schon mal »ein bißchen« vorweg.

Die Wahrheit ist dagegen, daß die Geschichte des Lebens weit weniger Totalismus kennt als sich Menschen zurechtdenken. Schwarz und Weiß sind die seltensten Farben des Schicksals, die Grautöne überwiegen bei weitem.

Grautöne aber sind in dieser unserer Gegenwart viele möglich: vom erzwungenen Abbau der Weltverschuldung und der Staatsschulden mit der unangenehmen Begleiterscheinung eines Wirtschaftszusammenbruchs bis zu bürgerkriegsähnlichen Konflikten mit ausländischen Minderheiten. Wie gesagt, die Palette der Grautöne ist reich. Wer mag, kann seine Vorstellungskraft strapazieren, um alles zu durchdenken, was heute Zynismus und Menschenverachtung, der Hokuspokus mit der Kernenergie und der Aufmarsch der Aggressionen über Nacht möglich machen.

Und dann der törichte Trost – »Wir können einen Atomkrieg ja ohnehin nicht überleben!« –, wenn Kinder vor Hunger weinen, weil ihre Mütter lieber mit den Friedensfreunden demonstrieren gingen, als wenigstens für vierzehn Tage Lebensmittelvorräte anzuschaffen; wenn Frauen sich schreiend vor plündernden Horden bergen wollen und nicht können, weil ihre Männer und Väter lieber vor einer Raketenbasis Protest machten, als an irgendwelche Schutzeinrichtungen zu denken.

Theoretisch wäre natürlich auch beides möglich gewesen. Warum soll man den Wahnwitz der friedlichen und kriegerischen Nutzung der Kernenergie nicht ablehnen und sich trotzdem gegen »graue Tage« sichern können? Aber genau an diesem Punkt setzte die ideologische Sperre ein, die das normale Denkvermögen ausschaltete. Und – niemand kann es beweisen – es kommt manchmal der Verdacht auf, daß hier eine Menschengruppe mit aller Macht ihre eigene erahnte Unfähigkeit, Krisensituationen zu überleben, auf andere übertragen will nach dem Motto: Wenn ich sterbe, sollen alle sterben, wenn ich eine Katastrophe oder das Chaos nicht durchstehen kann, soll keiner überleben.

Und die Mehrheit des Volkes schließt sich diesen ungeistigen Vorgaben gerne an – denn sie machen das Leben bequem. Man erspart sich eigenes Gehirnschmalz, wenn man das Denken und insbesondere das Vorausdenken, die Vorsorge oder Nicht-Vorsorge, anderen überläßt. Die müssen es ja schließlich wissen. Das sind die Experten. Auf die muß man hören. Und außerdem ist da ja noch der Staat: Wenn der auch nichts unternimmt, wie käme der einzelne dann dazu, etwas für sich und seine Familie unternehmen zu wollen?

Jeder kennt doch den schönen Spruch, der eine bittere Wirklichkeit enthüllt: Geschieht meinem Vater ganz recht, wenn ich mir die Finger erfrier. Warum kauft er mir keine Handschuh.

Arme Kinder!

### *Wie das Gesetz es befahl*

An jenem Tag – auch das ist eine Tatsache –, an dem zum ersten Mal ein Mensch aus christlicher Überzeugung zu dem Entschluß kam, sich und die Seinen lieber töten zu lassen, als eine Waffe in die Hand zu nehmen, begann eine neue Ära der Weltgeschichte. Wobei wir an dieser Stelle nicht über die Berechtigung zu dieser Einstellung diskutieren, sondern einfach festhalten wollen, daß der Gedanke, Waffengewalt abzulehnen, mit der Intensität, mit der er einst christliche Märtyrer und dann die ersten Initiatoren einer Friedensbewegung erfüllte, bis dahin unerhört war.

Genaugenommen begann die Geschichte der Waffenlosigkeit vor zweitausend Jahren. Die ersten christlichen Märtyrer kämpften nur mit ihrem Glauben, setzten ihre Gewißheit des ewigen Lebens gegen die Waffen ihrer Feinde. Christliche Mönchsorden folgten ihnen auf diesem Weg nach. Jahrhunderte später ließen die schrecklichen Kinderkreuzzüge Tausende waffenlos in den sicheren Untergang ziehen. Sie markierten eine andere Wende: die von der inneren Überzeugung zum Fanatismus.

Sich selbst für seine Überzeugung als Pfand zu geben, das eigene Leben für seinen Glauben einzusetzen, dieses Recht steht jedem Menschen zu. Andere, Unwissende, Unmündige für eine Idee in den Tod zu schicken oder auch nur einer für sie nicht übersehbaren Gefahr auszusetzen, das ist unentschuldbar. Wer sich von seinem Fanatismus so den Verstand vernebeln läßt, verrät jegliches menschliche Verantwortungsgefühl, gleichgültig, ob religiöse Schwärmerei, ideologische Verblendung oder kriminelle Neigung die Ursache ist.

Traurige Beispiele dieser Art bieten Eltern, die ihre Kinder auf Demonstrationszügen mitschleppen, bei denen Gewaltakte nicht auszuschließen sind. Traurige Beispiele liefern vor allem fanatisierte Menschen in Südafrika, die Kinder zu Gewalt- und Terroranschlägen verleiten, um damit das Ansehen der Regierung, die dann diese Zehn- und Zwölfjährigen in Haft nehmen muß, vor der Weltöffentlichkeit zu untergraben – auch das ein Stück hochgelobte Gegenwart.

Aber zurück zu der unseres Wissens vor zweitausend Jahren geborenen Idee der Waffenlosigkeit, die inzwischen – und das ist das Besondere an dieser Situation – über den religiösen Bereich hinaus Anhänger gefunden hat.

Natürlich hat es in der Geschichte immer Menschen, sogar Könige und Kaiser gegeben, die den Krieg ablehnten. Von der Kaiserin Maria Theresia, die einige Kriege führen mußte, kennen wir einen Brief an ihren Sohn, den späteren Kaiser Joseph II., in welchem sie schrieb: »In einem einzigen Punkte werde ich allerdings Sie immer molestieren: Denken Sie doch darüber nach, wie man dem Kriege ausweichen und die Leiden der Bevölkerung, und wäre es auch nur um einen Monat, abkürzen könnte. Bringen Sie Ihre eigenen Interessen großherzig dem Glück der Allgemeinheit zum Opfer! Solche edle Gesinnung würde Ihnen mehr Ehre einbringen als alle Siege, die Sie in einer Schlacht erfechten könnten, mehr als jegliche Eroberung. Ich rate Ihnen nicht zu einem schmählichen Frieden. Niemals würde ich einen solchen Ihnen aufdrängen wollen. Aber vergessen Sie niemals: Besser ein mäßiger Frieden als ein gewonnener Krieg!«

Dieses wohltuende Verantwortungsbewußtsein der Kaiserin des einstigen Heiligen Römischen Reiches Deutscher Nation ändert jedoch nichts an der Tatsache, daß Krieg bis in unsere Zeit als eine legitime Form der Auseinandersetzung zwischen Menschen und Völkern gilt. Auch Maria Theresias großer Gegner Friedrich II. versuchte dem Krieg menschliche Regeln und Schranken zu setzen[48], aber es wäre beiden nie in den Sinn gekommen, das Recht, Kriege zu führen, je anzuzweifeln.

Daß Menschen gegen Menschen kämpfen, wurde für ein Naturgesetz gehalten. Wie jedes Gesetz, so ist auch dieses zu interpretieren, aber nicht zu leugnen. So dachte man, und so denken die meisten Menschen noch heute. Sie hoffen auf den ewigen Frieden und sind absolut sicher, daß es immer Kriege geben wird, weil das Gesetz es so will.

Aber wenn es dieses Gesetz nun gar nicht gibt? Wenn es nur seit zehntausend Jahren Menschen gibt, die das Kainsche Prinzip – du sollst, wenn es dein Vorteil erheischt, deinen Bruder töten – zum Gesetz erhoben haben? Wenn also die geistige Wende, die von den christlichen Märtyrern und von den Pazifisten eingeleitet wurde, nur weltweit vollzogen werden müßte?

Dann wäre der Frieden das Gesetz.

Eine Utopie? Schon wieder ein Österreicher, der sich zu dieser Frage zu Wort meldet, der Schriftsteller und Politiker Richard Nikolaus Graf von Coudenhove-Kalergi: »Jedes große historische Geschehen begann als Utopie und endete als Realität.«

Aber das hieße ja, daß die Menschen sich ändern müßten. Und solange die Menschen sind, wie sie gegenwärtig sind, bleibt das Gesetz vom Kampf jedes gegen jeden bestehen. Denn die Menschen ändern sich nicht!

Wirklich nicht?

Wie war das denn vor zehntausend Jahren?

### *Die Rückkehr des Friedens*

Gesetz oder nicht Gesetz, das ist hier die Frage. Ist aggressives Verhalten unabänderlich in das Wesen des Menschen eingeboren? Muß er sein Territorium, seine Macht, seine Ansprüche auf Kosten seiner Mitmenschen ausweiten? Muß er um all diese Dinge mit der Keule des Neandertalers oder der Atomrakete des 20. Jahrhunderts kämpfen? Muß er – weil das Gesetz es so will – in alle Ewigkeit zum Krieg Mensch gegen Mensch, Bruder gegen Bruder antreten?

Noch vor zwanzig Jahren gab es auf diese Fragen nur eine Antwort: Ja, er muß. Weil das Gesetz es so will. Weil Aggressionen unabänderlich ein Teil seines Wesens sind. Deshalb muß der Mensch in Ewigkeit gegen seinen Bruder stehen: »Wer leben will, der kämpfe also. Und wer nicht streiten will in dieser Welt des ewigen Ringens, der verdient das Leben nicht.« Dieser Spruch Adolf Hitlers hing bis 1945 in unseren Schulstuben. Und heute noch leben die Menschen nach dieser Auffassung. Heute wie vor tausend Jahren und in tausend Jahren. Heute wie vor zehntausend Jahren. Auch wie vor zwanzigtausend Jahren?

1974 veröffentlichte der Frankfurter Vorgeschichtsforscher Professor Dr. Hermann Müller-Karpe sein Buch »Geschichte der Steinzeit«, das außer der Auflistung von Steingeräten und ihren Verbreitungen ein paar sensationelle Feststellungen enthält, die nur bis heute niemand – wer denkt schon bei zeitgeschichtlichen Problemen an das Altneolithikum? – zur Beantwortung einiger unserer gegenwärtigen Fragen herangezogen hat.

Da heißt es zum Beispiel: »Die Zugehörigkeit von Befestigungsanlagen (Gräben und Wällen) zu den Altneolithischen Kulturschichten läßt sich in einigen Fällen mit ziemlicher Sicherheit vermuten (z. B. Nea Nikomedeia). Der Umstand, daß im Altneolithikum mitunter ausgesprochene Höhensiedlungen angelegt wurden (z. B. Bubanj), bezeugt, daß der Verteidigungsaspekt durchaus eine Rolle spielte.«[49]

Genau das also, was wir erwartet hatten: Kampf und Krieg schon vor etwa zehntausend Jahren. Das Altneolithikum, die älteste Stufe der Jungsteinzeit, bewahrte uns Spuren von Menschen, die neue Anfänge schufen nach jener in viele Mythen eingegangenen Weltkatastrophe vor 11 500 Jahren, die inzwischen von Ozeanographen, Geologen und Klimatologen bestätigt wurde. Aber was war zuvor? Vor der Katastrophe? Vor dem Umbruch vom Paläolithikum zum Neolithikum, von der Alt- zur Jungsteinzeit?

»Jagd- und Lagerverbände paläolithischer Art, welche, aus Einzelfamilien bestehend, sich dadurch auszeichneten, daß sie gemeinschaftlich lagerten, nomadisierend weiterzogen und jagten und in der Regel höchstens aus einigen Dutzend Mitgliedern bestanden, blieben in den nachpaläolithischen Jahrtausenden die herrschende Gesellschaftsordnung in den Erdgebieten, in denen die wirtschaftlichen und zivilisatorischen Neuerungen neolithischen Charakters nicht Eingang fanden.«[50]

Sie lagerten also gemeinschaftlich, mal diese, mal jene Gruppen, sie griffen nicht an und wurden nicht angegriffen. Begegnen wir dort, wo die neolithischen »Neuerungen« noch fehlten, dem Paradies?

»Zusammenschlüsse größerer Verbände zu gewissen Aktionen, etwa Treibjagden und überhaupt zur Jagd auf Großwildherden, stellten nichts Neues dar. Ähnliches gab es bereits im Paläolithikum.«[51]

Das also war der Mensch des Paläolithikums, der Altsteinzeit. Der Zeit vor der Sintflut, der Zeit vor der Blüte und dem Untergang des sagenhaften frevelhaften Atlantis. Und da war die Wende:

»Die zu Beginn des Neolithikums sich im Vorderen Orient entwickelnde neue Bewußtseinsstruktur scheint für das Verhältnis der Sozialverbände zueinander schwerwiegende Auswirkungen gehabt zu haben. Archäologisch spiegelt sich dies in der geometrischen Mikrolithik wieder, die das augenfälligste und typologisch bestimmende Element der nachpaläolithisch-frühneolithischen Fundzeugnisse darstellt. Das Problem, das historisch hinter dieser so sonderbaren archäologischen Erscheinung steht, wird in der Forschung diskutiert, seitdem die Mikrolithik als solche bekannt ist.«[52]

Bis hierher scheint noch alles offen. Was besagt die neue Bewußtseinsstruktur? Haben sich die Menschen – womöglich infolge der vorausgegangenen Weltkatastrophe – wirklich geändert? Sind vielleicht nur Bevölkerungsteile unter den Überlebenden gewesen, deren spezielle – womöglich aggressive – Wesensart bisher, dem Gruppenverhalten angepaßt, wenig in Erscheinung trat, jetzt aber dominierte? Denn diese neuen Mikrolithen, von denen wir eben hörten, waren keine der bisher üblichen und längst zur Vollkommenheit entwickelten Jagdwaffen mehr.

»Vielmehr erscheint die Annahme am begründetsten, daß die geometrischen Mikrolithen Bestandteile von Waffen speer- oder dolchartigen Charakters waren, und zwar von Typen, die erstmalig eigens als Waffen für den Kampf Mensch gegen Mensch ersonnen und ausgesprochen mit dieser Zweckbestimmung weithin im altweltlichen Raum bekannt wurden.«

Das führt Professor Müller-Karpe zu dem Schluß:

»Die am Beginn des Neolithikums sich vollziehende, den paläolithischen Urzustand der Menschheit beendende Psychoevolution, die das Selbstbewußtsein des Einzelnen und des Sozialverbandes in einer neuen Dimension erleben ließ, kann sehr wohl dazu geführt haben, daß nun das Verhalten der Populationsgruppen zueinander durch einen neuartigen Wesenszug gekennzeichnet wurde, der als spezifisch kriegerisch zu bezeichnen ist.«[53)]

Eine Schlußfolgerung, die durch weitere Fakten gestützt wird:

»Eindrucksvolle Darstellungen von kriegerischen Konflikten dieser Zeit sind auf den ostspanischen und nordafrikanischen Felsmalereien erhalten. Es ist – ganz im Gegensatz zur Paläolithkunst – eines der beherrschenden Themen dieser Felsbildgruppen. Die aus diesen Bildern sprechende Leidenschaft, mit der hier Verbände von Bogenschützen miteinander kämpfen, läßt die Wichtigkeit erahnen, die diesem Tun beigemessen, und die Hingabe, mit der es betrieben wurde. Die historische Bedeutung dieser ältesten Kriegsdarstellungen, die wir kennen, wird noch gesteigert, wenn wir uns vor Augen halten, daß sie nicht nur zufällig in der Reihe erhaltener Bildwerke am Anfang stehen, sondern wohl tatsächlich der Anfangszeit organisierter, planvoll durchgeführter Kriegszüge angehören.«[54]

Das ist der Beginn des Neolithikums. Die Altsteinzeit kannte – wie wir hörten – andere Bilder: Jagdszenen, Tierherden, Beschwörungsriten. Jetzt – nach der Weltkatastrophe – herrscht die neue Wesensart, herrschen Kampf und Krieg. Und die Psyche der Menschen hat sich verändert.

Das aber ist der entscheidende Punkt: Hat sich damals, als – so wird vermutet – ein Planetoid die Erdachse aus ihrer Lage warf und damit die Katastrophe auslöste[55], als – um es mit den Worten religiöser Überlieferung zu beschreiben – der gefallene Engel aus dem Himmel gestürzt wurde, hat sich damals das Bewußtsein der Überlebenden verändert, hat sich erst bei ihren Nachkommen das aggressive Verhalten zur Norm entwickelt, wurden danach erst Kampf und Krieg zum neuen Gesetz des Menschseins, dann, so dürfen wir schließen, kann auch das Umgekehrte geschehen:

Die Katastrophe der Gegenwart gebiert die neue Welt des Friedens.

Es wäre schön gewesen, wenn die Menschheit ohne Katastrophe zu friedlichen, aller Natur und Umwelt gegenüber demutsvollen Lebensweisen gefunden hätte. Sie hat es nicht. Sie braucht für ihre – wie nennt es Müller-Karpe – »Psychoevolution« – die Katastrophe. Damals wie heute.

Sie sehen diese Katastrophe nicht?

Fragen Sie Noah. Wie viele zogen wohl lachend und spottend an ihm vorüber, als er anfing, sein Schiff zu bauen. Noahs gibt es eben immer nur sehr wenige.

II. Buch

# DIE SIEBEN PLAGEN DER APOKALYPSE

*Denen, die da meinen,*
*sie müßten für sich*
*das Rechte tun.*
*Und zu spät erkennen,*
*daß für sich tun*
*heißt: das Falsche tun.*

# Die Pest

## *Die Flucht der Zechpreller*

Wenn es nun so ist, wie US-Präsident Ronald Reagan meint, daß die Prophezeiungen der Alten und speziell die Offenbarung Johannes – die Apokalypse – die Zeit beschreiben, »die wir jetzt erleben«[1)], dann sollten wir uns einmal in Ruhe ansehen, was diese Voraussagen für die Gegenwart und für die Zukunft bedeuten.

Doch zuvor noch meine Definition dieser Benennungen, die einem fließenden Zustand – der Zeit – als Fixpunkte dienen sollen. Ich bezeichne als Zukunft nicht das, was unmittelbar folgt: Jetzt, da ich diesen Satz schreibe, ist der nächste, in meinem Kopf bereits vorgedachte, für mich nicht mehr Zukunft. Zukunft ist für mich etwas, das ich irgendwann danach schreiben werde: Irgendwann, wenn das ganze Buch niedergeschrieben ist, wenn eine neue, jetzt noch ungeahnte, ungekannte »zukünftige« Arbeit mich erneut fesseln wird. Das ist Zukunft.

Das Korn, das morgen aus dem Boden wächst, in dem es heute keimt, ist die vollendete Gegenwart. Was heute bereits – wenn auch da oder dort vielleicht erst im Ansatz – für jeden zu sehen ist, der sehen, und für jeden zu hören ist, der hören will, das ist nicht die Zukunft, sondern der Abschluß der Gegenwart, in der wir leben. Zukunft ist das, was danach kommt.

Auf unser Thema bezogen könnte man also sagen: Die Gegenwart macht mir Angst, die Zukunft läßt mich hoffen.

Aber es wäre sicher auch töricht, jetzt, da wir ohnehin nicht mehr davonlaufen können, Angst zu produzieren. Angst ist sinnvoll als Warnung, um nicht, solange man sich der Gefahr noch entziehen kann, wie eine Maus hypnotisiert in die Augen der Schlange zu sehen. Angesichts des Unabänderlichen, wenn es gilt, das Herz mit Festigkeit zu wappnen, die Sinne auf das Nächstliegende, das Überleben, zu konzentrieren, ist Angst sinnlos.

Angst als eine Art Spätzündung geistiger Langschläfer hat sogar mitten in der Gefahr noch etwas Komisches an sich. Wie die alte Dame, die alles Sirenengeheul verschlafen hat, und – während bereits die Bomben fallen – aufgeschreckt im langen Nachthemd durch die Flure rennt, um ihren Pelzmantel zu suchen.

Komik, die voller Tragik ist, Tragik, die nicht der Komik entbehrt. Wirklichkeit, die auch zum Leben gehört. Ich habe sie in vielen Variationen erlebt und will sie keineswegs negieren oder als Randerscheinung abtun. Aber sie ist mit Sicherheit kein Ausdruck geistig bewältigter Daseinsgestaltung. Es ist Leben, vorgeführt mit dem Gewand innerer Unfertigkeit. Des »Kaisers neue Kleider« auf dem Laufsteg unseres Alltags präsentiert.

Man reißt sich allerorten um dieses Gewand, denn »man will doch was vom Leben haben«, und flieht dabei vor der Begegnung mit sich selbst, weil man sonst auf die Frage stoßen könnte, was denn umgekehrt das Leben von einem haben will. Man darf das Licht der Sonne sehen oder ihre Wärme fühlen, aber man möchte nichts dafür geben. Kein Leiden, kein Sorgen, nicht einmal ein bißchen Pflicht. Man will genießen, ohne zu zahlen. Und wie der Zechpreller rennt man von Lokal zu Lokal, wissend, daß man sich in keinem ein zweites Mal sehen lassen darf. Und man fürchtet ständig, irgendwann vom Zahlkellner eingeholt zu werden.

Das ist die Angst. Wahrhaftig keine Angst vor der Zukunft, sondern die tief eingewurzelte Angst vor dem eigenen Fehlverhalten im Jetzt und Heute. Aber wer so flieht, der wird sich nicht entkommen.

Das ist die Stunde des Zahlkellners: die Stunde, in der wir der Wahrheit begegnen. Und davor haben Menschen – mit Recht? – die größte Angst. »Dabei muß grundsätzlich zwischen der Angst vor dem Tod und der vor dem Sterben unterschieden werden«, sagt Johannes von Buttlar:[2] »Der Mensch weiß, daß das Sterben in vielen Fällen qualvoll und unter Schmerzen vor sich gehen kann. Daß er seine Angst vor dem Sterben daher mit einem Leidensweg gleichsetzt, der das Leben beendet, ist durchaus verständlich. Aber seine Angst vor dem Tod ist an und für sich unerklärlich.« Denn, so erinnert uns Buttlar: »In fast allen philosophisch-religiösen Vorstellungen ist der Tod eine willkommene Brücke zu einer neuen Existenz.«

Was aber machen die Unzähligen, denen diese philosophisch-religiösen Vorstellungen fehlen? Ihnen bleibt nichts als die Angst: die Angst vor dem Jetzt, vor einem unheilvollen Weg in den Tod. Der unheilvollen Wege sind viele, der Sensenmann hat gar mannigfache Gewänder, und die Reiter der Apokalypse haben verschiedene Farben. Eine war die Farbe der Pest. Aber die brauchen wir nicht mehr. Wir haben genug andere Möglichkeiten gefunden, die Menschheit dem in der Offenbarung erwähnten »großen Sterben« näherzubringen. Der »große Bankabräumer«, den die bayerischen Waldpropheten[3] erwähnten, begegnet uns schon heute in vielerlei Gestalt.

Es hörte sich zwar noch relativ harmlos an, wenn die Zeitungen (im Juli 1985) schrieben: »Deutschlands Schulkinder sind nicht mehr fit.« Aber Tatsache ist, daß bereits unsere Zehn- bis Vierzehnjährigen Herz- und Kreislaufprobleme zeigen, an denen zur Zeit jeder zweite Bundesbürger stirbt. 1986 fielen dem Herzinfarkt allein in Bayern 12900 Menschen zum Opfer.

Dann sind da die Allergien, unter denen in der Bundesrepublik sechzehn Prozent aller Kinder und Jugendlichen leiden; pro Geburtsjahrgang bis zu neuntausend Kinder mit schwerem Asthma. Ebenfalls 1986 erkannten Berliner Wissenschaftler, daß Staubmilben achtzig Prozent der Erkrankungen an Hausstaub-Allergien verursachen, von denen insbesondere Stadtbewohner betroffen sind. Hautkrankheiten rückten inzwischen an die erste Stelle der Berufskrankheiten in der Bundesrepublik.[4)]

Im Mai 1987 waren sechsunddreißig Prozent der Bundesbürger Opfer ärztlich festgestellter Allergien. Die Dunkelziffer jener, die sich »wegen sowas« nicht beim Arzt melden, ist groß. Allein in der Dermatologischen Universitätsklinik in München hat sich die Zahl der Allergie-Patienten in fünf Jahren vervierfacht. 1,2 Millionen Bundesbürger leiden gegenwärtig an der noch nicht völlig erforschten Haut- oder Stoffwechselkrankheit Neurodermitis, die viele Menschen jetzt schon im Babyalter befällt und sich in quälendem Juckreiz äußert.

Schweizer Wissenschaftler behaupteten 1982, festgestellt zu haben, daß vierzig Prozent der Todesfälle durch Lungenkrebs auf Autoabgase zurückzuführen seien. Zwei Jahre später erklärten bayerische Kinderkliniken noch, sie könnten

keinen Zusammenhang zwischen Luftverschmutzung und Pseudokrupp und auch keine Zunahme dieser Kinderkrankheit, die zum qualvollen Erstickungstod führen kann, fest-

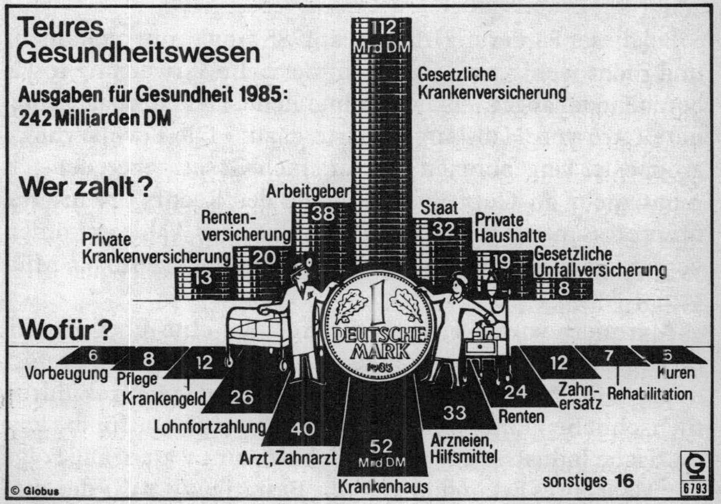

stellen. Aber im Mai 1986 hieß es dann in einer Studie des Bundesgesundheitsamts, daß unbezweifelbar die Konzentration von Luftschadstoffen neben einigen anderen Faktoren für Pseudokrupp bei Kindern verantwortlich zu machen sei. Jetzt beklagen sogar Krankenkassen, daß sie zuviel zahlen müssen, weil sich die Erkrankungen der Atmungsorgane aufgrund der hohen Schadstoffbelastungen der Luft in zwei Jahren verdoppelt haben.[5]

### *Der Weg durch das Schlachthaus*

Diese Krankheiten[6] sind nur ein äußerlich erkennbares Symptom der inneren Erkrankung unserer leise vor sich hin faulenden Gesellschaft. Was allein durch die Freigabe der Abtreibung in der Bundesrepublik alltäglich praktizierte Wirklichkeit wurde, ist ungeheuer. Bekannt wurde der Skandal bei einigen Eingeweihten – von der Öffentlichkeit kaum registriert – durch die Forderung des Leiters der bayerischen Staatskanzlei, Edmund Stoiber, der »schändlichen Geschäftemacherei mit menschlichen Embryonen« ein Ende zu setzen.[7]

Bei dieser Forderung im August 1985 ging es um nicht mehr und nicht weniger als »die kommerzielle Verwertung totgeborener oder abgetriebener Embryonen«. Der Europaabgeordnete Otto von Habsburg erklärte dazu: »Die Bevölkerungsgruppe der Ungeborenen war für einen Gesetzgeber, der sich nicht mehr an Gott als der Quelle des Rechts orientierte, uninteressant geworden, weil sie nicht über Wählerstimmen verfügt, ganz im Gegensatz zu den abtreibungswilligen Müttern.«

Alarmiert wurde Habsburg durch Berichte über Experimente an ungeborenen Kindern und Embryonen, ausgelöst durch die Entdeckung eines Lastwagens mit gekühlten menschlichen Embryonen aus dem Ostblock, die für die kosmetische Industrie in Frankreich bestimmt waren. Die Folge von Habsburgs Erkundung war die Bestätigung, daß »die Nutzung der Föten ein dichtes Netz wirtschaftlicher Interessen hat entstehen lassen, die vom Handel unter Verwendung finanzieller Anreize, um die Bereitschaft der Spendermutter zu fördern (!), bis zur Manipulation im Laboratorium gehen. – Es existieren offenbar Banken für fötales Gewebe, die zahlreiche Laboratorien beliefern. Hierbei handelt es sich um Laboratorien für Embryologie, Zulieferer der kosmetischen Industrie für die Zubereitung von Schönheitspräparaten (Puder, Cremes und so weiter), Laboratorien, in denen sogenannte therapeutische Produkte (Verjüngungsmittel, Präparate zur Bekämpfung der Zuckerkrankheit, des Zwergwuchses und so weiter) hergestellt werden, und schließlich Laboratorien, in denen, wie es heißt, reine Forschung betrieben wird. In den Embryologie-Laboratorien werden Versuche mit zwölf bis einundzwanzig Wochen alten Föten unternommen, die durch eine Hysterotomie (Kaiserschnitt) dem Mutterleib unversehrt und lebend entnommen werden.«[8]

Kaum hatte Otto von Habsburg in diese Eiterbeule gestochen, kamen weitere Ungeheuerlichkeiten ans Licht: Berichte über »Nebengeschäfte von Ärzten und Krankenschwestern mit abgetriebenen Kindern«, über großangelegte Versuche, menschliche Embryonen in Entwicklungsländern industriell auszubeuten. »Gipfel des Zynismus«, so Habsburg, »war dabei eine Stellungnahme der hessischen Landesregierung, die das Problem nur als einen Aspekt des Abfallbeseitigungsgesetzes sah.«

Und wo man Embryonen »wirtschaftlich verwertet«, manipuliert man natürlich auch Gene: Auf dem Evangelischen Kirchentag 1987 sprach Professor Günter Gassen von der Technischen Hochschule in Darmstadt vom »ethisch verantworteten Umgang mit der Bio- und Gentechnik«. Man könne, so meinte er, »der Sorgfalt der Ingenieure und Wissenschaftler vertrauen«. Und Professor Christian Birr bezeichnete »die neuen Möglichkeiten gentechnisch produzierter Medikamente« und »biotechnische Arzneimittelentwicklungen« geradezu als »Segen«. Er kritisierte die »irrationalen Ängste« in der Öffentlichkeit und nannte den auch bei der

Bio- und Gentechnik »sehr engen Verbund von Wirtschaft und Wissenschaft« ein »beflügelndes Element«.[9]

Anderer Meinung war da nur der rumänisch-amerikanische Biochemiker Professor Erwin Chargaff, der in den »geradezu schauderhaften Ansprüchen der Gentechnologie« und den »in Mode kommenden abscheulichen Fortpflanzungstricks« den Weg zu einer »Technisierung und Kommerzialisierung der Fortpflanzung des Menschen« sieht. »Schon die Absicht, mit den Genen herumzupanschen, kommt einer gefährlichen Brutalisierung der wissenschaftlichen Phantasie gleich«, sagte er, den Niedergang des moralischen Niveaus in kleinen Schritten als ein Menetekel zeichnend: »Zuerst die eine Lappalie, dann die andere, und plötzlich befinden wir uns in einem genetischen Schlachthaus.«

### *Die Beulen der Pest*

Langsam brechen die Beulen der inneren Pest jetzt auf: 1982 kam eine erste Meldung aus den USA, daß eine durch Herpes-Viren verursachte infektiöse Geschlechtskrankheit epidemische Ausmaße annehme. Fünf Millionen Amerikaner waren befallen, von den rund tausend Kindern, die jährlich von den herpesinfizierten Müttern geboren wurden, starb die Hälfte, und für die Hälfte der Überlebenden gibt es keine normale geistige Entwicklung mehr.

Vier Jahre später erklärte die UN-Weltgesundheitsbehörde AIDS zur »gefährlichsten Seuche«. Eine Gesundheitskatastrophe von globalem Ausmaß. Zehn Millionen Menschen sind bereits angesteckt, in wenigen Jahren werden es mehr als hundert Millionen sein![10] Unbekannt ist, wieviel Prozent von allen, die sich anstecken, definitiv erkranken.

Dr. Karsten Vilmar, Präsident der deutschen Bundesärztekammer, sagte im Januar 1987, die AIDS-Gefahr sei »wesentlich größer als angenommen«. AIDS ist nach jüngster Erkenntnis »eine tödliche Krankheit, die auf unabsehbare Zeit unheilbar ist und sich völlig unkontrolliert ausbreitet. Inso-

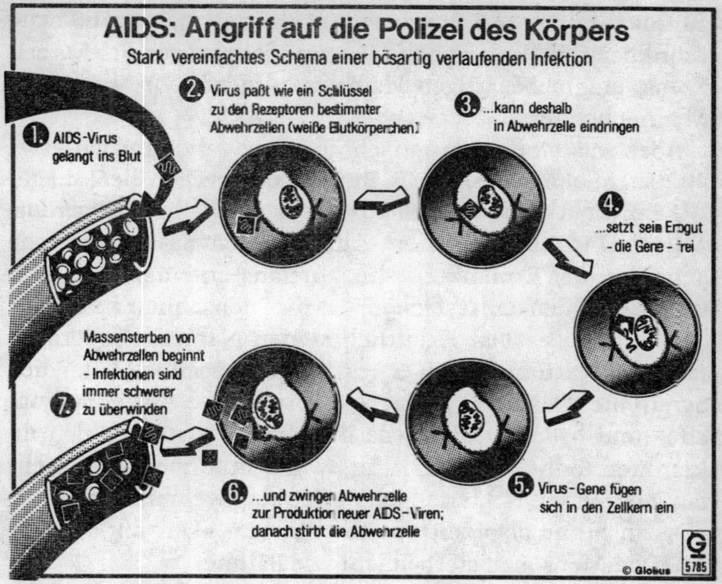


fern ist AIDS durchaus vergleichbar mit den großen Pest-Epidemien, die im Mittelalter ganze Länder entvölkert haben.«[11]

Übrigens ist die alte Beulenpest noch keineswegs ganz aus der Welt. In den USA, in Westafrika und Uganda starben in den letzten Jahren immer wieder Menschen an der Pest, die blitzschnell kommt: hohes Fieber, starke Atembeschwerden, am nächsten Tag schwärzliche Geschwüre, am dritten Tag tot.

Cholera-Epidemien gab es in Afrika und Indien. In der nördlichen Hemisphäre erkrankt man indessen zunehmend an Krebs. Autoabgase und bestimmte Staube werden verantwortlich gemacht, sind jedoch im einzelnen schwer nachzuweisen. Obwohl Krebs weithin als »Alterskrankheit« gilt, erkranken zur Zeit in der Bundesrepublik jährlich schon mehr als 1150 Kinder daran. In Nordrhein-Westfalen waren 1985 fast ein Viertel (44 600 Menschen) aller Sterbefälle auf Krebs zurückzuführen, 2,3 Prozent mehr als im Vorjahr. 5500 neue Krankheitsfälle gab es 1985/86 vom sogenannten Schwarzen Krebs, einem bösartigen Hauttumor, der mehr Frauen als Männer befällt.

Aber was sind – statistisch gesehen – die jährlich etwa 300000 neuen Krebsfälle im Bundesgebiet gegen die Zahl der AIDS-Erkrankten, die sich zur Zeit jedes halbe Jahr verdoppelt![12] Und was bedeuten Zahlen gegen das persönliche Schicksal der Erkrankten, die jahrelang an einem der qualvollsten Leiden dahinsiechen, das die Menschheit kennt.

Die neue Pest hat eigentlich keinen Namen, sondern ist nur eine Abkürzung: AIDS = Acquired Immune Deficiency Syndrome. Das heißt soviel wie »Erworbene Abwehrschwäche« und bedeutet, daß jede übliche Infektion für den Erkrankten tödlich werden kann, weil sein Körper nicht mehr fähig ist, Viren, Bakterien oder Pilze abzuwehren. Eine in gewissem Sinne also zeittypische Art von »Umwelt«-Krankheit, die Menschen sterben läßt wie Bäume.

Britische Wissenschaftler meinen herausgefunden zu haben, daß bestimmte Erbanlagen die Anfälligkeit für AIDS

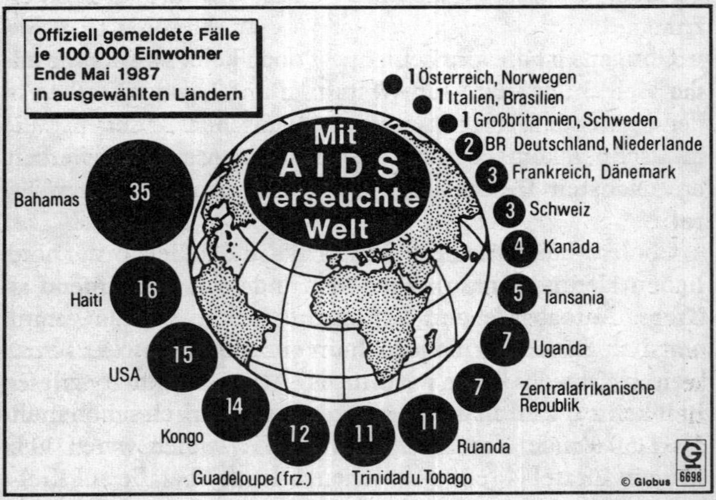

erhöhen oder sogar ergeben. Japanische Wissenschaftler glauben dagegen, es sei ein von ihnen im männlichen Samen nachgewiesenes Hormon, das diese Anfälligkeit für AIDS und andere Viruserkrankungen verursacht.

Und eine vom Düsseldorfer Gesundheitsministerium in Auftrag gegebene Untersuchung hat 1987 mysteriöse Blutbildveränderungen bei Kindern aufgedeckt: Bei siebenundzwanzig von hundert untersuchten Schülern zeigte sich ein beträchtlicher Mangel an den für die Abwehr von Krankheitserregern wichtigen weißen Blutkörperchen.

### *Und keiner wird geheilt*

Bei AIDS kann die Zeit von der Ansteckung bis zum Tod fünf Jahre betragen, und der Erkrankte weiß in der ersten Zeit gar nicht, daß er bereits angesteckt ist. Er steckt also weiter an, mit seinem Blut, seinem Speichel, seinem Sperma. Neueste Erkenntnisse lassen sogar eine Ansteckung durch einfache Blut-Haut-Kontakte möglich erscheinen. Jede Ansteckung kommt – so vermutet man – einem Todesurteil gleich. Man kennt bisher nur jene, die angesteckt wurden und daran erkrankten. Von diesen konnte noch keiner geheilt werden. Sie starben. Man weiß noch nicht, wie viele der Infizierten tatsächlich erkranken.

1986 wurde in Frankreich ein zweites AIDS-Virus (LAV-2) und in Schweden ein weiteres (6669 V-2) entdeckt. Bei den mit LAV-2 Infizierten überwog die Zahl der Frauen. Eine Besonderheit der neuen Varianten ist, daß sie mit den herkömmlichen Bluttests oft nicht nachgewiesen werden können.

Dramatisch ist das Ausmaß der Seuche in Teilen Afrikas, in Uganda, Ruanda und Tansania, in Kenia, Burundi, Sambia und Zaire. In einigen Gebieten ist bereits die Hälfte der Bevölkerung von AIDS-Viren befallen. Die AIDS-Toten werden offiziell nicht gezählt. Schätzungen sprechen von mehreren hunderttausend Menschen, die in Afrika inzwischen an AIDS gestorben sind.

Überall dort, wo die medizinische Versorgung relativ gut organisiert ist, sind auch besonders viele AIDS-Kranke zu finden. Als Grund nennt der Londoner Virologe John Seale die »Injektionsbesessenheit afrikanischer Ärzte und Patienten«.[13]

Die Krankheit beginnt mit Mattigkeit, leichtem Fieber, Schweißausbrüchen und endet mit unsäglichen Schmerzen. Dazwischen liegen Pilzinfektionen in der Mundhöhle, Herpesbläschen an Augen, Nase, Lippen und Zunge, dann zunehmende Atemnot. Wobei sich die Bilder der Leiden unterscheiden, je nachdem welche Krankheitserreger den abwehrgeschädigten Körper heimsuchen.

Es kann beginnen mit merkwürdigen Flecken am Hals und an den Oberschenkeln, Knoten im Nacken, die nicht schmerzen. Dann schwellen die Lymphknoten an, und die Flecken reihen sich zu Ketten. An den Beinen entstehen Knoten, bohnengroß, braun- und blaurot mit schuppender Oberfläche. Oft folgen dann Darmblutungen, Pilzinfektionen und Herpes. Mund und Luftröhre brennen wie Feuer. Und es endet oft mit aufgedunsenen, unkenntlichen Körpern, die den Kot nicht mehr halten können, bluten und von Fiebern geschüttelt werden.

Besondere Brutstätten für Pilz- und Herpeserkrankungen sind Mund, Geschlechtsorgane, Haut, Fingernägel, Magen-Darm-Bereich, Bronchien und Lunge. Es kommt zu Schwellungen, Eiterungen, Fistelbildung. Auch das Gehirn wird nicht verschont. Gehirnhautentzündungen sind eine der möglichen Folgen.

Bei Schwangeren dringen die Viren in die Gebärmutter vor. In den USA wird bereits eines von hundert Ungeborenen angesteckt, und nach der Geburt ist dann die Leber, die Lunge oder das Gehirn befallen. Auch in der Bundesrepublik nimmt die Zahl der AIDS-infizierten Neugeborenen drastisch zu. Die Zahl der an AIDS erkrankten Erwachsenen hat sich in knapp zehn Monaten verdoppelt, wobei angenommen wird, daß bisher erst die Hälfte der Infizierten von ihrer Krankheit weiß.

Die Hilflosigkeit ist allgemein: Der Führer der französischen Rechtsextremen Jean-Marie Le Pen forderte, AIDS-Kranke in besonderen »Zentren« unterzubringen. Ein Münchener Schwurgericht kam zu dem Urteil, daß es kein versuchter Totschlag sei, wenn ein AIDS-Kranker, der von seiner Krankheit weiß, eine Frau vergewaltigt. Das bayerische Justizministerium erklärte dagegen, es könne bei bewußt in Kauf genommener Ansteckung der Straftatbestand fahrlässiger Tötung, »in allerkrassesten Fällen sogar der Mordtatbestand« in Betracht kommen. Und ein Geschworenengericht in Minneapolis sprach einen AIDS-kranken Häftling des »Angriffs mit einer tödlichen Waffe« schuldig, weil er zwei Wärter gebissen hatte.

Eine Anzeigenkampagne des Bundesgesundheitsministeriums empfiehlt, um die Ansteckung mit AIDS zu verhüten, »beim Intimverkehr mit unbekannten oder wechselnden Partnern« Kondome. Die deutschen Bischöfe halten diesen Vorschlag für unwürdig: »Die AIDS-Gefahr wird eher durch ein geschlechtliches Verhalten vermieden, das sich an verbindlichen sittlichen Maßstäben orientiert und die Menschenwürde respektiert. – Eheliche Treue und auch sexuelle Enthaltsamkeit sind die geeigneten und menschenwürdigen Wege, um die Ausbreitung dieser Krankheit zu vermeiden.«

Was Ethik und Moral nicht zuwege brachten – AIDS schafft es: Bundesdeutsche Politiker denken laut über ein Verbot der künstlichen Befruchtung nach. Weil AIDS-Viren bestenfalls im Blut, nicht aber im Samen anonymer Spender nachgewiesen werden können.

Aber noch liegen die Leichen bei uns nicht auf der Straße, und deshalb, so meinen viele, soll man die AIDS-Gefahr nicht »hochspielen«. Und gar von Strafe Gottes oder Apokalypse zu reden sei in der gegenwärtigen Situation entschieden verfehlt.

Mir hätte der gegenwärtige Zustand für die Bezeichnung »apokalyptisch« genügt. Aber wenn Sie es gerne schlimmer wollen ...

# DAS GIFT

*Die Rettung ist unterwegs …*

… und wird es ewig bleiben. Ein bitteres Scherzwort, aber es trifft genau die Situation: Viel guter Wille und viel Geld werden investiert, die Vergiftung unseres Lebens aufzuhalten (oder uns zumindest davon zu erzählen), aber es ist wie bei dem berühmten Wettlauf zwischen Hase und Igel. Wo auch immer der Hase angehechelt kommt, ein Igel schreit: »Ich bin schon da.«

Milliarden für die Luftreinhaltung – aber in den Gewässern sterben die Fische. Milliarden für neue Kläranlagen – aber die Wälder sterben. Milliarden für die Abfallbeseitigung – aber Glykol im Wein. Milliarden für Lebensmittelkontrollen – aber Plutonium auf den Straßen. Milliarden für Wiederaufbereitung und Endlagerung – aber Tonnen von Kokain und Heroin über die ganze Welt verteilt. Milliarden gegen die Rauschgift-Kriminalität – aber ein Ozonloch in unserer Atmosphäre.[14)]

Und jetzt das alles bitte wieder von vorn.

Es ist keine Frage, daß wir irgendwann einmal mit dem Gift fertig werden. Beginnend von jenem Tag an, an dem die ganze Menschheit sich geändert hat, an dem niemand mehr einen Profit darin sehen kann und sehen will, andere – und seien es auch nur Nachkommende – zu vergiften oder ihnen zumindest um des eigenen Vorteils willen eine vergiftete Welt zu offerieren. Aber dieser Tag wird nicht in wenigen Jahren sein. Und die ganze Menschheit wird sich nicht ohne Not ändern.

Schon der ehemalige US-Präsident Nixon hat eine unaufhaltsame Umwelt-Katastrophe prognostiziert, wenn sich die Einstellung der Menschen zur Umwelt nicht innerhalb von zehn Jahren drastisch ändern würde. Diese zehn Jahre sind längst vorüber. Geändert haben sich nur Abgasverordnungen und ähnliches, nicht die grundsätzlichen Einstellungen und

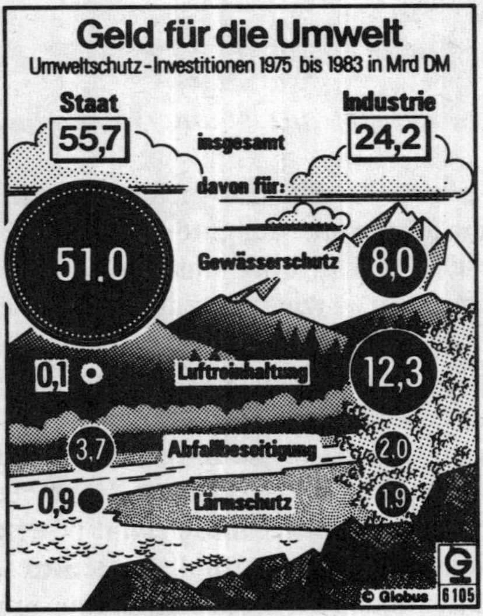


Bemühungen jedes einzelnen. Auch nicht jedes einzelnen Unternehmens.

Es wird seit etwa sieben Jahren an Symptomen herumkuriert, aber die Ursache, der menschlich-industrielle Ausstoß von Giften in allen Arten und Formen, steht nicht zur Diskussion. Da und dort wird inzwischen etwas Gift reduziert, aber es bleibt noch genug. Genug Gift in unseren Herzen und Hirnen. Und alles Gift, das wir essen und trinken und atmen, ist nur ein kleiner zurückkehrender Teil dessen, was wir als Menschheit insgesamt von uns geben.

Die »Blutvergiftung«, an der wir jetzt bereits leiden, hat verschiedene Namen: Sie heißt Bevölkerungsexplosion, technischer Fortschritt und Anspruchsdenken. Und dagegen gibt es keine Antibiotika. Amputieren wäre das einzige Mittel, das helfen könnte (wie in alten Zeiten). Nur – wie soll man amputieren, wenn die Blutvergiftung vom Kopf ausgeht, wenn das Gift bereits in das Hirn gedrungen ist?

Keine Sorge, der Körper Menschheit wird mit dem Gift fertig werden. Aber nicht ohne reinigendes, heilendes Fieber. Und nicht ohne Aderlaß. Sollen wir das fürchten? Sollen wir lieber dem Gift und damit dem Tod den Sieg über das Leben lassen? Sollen wir denjenigen einen Optimisten nennen, der im Fieberdelirium tanzt, und den einen Pessimisten, der seine Blicke bereits auf die Zukunft, auf die Tage nach dem Fieber richtet?

Es wäre wohl wirklich etwas töricht, vor einer Zukunft Angst haben zu wollen, in der wir unsere vergiftete Gegenwart überwunden haben. Wir werden nach Aderlaß, Fieber und Krisis sicher sehr geschwächt sein. Aber gesund. Zumindest auf dem Weg der Heilung. Rekonvaleszenten, die ein neues – und gewiß weniger vergiftetes – Leben vor sich haben.

Wer das fürchten und uns die Gegenwart erhalten möchte, der ist wahrhaftig kein Optimist, sondern lediglich mit einem schlechten Gedächtnis oder verminderter geistiger Aufnahmefähigkeit begabt. Wollen wir ihm ein bißchen Nachhilfe-Unterricht geben? Es kann uns nicht schaden, denn wer lehrt, der lernt auch. Und das wollen wir doch – um einer besseren Zukunft willen.

### *Gummibärchen jetzt ohne Glykol*

Beginnen wir mit dem Positiven: Die Überschrift macht es deutlich – ja, wir können jetzt unseren Kindern wieder Gummibärchen ohne Diätylenglykol schenken. Wußten Sie, daß wir bisher das Gift, das uns durch den Weinskandal bekannt wurde, den Kindern als süße Leckerei gekauft haben? Natürlich nur »in völlig unschädlichen Mengen«. Aber immerhin das gleiche Gift.

Ein Teil der chemischen Industrie will »künftig freiwillig« auf umweltbelastende Produkte verzichten (eine Meldung aus dem Jahr 1986!). In Bayern sind die Luftverunreinigungen seit Mitte der siebziger Jahre um etwa achtzig Prozent reduziert worden. Aber vom Observatorium auf dem Wendelstein aus kann man inzwischen kaum noch die Sonnenkorona sehen.

Einen juristischen Erfolg erzielten die Kläger der Siedlung Dorstfeld-Süd gegen die Stadt Dortmund. Der Bebauungsplan wurde aufgehoben, die Hausbesitzer bekommen Schadenersatz. Sie waren nämlich »fahrlässig und schuldhaft« zur Ansiedlung auf einem giftstrahlenden ehemaligen Industriegelände veranlaßt worden, das von den Behörden nie auf »gesundheitliche Unbedenklichkeit« hin untersucht worden war.

Die Staatsanwaltschaft Nürnberg hat Berufung eingelegt, weil ein Unternehmer und sein Justitiar nur zu Geldstrafen in Höhe von 8000,– und 6000,– Mark verurteilt worden waren. Die Einleitung gefährlicher Konzentrate aus der Fruchtsaftherstellung hatte zwei Jahre lang das Wasser des Flüßchens Aisch auf kilometerlanger Strecke verunreinigt. Zwei Jahr lang.

Die Rückstände giftiger Pflanzenschutzmittel in der Nahrung werden in der Bundesrepublik immer geringer. Ebenso giftige Schwermetalle. Das Düngemittel Nitrat, aus dem im Magen krebserregende Nitrosamine gebildet werden, kommt »nur ausnahmsweise in bedenklichen Mengen« vor. Bei der Untersuchung von Babynahrung waren nur »bei einem Drittel aller untersuchten Möhren« unzulässig hohe Nitratgehalte festgestellt worden (Nitrat kann bei Kindern schwere innere Krankheiten auslösen).

Sie haben diese Meldungen sicher alle auch schon in Ihren Zeitungen gelesen. Merkwürdig – ich hatte sie aus dem Archiv extra als positiv herausgesucht. Und jetzt kommen sie mir plötzlich gar nicht mehr so positiv vor. Das war wirklich nicht meine Absicht.

Was andere tun, das ist allerdings Absicht. Aber –

Kennen Sie die Kriminalkomödie, in der zwei alte Herrschaften versuchen, jeweils dem anderen Gift in den Tee oder ins Essen zu mischen, um ihn endlich beerben zu können? Das sind natürlich niedere Beweggründe, wenn man jemanden umbringen will, um an sein Geld zu kommen. Außerdem sind das Amateure. Bei professionellen Lebensmittel-Vergiftern ist das etwas ganz anderes. Da ist der Mord nicht das Ziel, sondern nur ein Nebeneffekt, um an das Geld anderer Leute zu kommen. Da wird sozusagen ungezielt, im Streuverfahren vergiftet.

Und außerdem ist derjenige, der das Öl oder das Fleisch oder den Wein kauft, ja selbst schuld. Niemand erwartet, daß ausgerechnet er es kauft, und niemand erwartet, daß er davon gleich so viel zu sich nimmt, daß er daran stirbt. Einige Tage Bauchgrimmen und leichte Lähmungserscheinungen oder bei Kindern ein paar bleibende Schäden würden ja auch schon genügen.

Deshalb heißen solche professionellen Vergifter – obwohl es gewiß auch bei ihnen nicht gerade edle Beweggründe sind – keinesfalls Mörder oder auch nur Totschläger, sondern nur Wein- oder Ölpanscher oder Lebensmittelverfälscher. Die Rechtsprechung der zivilisierten Welt macht da sehr feine Unterschiede: Wer einem oder mehreren anderen das Gift zwar auch aus Habgier, aber sozusagen im Alleingang in den Kaffee oder das Essen gibt, der ist natürlich ein Mörder; aber wer das »industriell« betreibt, dem wird man höchstens, wenn er das Gift nicht ordnungsgemäß in seiner Bilanz ausweist und keine Steuern dafür bezahlt, ein Verfahren wegen Betrug und Steuerhinterziehung anhängen. Das andere, Lebensmittel, Kosmetika, Umwelt oder sonstwas zu vergiften, das ist schließlich der Beruf des Betreffenden. Damit erhält er Arbeitsplätze und bezahlt, wie gesagt, Steuern.

So befand ein Wiener Strafgericht »im bisher umfangreichsten Prozeß um den österreichischen Weinskandal« sechs der sieben Angeklagten »des schweren Betrugs« schuldig und verurteilte sie zu Haftstrafen zwischen acht Jahren und achtzehn Monaten. Sechs Jahre nachdem in Spanien 584 Menschen nach dem Verzehr von »gepanschtem« Speiseöl (mit alten Motorenölen »gestreckt«) gestorben und 24396 Menschen erkrankt waren, begann jetzt der Prozeß gegen die Hersteller und Vertreiber. Von »Mord« aber sprachen nur einige der teilweise heute noch an den Folgen leidenden und juristisch ungebildeten Opfer.

An Lebensmittelvergiftungen sind in der Bundesrepublik 1982 mindestens siebzig Menschen gestorben, und mehr als vierzigtausend erkrankten an Salmonellose (einer Magen-Darm-Krankheit mit Durchfall, Erbrechen und Fieber), die hauptsächlich durch mangelnde Hygiene bei der Lebensmittelzubereitung verursacht wird. Die Opfer sind vor allem Säuglinge, Kleinkinder und ältere Menschen. Auch 1987 warnten Länderbehörden vor Nudeln einer bestimmten Marke, die unbedingt abgekocht und in rohem Zustand von anderen Lebensmitteln ferngehalten werden mußten, und eine »Gruppe krimineller Fleischimporteure« hat in Nordrhein-Westfalen durch Einfuhr falsch deklarierten und verdorbenen Fleisches Subventionen in Millionenhöhe erschwindelt.

In einem italienischen Chianti-Wein entdeckten Kontrolleure 1985 gesundheitsschädliche schwefelige Säure. In Baby-Creme fanden sie 1986 unzulässig hohe Konzentrationen von Pestizidrückständen (die Insektengifte waren in das Wollfett der Schafe übergegangen, das zur Herstellung der Cremes verwendet wurde). Im gleichen Jahr mußte das Bundesgesundheitsministerium vor dem Verzehr von zwei Käsesorten warnen, in denen Bakterien waren, die Hirnhaut- und Leberentzündungen auslösen.

Insgesamt ist die Zahl der Lebensmittelvergiftungen bis 1986 auf etwa fünfzigtausend Fälle pro Jahr gestiegen. Die Dunkelziffer – wer geht schon wegen jedem Erbrechen oder Durchfall gleich zum Arzt – liegt etwa zehnmal höher. Im Februar 1987 mußten Polizei und Gesundheitsämter im ganzen Bundesgebiet hochgiftige Konserven (spanische Muscheln) einsammeln. Man hatte in einigen der Konserven das tödliche Nervengift Saxitoxin entdeckt, das in kleineren Dosierungen zumindest Kopfweh, Kreislaufbeschwerden und Lähmungen hervorruft.

Trotz des (erst) seit Januar 1987 geltenden EG-weiten Verbots der Verwendung angebrüteter Eier (!) sind in der Bundesrepublik im Mai erneut tonnenweise Lebensmittel mit verdorbenem, stinkendem und bakterienverseuchtem Flüssig-Ei produziert, verkauft und verzehrt worden.

Eine einzige Fleischwarenfabrik verarbeitete beispielsweise aus solchen Lieferungen von Januar bis März 10 752 Kilogramm der stinkenden Brühe aus verdorbenem Ei, Hühnerkot und Bestandteilen abgestorbener Küken-Embryonen zu vakuumverpackten Maultaschen, die danach an Lebensmittelketten und -Großhändler im ganzen Bundesgebiet gingen.

Erinnern Sie sich? Diese und viele andere Meldungen standen in fast jeder Zeitung. Im Radio wird darüber berichtet, gelegentlich sogar in den Fernseh-Nachrichten. Meinen Sie wirklich, das sei alles nichts? Es müßte, um der Apokalypse zu entsprechen, noch viel schlimmer kommen?

Ich weiß natürlich nicht, was Johannes in seiner Offenbarung im Detail gesehen hat, wo er sagt: »Ein Maß Weizen um einen Groschen und drei Maß Gerste um einen Groschen; und dem Öl und Wein tu kein Leid!« (6,6) oder »... und viele Menschen starben von den Wassern, denn sie waren so bitter geworden« (8,11).

Mir genügen die Bilder der qualvoll gestorbenen Kinder in Afrika, deren Trinkwasser aus den Tümpeln kam, über die – wie über das ganze Land – von Flugzeugen aus DDT und andere Insektengifte gesprüht wurden. Und mir genügt als apokalyptisches Grauen die Vorstellung von Tausenden Menschen, die sich heute überall auf der Welt immer mal wieder beim Essen oder Trinken ob des Gifts in ihrem Leib vor Schmerzen krümmen.

Aber wenn Sie meinen, das sei alles noch nicht das, was ein Johannes oder andere in ihren Schreckensvisionen gesehen haben könnten, vielleicht erinnern Sie sich dann an die Meldungen von den Pflanzenvernichtungsmitteln, die in Brasilien an Stromleitungen entlang versprüht wurden, um diese von Buschwerk freizuhalten. Es waren aber 1984 dann nicht nur Büsche, sondern auch Menschen, die dabei ums Leben kamen.

Oder: Mehr als dreihundert Kinder sind bei einem Freiluft-Jazz-Festival in Mittelengland im Juli 1980 mit Ohnmacht, Übelkeit, Magenkrämpfen und starken Schwindelgefühlen zusammengebrochen. Zweihundertneunzig der Kinder mußten in Kliniken gebracht werden. Zehn Kilometer entfernt war eine Kunststoffabrik in Brand geraten. Niemand weiß, ob dabei Gase freigesetzt und verweht wurden. Eines der Kinder: »Meine Augen taten plötzlich weh und fingen an zu tränen, und meine Beine wurden weich wie Wackelpudding.« Eine Augenzeugin: »Kleine Jungen und Mädchen kippten überall haufenweise wie Kegel um. Es sah so aus, als ob sie nicht atmen könnten. Sie wurden käseweiß und klagten, daß ihnen eiskalt sei.«

Fast einen Tag genau sieben Jahre (!) nach der Dioxin-Katastrophe im italienischen Seveso wurde die angeblich letzte europäische Fabrikationsanlage, in der dieses Gift noch erzeugt wurde, stillgelegt. Das war im Juli 1983. Im Dezember 1983 ergab sich, daß in Neunkirchen im Saarland durch unsachgemäße Altölverbrennung Dioxin anfiel, daß in Hamburg Dioxin lagerte und der »Giftabfluß« aus der Hamburger Mülldeponie sich innerhalb weniger Wochen verdoppelt hatte. Im Januar 1984 meldete dann die »Westfälische Rundschau«: Dioxinbelastete »Flugaschen aus Müllverbrennungsanlagen« trügen zur »weiträumigen Kontamination« in Nordrhein-Westfalen bei. Und in der Zeitschrift STERN (18/1983) hieß es: »Erst verschwanden 41 Fässer mit hochgiftigem Dioxin aus der verseuchten Chemiefabrik von Seveso.

Jetzt will die Regierung in Rom den Reaktionskessel mit einer zehnfachen Menge Dioxin ins Meer kippen.«

Wenn so etwas Regierungen machen, wer will dann Firmen anklagen? Es gibt ja zum Beispiel auch noch keine Regierung der Welt (und es wird nie eine geben), die Atommüll »sicher« beseitigen könnte, aber alle »beseitigen«: ins Meer, in die Erde, irgendwohin. Mögen wir zusehen, wie wir damit leben oder sterben können.

Umwelt-Kriminalität[15] kennt heute einige neue Tatbestände, und sie erhöht sich mit jedem neuen Delikt – nicht weil in dieser Hinsicht noch viel mehr verbrochen werden könnte, als in den vergangenen dreißig Jahren bereits verbrochen wurde, sondern lediglich, weil man es jetzt aufmerksamer registriert.

Was da tagtäglich gemeldet wird, das kann man gar nicht alles im einzelnen beschreiben. Aber vielleicht genügt uns ja schon eine kleine Auswahl von Schlagzeilen? Wie zum Beispiel

– zum Thema Gift im Alltag: Asbest-Streit – zwei Schulen zu. Krebs durch Chemikalien? »Farbwolke« aus Chemiewerk. Chlorgas-Unfall im Schwimmbad. Sondermüll wirbelt Staub auf. Vergiftung durch Lederpflege. Luftverschmutzung – vergrößerte Mandeln bei Kindern. Gefahr durch Radiergummis. Bei Kindern nehmen Umweltkrankheiten zu. Nach Säuglingstod Kampf gegen Schadstoffe.

– zum Thema Luftvergiftung:[16] Stinkende Wolke über Ruhrgebiet. Luftschadstoffe aus dem Osten. Smog-Alarm in Berlin. Neu-Belebung der Wirtschaft mit schuld an schlechter Luft? Giftgaswolke über Düsseldorf. Was zerfrißt den Stein? Abgase verseuchen das Mittelmeer. Karlsruhe soll Luftverschmutzung stoppen. Tödliches Gift in der schwarzen Diesel-Fahne.

– zum Thema Gift im Boden: Erdboden mit Chrom verseucht. Mehr Zink, Blei und Cadmium in Hausgärten als in Äckern. Schongau – überdurchschnittliche Cadmiumablagerungen. Krebs durch Cadmium. Höchste Cadmium-Werte am Peißenberg. Vor allem Kleinkinder sind bedroht. Münchener Kleingärten: Statt Vitaminen Cadmium in gelben Rüben.

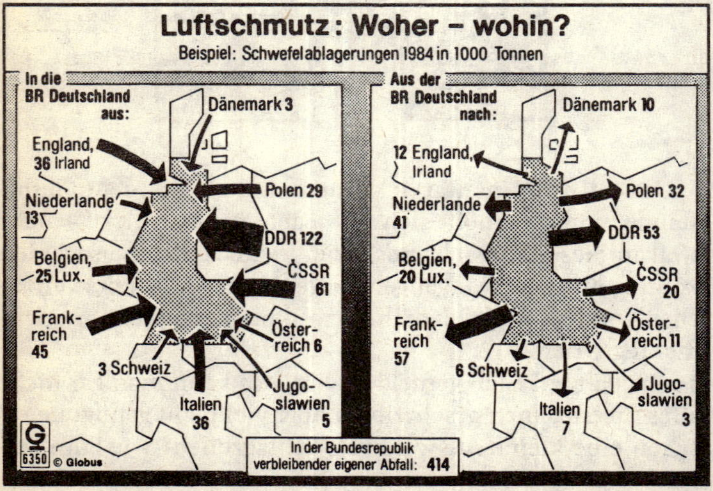

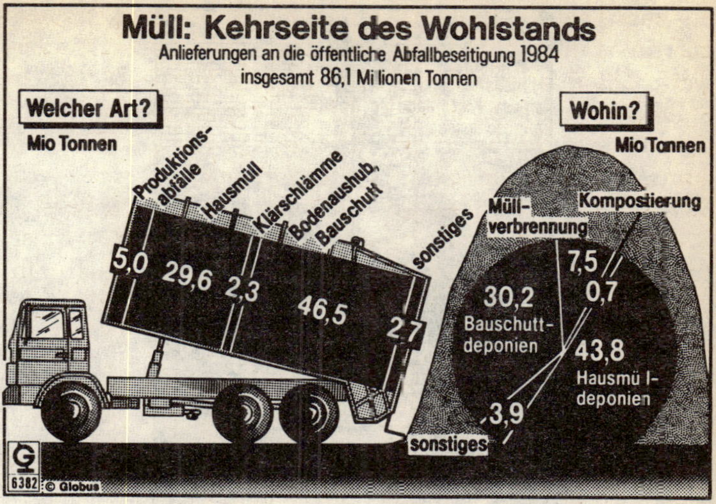


Hier wäre ergänzend hinzuzufügen, daß in den meisten unserer Mülldeponien eine Zeitbombe tickt.[17)] Niemand weiß genau, was aus kleinen Betrieben und Haushalten dort in den letzten Jahrzehnten alles angeliefert und verbuddelt wurde. Irgendwann werden sich die Gifte lösen und über das Grundwasser zum Menschen zurückfinden. Auch das werden solche in der Apokalypse erwähnten bitteren Wasser sein, an denen Millionen Menschen zugrunde gehen. Der tödliche Kreislauf – vom Menschen und zurück – hat längst begonnen.

– zum Thema Wasservergiftung: Radioaktives Wasser floß in den Rhein. Gift im Trinkwasser. Größter Fluß Chinas durch Abwassereinleitungen in Gefahr einer Umweltkatastrophe. Jetzt auch noch »saurer Schnee«. Pflanzenschutzmittel verseucht Wasser. Großes Fischsterben in Saar und Mosel. Für siebzigtausend Menschen in Norditalien nur Trinkwasser aus Tankwagen. Hoffnung für Nordsee gering. Ölpest an der Ostsee breitet sich aus. Britische Seen und Flüsse verloren gesamten Fischbestand durch sauren Regen. Fünfzehnhundert Tonnen Öl in die Ostsee. Gift floß in den

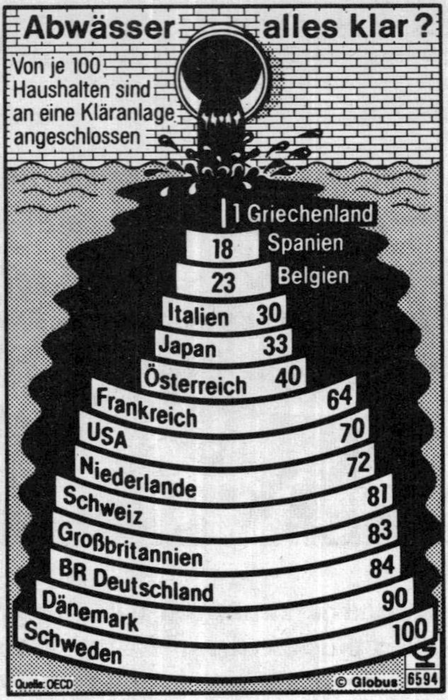


Rhein. Sechshundertfünfzig Kilogramm Chemikalien in den Rhein. Zwischenfälle bei Hoechst AG. Verschmutzung der Oder. Trinkwasser ist bedroht. Gaswerk verseuchte Boden und Wasser. Die meisten Seen im Bayerischen Wald sind sauer. Wasser-Alarm am Rhein. Grundwasser verseucht. Viereinhalb Kubikmeter Salzlauge verseuchten den Djestr, Reisen in dieses Gebiet der Sowjetunion gesperrt.[18)]

Genügt diese Auswahl? Sie läßt sich noch reichlich fortsetzen. Aber ich weiß, Sie meinen immer noch, daß wir in einer herrlichen Zeit leben. Sie haben gerade dieser Tage beschlossen, Ihren nächsten Urlaub mit Freunden auf Ibiza zu verbringen. Ich gebe zu, mein Hinweis auf apokalyptische Zustände muß Ihnen da reichlich abwegig erscheinen. Oder wenn ich an Sätze denke wie Matthäus 24, 38: »Siehe, euer Haus soll euch wüst gelassen werden.« Ja, das reimt sich scheinbar schwer auf Ihre letzte Gehaltserhöhung und Ibiza.

Aber nur scheinbar. Wofür haben wir denn unsere letzte Gehaltserhöhung bekommen? Was haben wir dafür verkauft? Nur Miederwaren? Oder auch ein bißchen von uns selbst? Und womit werden gegenwärtig unsere Einkommen bezahlt? Nicht auch mit etwas Gift? Und wie schmeckt das Wasser um Ibiza? Und woher kommen die toten Fische, die mit den Bäuchen nach oben treiben?

Wenn wir ohnehin vor allem die Augen verschließen wollen, könnten wir doch eigentlich auch zu Hause bleiben. Oder stechen die Mücken auf Ibiza weniger giftig als die von Wanne-Eickel?

## *Von Anfang der Welt*

Da wir eben von Matthäus sprachen – er vermittelte uns ja auch jenen Ausspruch des Jesus von Nazareth: »Und dieweil die Ungerechtigkeit wird überhandnehmen, wird die Liebe in vielen erkalten.« (24, 12) Nun, Ungerechtigkeit hat es wohl immer gegeben. Aber jede Hütte, jedes Haus, gebaut in vergangenen Jahrhunderten, ja sogar Jahrtausenden, hatte mehr Wärme als die Geschäftspaläste unserer Zeit. Und Liebe? Verkommen zu schnellem Sex oder einem flüchtigen: »Was willst du denn?« Vielleicht bilde ich es mir nur ein, aber ich meine im alten Tacitus mehr Menschenliebe zu finden als in sämtlichen Bänden von »Angelique« oder ähnlichen »Liebesromanen« unserer Zeit. Wie klagten bei dem Jazz-Festival in Mittelengland die umgefallenen Kinder: »Mir ist eiskalt!«

Und schließlich heißt es bei Matthäus noch: »Denn es wird alsdann eine große Trübsal sein, wie nicht gewesen ist von Anfang der Welt bisher und wie auch nicht werden wird.« (24, 21) Wahrhaftig, wann hätten die Wälder der Erde mehr gestöhnt unter jenen, die sie auf allen Kontinenten, allen Inseln mehr schlagen, mehr sterben machen als je zuvor. Obwohl wir doch wissen: wenn der Wald stirbt, stirbt der Mensch. Können wir immer nur an uns denken? Sehen und hören und fühlen wir nicht die Trübsal, in die wir alles stürzten und

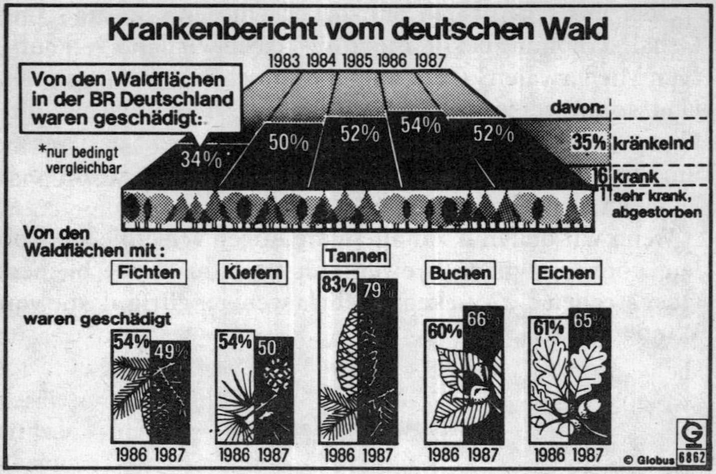


stürzen rings um uns her, was Natur, was gottgewolltes Leben ist?

Jeder Quadratmeter Boden, den wir um unseres Rausches von Fortschritt und Geschwindigkeit willen unter Asphalt und Beton verschwinden lassen, sollte uns betrüben, jede Blume, die nicht mehr blühen, jeder Wurm, der nicht mehr kriechen, jeder Baum, der nicht mehr wachsen kann.

Haben wir schon wieder verdrängt, was in den vergangenen fünf Jahren allein mit den Wäldern in der Bundesrepublik geschah?[19] Das Waldsterben. Es ist nicht zu Ende, nur – wir reden nicht mehr gern darüber. Und so von vielem anderen. Wie war das doch mit Tschernobyl? Welcher Schrecken, als der radioaktive Gifthauch über unsere Länder strich.[20] Als die Kinder nicht mehr aus dem Haus durften, weil der radioaktive Niederschlag ihre Spielplätze, ihre Sandkästen, ihre Wiesen verseucht hatte. Und es war eine Trübsal, wie sie die Welt so noch nie erlebt hatte.

Es sei gar nicht so schlimm, wird uns jetzt versichert. Neueste Untersuchungen hätten ergeben, daß es vielleicht nicht fünftausend, sondern nur tausend zusätzliche Krebstote in Deutschland geben wird. Was für ein zynischer Trost für jenen einen der tausend, der dann nur noch durch einen Kehlkopfschnitt atmen kann, für das Kind, das »zusätzlich« an Leukämie dahinsiechen muß.

Wie war das mit der Liebe, die erkaltet sei? Erkaltet? Sie wurde in den Händen der gegenwärtig lebenden Menschheit zu einem tödlich schneidenden Kristall. So wenn ein Politiker im Zusammenhang mit radioaktivem Abfall zur »Entsorgung«, die es in Wahrheit nicht gibt, erklärt: Weil Umwelt keine Grenzen kennt, könne die *Entsorgung* der Kernkraftwerke nicht auf den Sankt-Nimmerleins-Tag hinausgeschoben werden. Deswegen sei die Wiederaufarbeitung heute notwendig, weil sie nach Lage der Dinge der einzige auf absehbare Zeit gangbare und *sichere Entsorgungsweg* mit anschließender Endlagerung sei. Die Wiederaufarbeitung sei auch die einzige *Entsorgungstechnik* die eines Tages den kontrollierten Ausstieg aus der friedlichen Nutzung der Kernenergie ermögliche, ohne eine große Menge spaltbaren Materials zu hinterlassen.[21)]

Für solche Sätze gibt es nur zwei Möglichkeiten: Entweder der Betreffende weiß es besser, dann begegnen wir hier der skrupellosesten Menschenverachtung, die je ein Jahrhundert

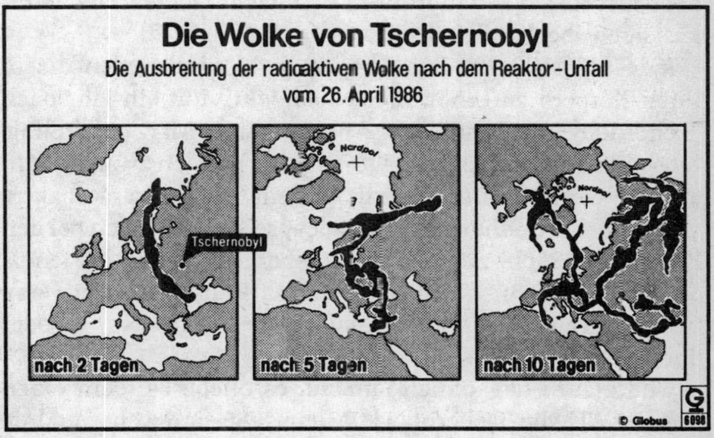

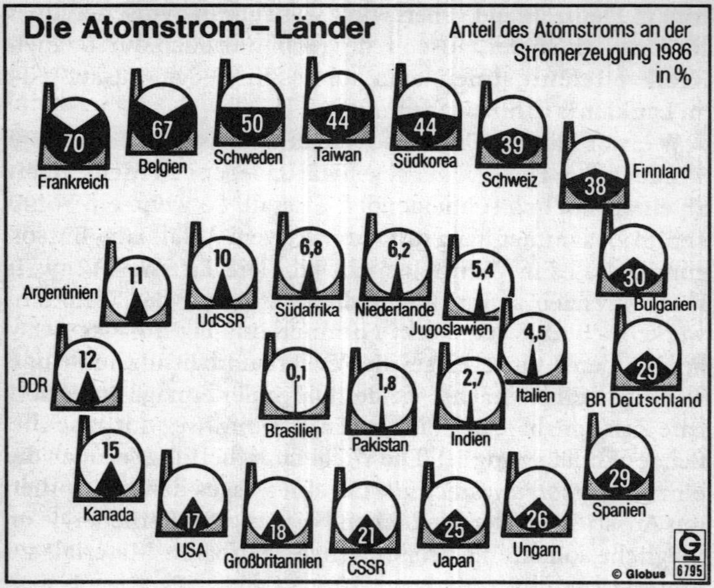


hervorbrachte; oder er ist schlecht informiert, dann macht der kalte Geschäftssinn schaudern, mit dem hier – gleichgültig, ob falsch oder richtig – eine tödliche Bedrohung des Lebens mit leeren Behauptungen und nachgeschwätzten Wortkaskaden abgehandelt wird.

Indessen stieg bei den Lappen in Nordschweden die in ihren Körpern aufgenommene Radioaktivität ein Jahr nach Tschernobyl von zehntausend Becquerel im März auf dreißigtausend Becquerel im Juni 1987; und es wurden zwanzig Mitarbeiter der Plutonium-Fabrik Nukem bei Hanau radioaktiv vergiftet. Gesundheitliche Schäden, so hieß es, seien bei den Betroffenen nicht zu befürchten. Aber ganz gewiß bei jenen, die eines Tages mit dem hochgiftigen Plutoniumstaub konfrontiert werden, der immer mal wieder – kiloweise – da oder dort »verschwindet«.

Und glaubt tatsächlich jemand, es bliebe bei dem einen Super-GAU von Tschernobyl? Allein 1986 sind weltweit dreiundzwanzig neue Atomkraftwerke in Betrieb genommen worden.[22] Jedes einzelne davon und jedes bestehende dazu: ein mögliches Tschernobyl. Wir haben beim Thema Menschwerdung schon einiges über wissenschaftliche Wahrscheinlichkeitsrechnungen gehört. Hier sind sie angebracht. Denn die Wahrscheinlichkeit besagt: Je mehr Kernkraftwerke, desto früher die nächste Katastrophe. Wo? – Darüber können Wetten abgeschlossen werden. Und hoffentlich gehören Sie dann zu jenen, die sich den Wettgewinn noch ausbezahlen lassen können.

Vor allem, wenn Ihnen dann jemand mit dem dummerhaftigen Trost kommt, Sie würden ja durch einen in genügend Entfernung stattfindenden Atomunfall nicht mehr Radioaktivität ausgesetzt als bei vierzehn Tagen Bergsteigen oder einer Röntgenuntersuchung oder einem Flug über den Atlantik. Was aber, wenn Sie das eine oder andere (oder eine sonstige »Bestrahlung«, von der Sie gar nichts wissen) gerade hinter sich haben? Dann würde genau jene Winzigkeit mehr, die Ihr Körper nun *zusätzlich* aufnimmt, vielleicht zuviel für ihn sein.

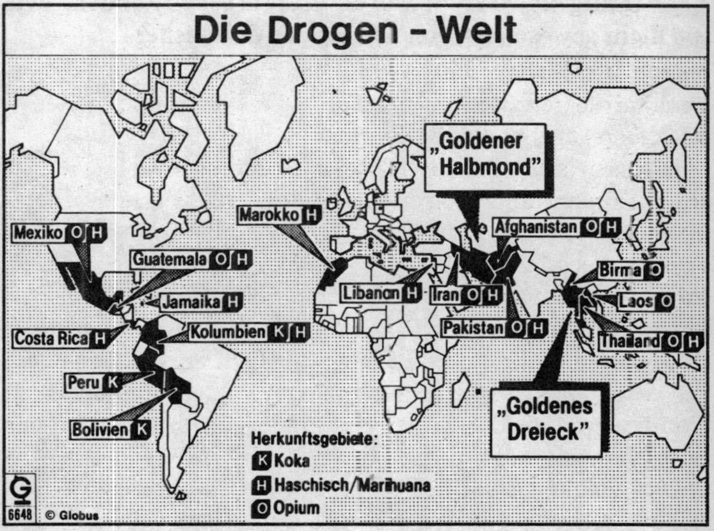

Auch das aber ist nicht die Zukunft, sondern die Gegenwart, mit der wir leben müssen. Eine im wahren Sinne des Wortes vergiftete Gegenwart.

Aber auf ein bißchen mehr oder weniger Gift kommt es schon gar nicht mehr an, wir haben ja noch eines, das uns bestimmt über allen Kummer hinweghilft – und gleichzeitig eine der scheußlichsten und qualvollsten Möglichkeiten ist, sich zu entleiben: Rauschgift.

Opium, Morphium, Heroin, Kokain und wie sie alle heißen, sie bieten eines der besten Geschäfte, das man in unserer Zeit machen kann: Man muß nur andere Menschen süchtig machen, dann verkaufen sie alles, selbst ihre Mütter oder Männer, ihre Frauen und Kinder, nur um an das Zeug heranzukommen. Überall auf der Welt löst es Verbrechen bis zum Mord aus, und überall auf der Welt, wo diese Pflänzchen nur gedeihen wollen, da werden sie angebaut[23)] – eigentlich natürlich zu medizinischen Zwecken. Aber wer nimmt das schon so genau, wenn das große Geld winkt?

Schauen Sie sich die Süchtigen an, die Verkauften, die Opfer der ungezählten Verbrechen. Und dann sagen Sie mir, daß Sie nirgendwo etwas von der Trübsal sehen können, »wie sie nicht gewesen ist, von Anfang der Welt bisher«.

# Das Leid

## *Und die Kaufleute auf Erden*

»Und die Kaufleute auf Erden werden weinen und Leid tragen über sie, weil ihre Ware niemand mehr kaufen wird«, heißt es bei Johannes (Offenbarung 18, 11).

Ein schwieriges Kapitel. Nicht bei Johannes und nicht nach den Gesetzen der Logik, aber nach der Sprache der Kaufleute. Sobald es um Geldgeschäfte geht, die sich in den finanzmathematischen Sphären der Bankleute und Politiker bewegen, begegnen wir Normalverbraucher einem Vokabular und Formulierungen, die uns von den monetären Tempeln fernhalten sollen, wie von den mystifizierten Riten einer Handvoll Logenbrüder. Aber wir sind es, die letztendlich das Spiel mit den steigenden und fallenden Zinsen bezahlen (damit andere Leute ihre mitunter größenwahnsinnigen Ausgaben finanzieren können), die sich überreden ließen, alles bargeldlos abzuwickeln (damit Banken und Finanzämter einen besseren Zugriff in unsere Geldbeutel haben), die unseren Verdienst für einen Minizins in Sparbücher einschreiben lassen (damit andere für Höchstzinsen ihre Geschäfte damit machen und uns eines Tages mit bedauerndem Schulterzukken erklären, die Zahlen, die in dem Sparbüchlein stehen, seien leider nicht mal mehr das Papier wert, auf das sie gedruckt sind – das ist mehr als einmal geschehen und wird demnächst wieder geschehen).

Ja, sie haben Leid über uns getragen – mit ihrer Geschäftemacherei, mit ihrer dreisten Umverteilungspolitik, mit ihrer unverantwortlichen Behauptung, das soziale Gewissen des einzelnen durch staatlichen Dirigismus ersetzen zu können.[24] Wir haben unser Gewissen an der Kasse abgegeben, und es ist also nur recht und billig, daß wir unser Erspartes hinterhertragen und keiner mehr eine Ware kaufen wird – weil demnächst keiner mehr kaufen kann. Zumindest nicht mehr mit dem Papier, auf das einige Zahlen aufgedruckt sind und das man Geld nennt.

Ich habe einige Millionen- und Milliardenscheine meines Großvaters noch in einer Schublade liegen. Meine Großmutter bekam 1923 dafür nicht mal mehr eine Semmel. Und ich habe auch das Jahr 1948 nicht vergessen, als ich zwei wunderschön mit Zahlen gefüllte Sparbüchlein eines reichen Onkels erbte. Nur war leider ein paar Tage zuvor die Währungsreform (»Reform« klingt immer gut) verkündet worden, und für alles, was mein Onkel mehr als zwanzig Jahre auf die Bank getragen hatte, bekam ich ein paar Pfennige.[25]

Sie meinen, was meiner Großmutter und mir geschah, wird Ihnen so nicht passieren? Nun – in gewisser Weise haben Sie recht. Der Währungszusammenbruch 1922 betraf im wesentlichen nur das damalige Deutsche Reich. Wer Verwandte im Ausland hatte, die ihm gelegentlich ein paar Franken oder Pfund oder Dollars schickten, kam gut über die Runden. Und die Währungsreform 1948 betraf auch nur Deutschland, vollzog sich relativ geordnet und hatte vor allem einen schnellen, mit Auslandskrediten geförderten wirtschaftlichen Aufschwung zur Folge.

Das alles entfällt diesmal. Die Währungskatastrophe ist nicht lokal begrenzt, sondern weltweit.[26] Keiner kann keinem helfen. Und niemand steht wartend bereit, Trümmer beiseite zu räumen und mit zupackenden Fäusten aufzubauen. Es muß wohl erst Trümmer geben.

Sie sehen das alles nicht? Vielleicht sollten Sie gelegentlich mal den Wirtschaftsteil Ihrer Zeitung lesen.

Nichts wäre mir lieber, als Otto von Habsburg bei seinem Satz zustimmen zu können: »Es wird weder eine vollkommene Ordnung auf Erden noch in absehbarer Zeit die Apokalypse geben.« [27] Wobei ich den ersten Teil seines Satzes ohnehin unterstreiche und dem zweiten nur deshalb nicht zustimme, weil ich den Begriff Apokalypse nicht als Beinahe-Weltuntergang interpretiere. Nicht einmal Johannes macht das. Schlimme Zeiten offenbart er, aber solange »die Händler von Ferne stehen, weinen und klagen« (18, 15), dürften sie doch noch alle recht lebendig sein.

Mir würde – wie mehrfach ausgeführt – das meiste von dem, was rund um uns her auf dieser Welt geschieht (in Mittel- und Südamerika, in Afrika, im Nahen Osten, in Südostasien), schon als Ausgangspunkt für die Bezeichnung »apokalyptische Zustände« genügen (wobei wir in bezug auf Gesundheit, Genmanipulation, Atomwirtschaft und Finanzge-

schäfte die Industrienationen nicht aussparen wollen), aber ich weiß, daß unsere Zeitgenossen sich dies nicht genügen lassen.

Daß es – mit wenigen Ausnahmen – den Menschen in Europa und Nordamerika heute besser geht als je einer Generation zuvor, ist unbestreitbar.[28] Merkwürdig ist nur, daß niemand sehen will, wie wir nicht nur mit unserem Gewissen und unserer Moral, sondern auch mit unserem Verstand dafür

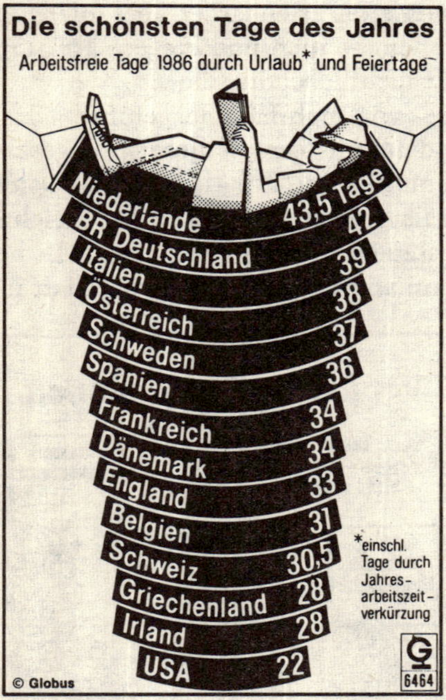


bezahlen. Wachsamkeit und Vorsorge als Teile vernunftgemäßen Denkens sind nicht gerade die ersten der gegenwärtigen Tugenden. Im Gegenteil, Warnungen werden im allgemeinen mit Vorliebe überhört.

Man genießt den Wohlstand und die reichliche Freizeit[29], und daß es da und dort in der Nachbarschaft schon nicht mehr ganz so gut geht, das schiebt man auf die persönliche Unfähigkeit oder bestenfalls »das Pech« des anderen. Und wo dieser nun wirklich nichts dafür kann, da macht man die Politiker verantwortlich, die ihre Versprechen nicht halten.

Was in vielen Fällen sogar stimmt. Wir übersehen nur, daß wir es sind, die unsere Politiker und Gewerkschaftler und Funktionäre aller Farben und Schattierungen zu Versprechungen und Maßnahmen nötigen, die meist schon von vornherein zum Scheitern verurteilt sind, weil unsere Forderungen in Wahrheit längst gar nicht mehr alle erfüllt werden können. Aber wir haben uns so daran gewöhnt, immer nur die Hand aufzuhalten und alle rings um uns her – Wissenschaftler, Techniker, Mediziner, Manager und eben auch Politiker – für die größten Weihnachtsmänner aller Zeiten zu halten, daß wir nur noch mit Unwillen (zum Beispiel bei Wahlen) reagieren, wenn uns nicht noch mehr versprochen (und noch weniger gehalten) wird.

Was aus dieser Denk- und Verhaltensweise resultiert, sind die harten Tatsachen der – von regelmäßigen Wiederbelebungsversuchen unterbrochenen – Talfahrt der Konjunk-

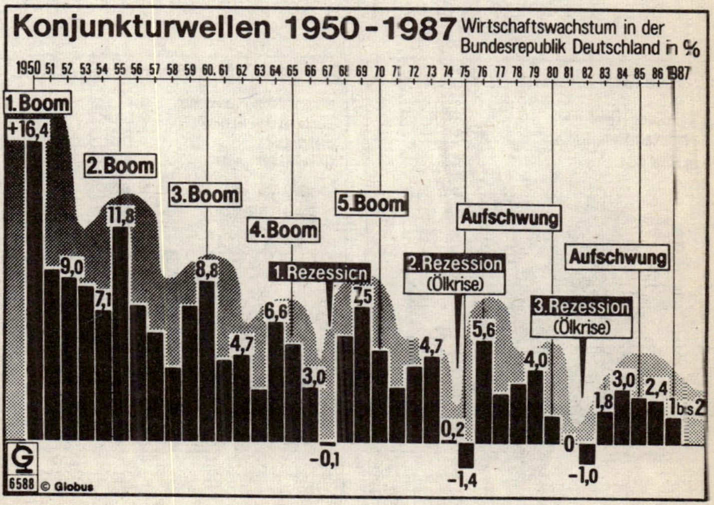

tur[30], eine steigende Zahl von Konkursen kleiner und großer Firmen, die weltweit zunehmende sogenannte Arbeitslosigkeit und die ungeheuerliche Verschuldung der Staaten und der einzelnen.

*Grüße aus dem Schuldturm*

Wäre die Welt noch einigermaßen intakt, dürften unsere lieben Zuhausegebliebenen mit Ferienpostkarten nicht von irgendwelchen palmenbestandenen Trauminseln, sondern nur noch aus dem Schuldturm beglückt werden. Die Schuldenlast, die wir – ja, auch die satte Mehrheit der Bevölkerungen in den Industrienationen – aufgehäuft haben[31], ist in Generationen nicht abzutragen. Und was unsere Staaten sich leisten (beziehungsweise aufgrund des Wählerwillens sich leisten müssen), kann man nur noch als ein Stück aus dem Tollhaus bezeichnen.[32]

Alle Finanzpolitiker und Finanzexperten wissen es. Und alle wissen, daß es bei diesem Spiel demnächst »rien ne va plus« heißen wird. Manche sagen es sogar[33], aber alle tun so, als habe das keine bedeutsamen Konsequenzen, als könnte

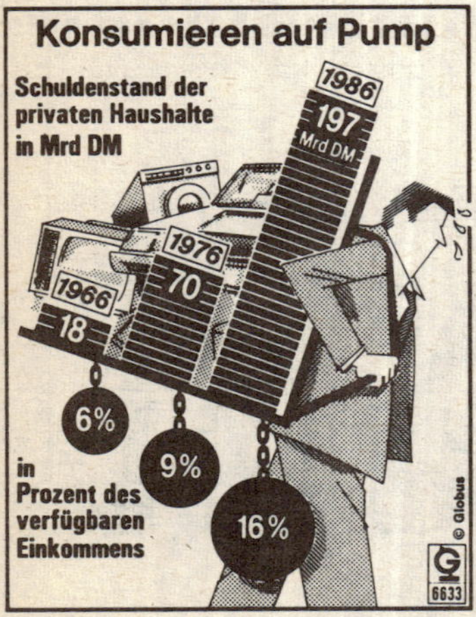


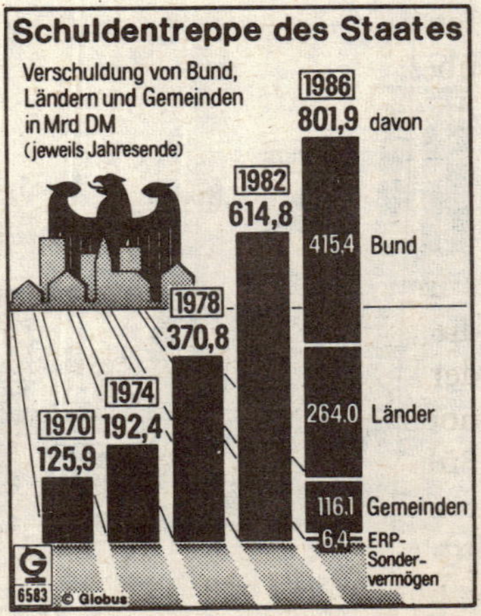

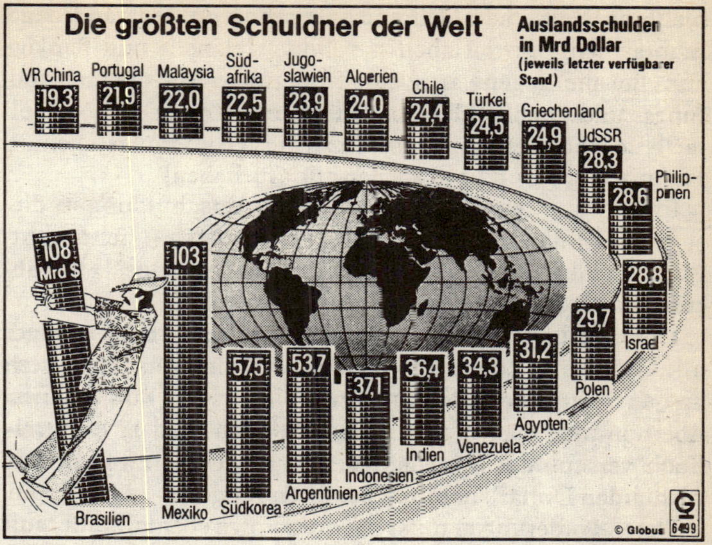


man über die Feststellung des Tatbestands irgendwann einfach zur Tagesordnung übergehen. Der in Finanzfragen als Experte ausgewiesene Dr. Paul C. Martin sagt zwar immerhin, daß solche Situationen zu einer Revolution oder einem sogenannten Crash oder zu beidem führen – dem »standardisierten Doppelschlag in der Geschichte«[34] –, ansonsten aber überläßt er es der Phantasie des Lesers, sich diese Situation im einzelnen auszumalen.

Finanztechnisch gesehen, geht es bei Martins Beschreibung nämlich um nichts weiter als um zeitweilige Lösungen des Eigentums- (Revolution) und des Zinsproblems (Crash).

- Im einen Fall wird also Eigentum »umverteilt«, das heißt, die sich benachteiligt Fühlenden holen sich das Eigentum der bisher Bevorrechtigten. Aber weil – wie Martin immerhin noch feststellt – »Revolutionen nicht freiwillig über die Bühne gehen, sondern in Form von Bürgerkriegen«[35], darf man sich diesen Vorgang sicher etwas dramatischer vorstellen als eine notarielle Beurkundung.
- Im anderen Fall (Crash) werden Forderungen auf Null ge-

stellt, das heißt Schulden und sogenannte Außenstände sind nichts mehr wert. Haben die Industrieländer und Banken zum Beispiel gegenwärtig eine Forderung gegen die Entwicklungs- und Ostblockländer von mehr als einer Billion Dollar[36], so sind eben nach dem Crash diese Forderungen keinen Pfennig mehr wert (und ebenso alle Guthaben).

Irgendwann demnächst erreicht die Verschuldung in diesem Weltfinanz-Roulette den Punkt des »Nichts-geht-Mehr«, und an diesem Tag bricht das gegenwärtige Welt-Währungssystem zusammen wie ein Kartenhaus.

Die Gläubigerbanken – und das sind mehr oder weniger alle Großbanken der Welt – werden natürlich versuchen, sich an den Staaten schadlos zu halten, die vielfach Bürgschaften übernommen haben. Aber diese Staaten sind ja ebenfalls hoch verschuldet (Haushaltsdefizit der USA: zweihundert Milliarden Dollar), nämlich bei ihren Bürgern.

Deren Forderungen müssen demzufolge ebenfalls auf Null gestellt werden. Das macht man mit einer Währungsreform (wie 1948) oder indem man als Staat schnell so viel Geld druckt, bis alle Forderungen aller Bürger und Banken und sonstigen Gläubiger erfüllt sind. Und weil das nun in die Milliarden geht, druckt man eben Milliardenscheine (wie in Deutschland 1922) und streut sie unters Volk. Der einzelne hat dann jede Menge Geld, aber er kann sich nichts mehr dafür kaufen, weil Ware – zum Beispiel ein Stück Brot – ihren Wert behält, der Milliardenschein aber praktisch keinen Wert mehr hat.

Das wissen die Banken natürlich, und deshalb – und weil ihre Forderungen auch nichts mehr wert sind – erfüllen sie an dem Tag X auch ihrerseits keine Forderungen mehr, etwa dem gegenüber, der jetzt mit einem Sparbuch ankommt. Frühestens wenn reichlich gedrucktes Inflationsgeld vorhanden ist, machen die Bankschalter wieder auf. Und wer dann seine zwanzigtausend Mark abheben möchte, der kann sie gerne bekommen. Nur einen Liter Milch für seine Kinder bekommt er dafür nicht mehr.

An diesem Tag könnte dann der Zorn der Hungernden zu

der von Martin beschriebenen Form der »Revolution«, also zu Bürgerkriegen eskalieren.

Und spätestens an diesem Tag nimmt die Apokalypse jene Formen an, die endlich auch alle diejenigen befriedigen werden, die der Feststellung, daß wir bereits apokalyptische Zustände haben, heute noch nicht zustimmen mögen.

### *Die Stunde der Wahrheit*

Wir alle – einschließlich Politiker und Bankiers (in dieser Beziehung ist eine solche Katastrophe immer sehr gerecht) – dürfen jetzt raten, ob die Stunde der Wahrheit erreicht ist, wenn die Weltverschuldung, die Martin bereits 1983 mit 12,22 Billionen Mark bezifferte[37)], in Bälde das Doppelte erreicht hat, oder schon etwas früher, oder erst etwas später.

Man weiß, daß dieser Zug abgefahren ist, aber niemand weiß, wann er ankommt. Das steht in keinem Fahrplan. Also könnte es noch Gewinn bringen, den endgültigen Zusammenbruch auch nur um Stunden früher zu erraten oder zu erkennen als alle anderen. Das ist einer der Gründe, warum die Eingeweihten ihr Wissen bis zuletzt für sich behalten werden.

Und darum darf auch jeder allein Überlegungen anstellen, bei welcher Gelegenheit der Weltwährungsknall am wahrscheinlichsten in seine Ohren dröhnen wird. Theoretisch kann es jeden Tag geschehen: zum Beispiel wenn ein Schuldnerland seine Zahlungen einstellt. Wenn ihm dann keine neuen Darlehen (zur Zinsenzahlung und damit zur Verschleierung des Staatsbankrotts) mehr gegeben werden und daraufhin weitere Schuldnerländer (die sich nun ebenfalls keine neuen Kredite mehr erhoffen können) ihre Zahlungen einstellen – dann spätestens dürfte es soweit sein.

Nun vergeben Großbanken schon gegenwärtig neue Millionen- oder Milliardenbeträge an Schuldnerländer immer zögernder. Es ist deutlich festzustellen, daß sich der Anstieg der Verschuldungsrate der Entwicklungs- und Ostblockländer in den letzten drei Jahren nur noch sehr zurückhaltend entwik-

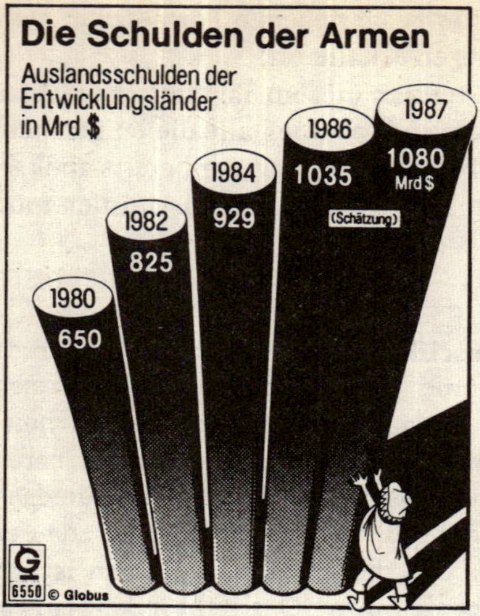


kelt hat[38] – und das trotz aller Appelle maßgebender Finanzexperten und Politiker, doch um Himmels willen weitere Kredite oder Entwicklungshilfen oder sonstwie genannte Beträge fließen zu lassen. Aber sie fließen nicht mehr so schön flüssig wie noch in den siebziger Jahren. Und nicht etwa, weil die Schuldnerländer keine Gelder mehr bekommen möchten, sondern weil inzwischen jeder weiß, daß sie verloren sind.

Bayerns Finanzminister Max Streibl sagte schon im Oktober 1986 ganz offen: »In der Dritten Welt sind viele Länder mehr oder weniger zahlungsunfähig. Das Wort von der internationalen Schuldenkrise macht die Runde, und Pessimisten befürchten gar einen völligen Zusammenbruch des Weltwirtschafts- und Finanzsystems.«

Der Leiter der volkswirtschaftlichen Abteilung der Interamerikanischen Entwicklungsbank in Washington, S. Urrutia, schrieb damals: »Ohne neues Wachstum wird die lateinamerikanische Schuldenkrise zu einer weltweiten Finanzkrise, weil die Lateinamerikaner nicht einmal mehr ihre Zinsen zahlen können«.[39]

Nun, ein gutes Jahr später, wissen wir: der Traum vom Wachstum ist ausgeträumt.[40] Er mußte irgendwann ausgeträumt sein, weil auch die Bäume der Finanz- und Wirtschaftsmanager nicht in den Himmel wachsen.[41] Die Banken – die das inzwischen natürlich auch gemerkt haben – behelfen sich jetzt, indem sie die drei buddhistischen Affen imitieren (nichts sehen, nichts hören und vor allem nichts sagen) und sich gleichzeitig untereinander absichern, indem sie sich mit gegenseitigen Verbürgungen und Aufteilungen der Schuldsummen in eine derartige Verflechtung hineinmanövrieren, daß am Tag X keine mehr herauskommt. Aber bis dahin bitten sie und die Staaten noch so gut es geht zur Kasse: mit Gebühren, Zinsen und Steuern. Je mehr Geld wir ihnen bezahlen – das ist wie beim Roulette –, desto länger können sie verlieren.[42]

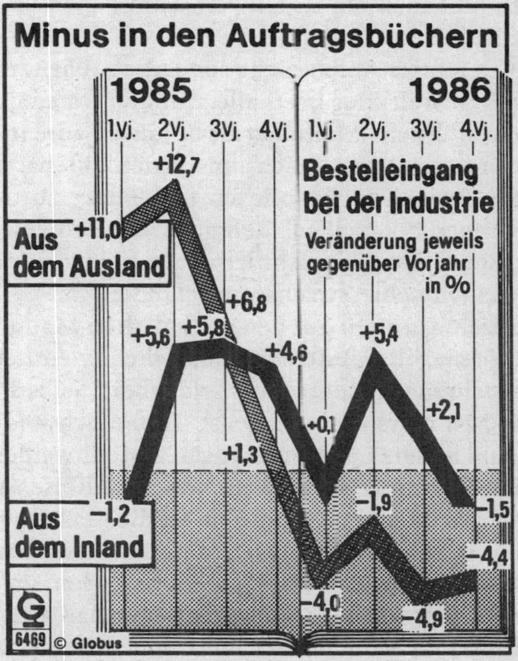

Und verloren wird: in den Entwicklungs- und Ostblockländern, in den Industrieländern. Auch die EG schliddert am Rand der Pleite dahin, und im März 1987 war – man höre und staune – sogar die Finanzsituation des Vatikans »sehr ernst«. Selbst der Apostolische Stuhl, der Fels Petri, hatte sich ins Defizit gewirtschaftet. Aber im Verhältnis zu den Milliardenschulden aller anderen wirkt das Dreiundsechzig-Millionen-Dollar-Defizit des Vatikans direkt noch solide.

### *Die Zechpreller werden zur Kasse gebeten*

Jetzt nützt alles Davonlaufen nichts mehr. Die schönen Tage des Reichtums sind vorüber. Die neue Stereoanlage ist noch zwei Eier wert. Mit dem großen Auto fährt man weit über Land, um einen Rucksack voll Lebensmittel zu hamstern. Das Auto läßt man als Gegenwert dann gleich da. Zurück geht es zu Fuß.

Das alles irritiert mich nicht sonderlich. Wir waren nach dem Zweiten Weltkrieg (fast) alle arm und waren doch meistens recht fröhlich. Fröhlicher als es junge Leute in den Jahren des vermeintlichen Reichtums waren. Sie hatten mehr Grund, im Zorn zurückzublicken und Trauer zu tragen als wir, weil ihnen der Neid als Religionsersatz eingeredet worden war. Sie durften gar nicht lernen, zufrieden zu sein. Das hätte ja das Wirtschaftswachstum gefährdet.

Sie durften gar nicht auf den großen alten Mann, Ludwig Erhard, hören. Sie mußten ihn auslachen, wenn er in den sechziger Jahren versuchte, Bescheidenheit, Selbstbeschränkung und Maßhalten zu predigen.[43)] Lächerlich – es mußten doch immer höhere Lohnforderungen gestellt werden, damit Kühlschränke und Fernsehgeräte verkauft, Reisen gebucht, Kredite vergeben und die Wünsche an die »Lebensqualität« immer höher geschraubt werden konnten – mit dem Erfolg, daß man heute in keinem Fluß mehr baden, in keinem Kleingarten mehr sorglos anbauen kann; daß wir zwar in einer Stunde von München nach Hamburg fliegen, aber dort

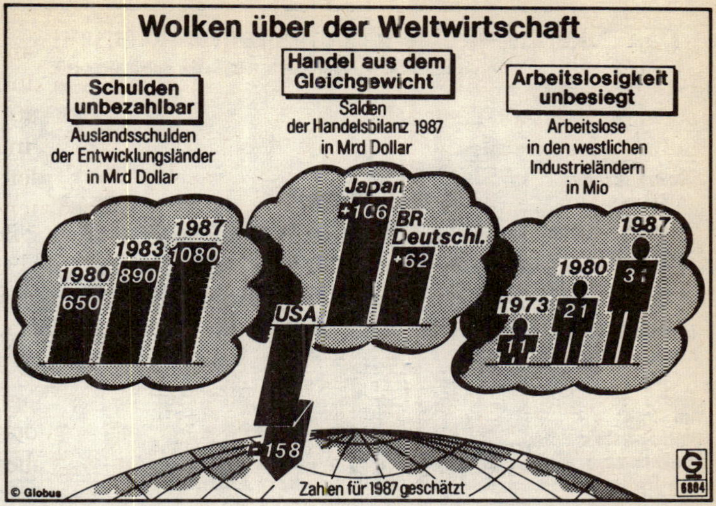


auch nicht besser atmen können; daß wir jedem Glas Wein mißtrauen und langsam wieder lernen müssen, unsere Eiernudeln selbst zu machen.

Das Kapital ist aufgebraucht, die Substanz verzehrt. Wir haben aus einem Scherzwort – was du ererbt von deinen Vätern, versetz es, um es zu genießen – Ernst gemacht. Die Gegenwart heißt Arbeitslosigkeit, unausgeglichene Handelsbilanzen, Schulden.[44] Wir müßten Tag und Nacht arbeiten, um unseren Kindern auch nur einen Bruchteil dessen bieten zu können, was wir im Hui verschleudert haben, aber wir lassen uns statt dessen Arbeitszeitverkürzungen und die sogenannte Arbeitslosigkeit einreden.

Schon unsere eigenen Renten werden in wenigen Jahren nicht mehr bezahlt werden können. Alle möglichen Entwürfe werden vorgelegt – »Erst mit siebzig in Rente«; »Existenzsicherungsrente, unabhängig von den gezahlten Versicherungsbeiträgen«; »Verdoppelung der Beiträge« –, und jeder Experte hält wenig von den Lösungsvorschlägen der anderen Experten, weil die das Übel genausowenig beseitigen können wie er selbst.[45] Das Übel nämlich, daß wir so sehr zu unse-

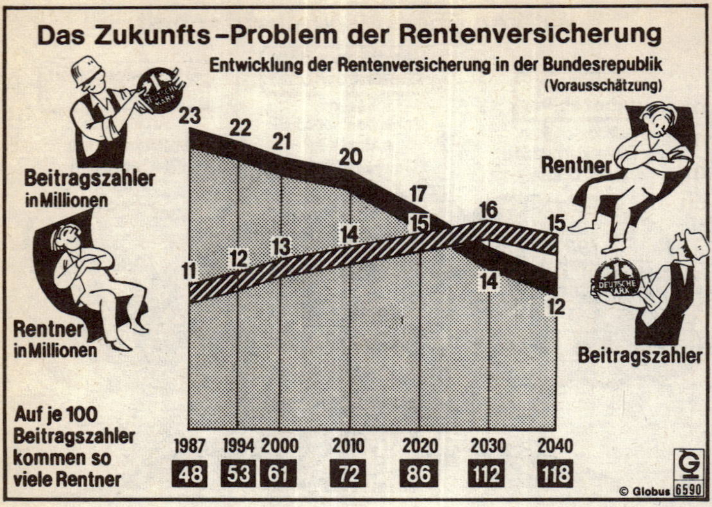


rem Vorteil gewirtschaftet haben, daß nichts mehr übriggeblieben ist.

Selbst ein so vorsichtiger Prognostiker wie Professor Dr. Bruno Tietz, der ein dickbändiges Werk über die »Optionen bis 2030« geschrieben hat, kommt nicht darum herum, sagen zu müssen: »Wir haben einige Probleme so stark anwachsen lassen, daß ihre Lösung keineswegs mehr in Form eines leichtfüßigen Spaziergangs möglich sein wird. Ohne Anerkennung von Notwendigkeiten, ohne persönlichen Verzicht und ohne Gewinnung eines neuen Gemeinsinns werden wir in zunehmende Schwierigkeiten kommen.« Wobei auch er der Auffassung ist, daß »die Herausforderungen vermutlich höher eingeschätzt werden müssen als die des Wiederaufbaus nach dem Zweiten Weltkrieg«.[46]

Und jetzt noch eine einzige Frage: Wenn das alles morgen soweit ist – bleiben dann wirklich alle Menschen in unseren zivilisierten Ländern ganz friedlich? Not ohne Aggressionen? Ohne in Brand gesteckte Autos, ohne geplünderte Läden, ohne erschlagene Bauern, die sich ihre letzte Kuh nicht wegnehmen lassen wollen? Fängt wirklich niemand an zu schießen? Keine Kämpfe? Keine Kriegserklärungen jedes gegen jeden?

Sie sind ja der Meinung, daß die jetzigen Zustände noch nicht die richtige Apokalypse sind. Wehe uns, wenn Sie recht haben. Und wehe den Bauern, die dann – inzwischen eine hilflose Minderheit – uns alle ernähren sollen. Aber das ist ein Kapitel für sich.

# Der Hunger

*... denn die Ernte der Erde ist dürr geworden*

Wir haben den Hunger nicht besiegt, sondern verdrängt. Nämlich verdrängt aus dem Bewußtsein der Satten. Und wir vergessen – jeden Tag ein bißchen mehr –, daß diese Satten eine Minderheit auf der Erde sind und daß die Qual des Hungers eine der tagtäglich millionenfach erlebten Wirklichkeiten unserer Zeit ist. Ein wahrhaftiger und unleugbarer Teil der Apokalypse, die von den – noch – Satten geleugnet wird.

Der Hinweis, daß es immer Hunger und Verhungernde auf der Welt gegeben hat, beschreibt nur das, was heute in Mittel- und Südamerika, in Afrika und Südostasien[47] geschieht, nicht aber unsere Reaktion: die sich bei Kaffee und Kuchen vor der unheilen Umwelt sanft schließenden Augen. Die wie beim Schwenken einer tibetanischen Gebetsmühle hergeleierten Sprüche, man werde da schon noch etwas erfinden. Technik und Fortschritt hätten uns bisher weitergeholfen, sie würden uns auch künftig noch weiterhelfen. Die Erfindungsgabe des Menschen habe dem Menschen noch immer zur rechten Zeit Rettung gebracht. Probleme, vom Menschen geschaffen, würden auch vom Menschen gelöst (so der ermordete US-Präsident John F. Kennedy).

Und in der Zwischenzeit verhungern täglich Tausende. Noch 1983 und 1984 waren die Zeitungen voll mit Nachrichten von den Hungerkatastrophen in aller Welt. Fernsehen und Rundfunk berichteten darüber. Es gab Welternährungskonferenzen, Verlautbarungen der Ernährungs- und Landwirtschaftsorganisation der UN, Stellungnahmen – wenn auch erschreckende Desinformation offenbarend[48] – des US-Präsidenten Ronald Reagan und anderer.

Gegenwärtig ist der Hunger bei uns kein Thema mehr. Nicht weil die Zeit diese offene Wunde am Körper der Menschheit geheilt hätte. Die Zeit heilt nichts, sie entfernt nur das zu Heilende aus dem Blick.

Wir haben festgestellt, daß wir mit dem Problem Hunger – der anderen – nicht fertig werden können, und haben es abgehakt. Und so machen wir es mit allen Problemen. Und machen damit, dem Leid auf dieser Erde mit großsprecherischen Erklärungen begegnend, einen weiteren Teil der Apokalypse wahr: »Und es ward ihm gegeben ein Mund, zu reden große Dinge ...« (13, 5)

Indem wir unsere Augen vor dem Hunger der anderen verschließen, unserer Sorge um die Not anderer müde werden, laden wir Hunger und Not ein, uns näherzutreten. Wer seine Sinne abstumpfen läßt, um den Schrecken eines anderen nicht mitzufühlen, der wird das Fühlen am eigenen Schrekken wieder lernen.

Und das in unserer übersättigten Gesellschaft? In Ländern,

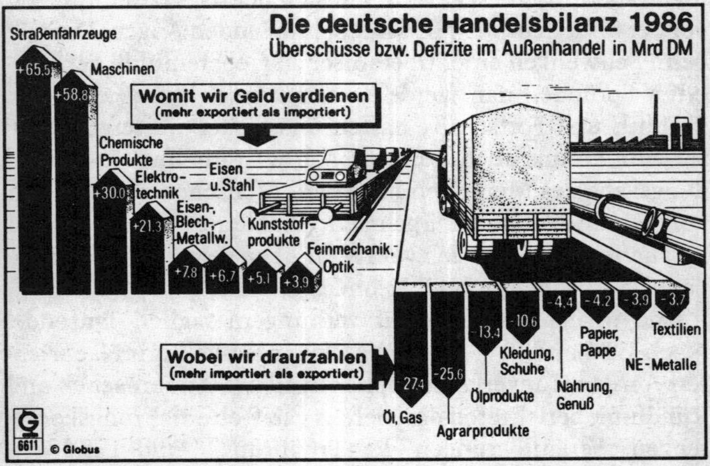

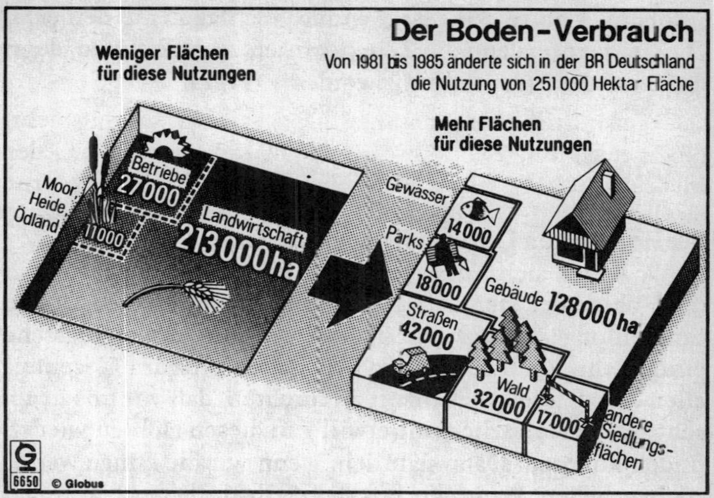


die mit ihren Lebensmittel-Überschüssen nicht wissen wohin?

Vorsicht! Trotz dieser Überschüsse führen wir schon heute mehr Agrarprodukte ein als aus, um noch vor vollen Tafeln sitzen zu können. Im Jahr 1986 standen Agrarprodukte in der Handelsbilanz der Bundesrepublik mit einem Minus von 25,6 Milliarden Mark![49]

Vorsicht! Diese Überschüsse verdanken wir nicht mehr allein dem Boden und nicht mehr unser aller Fleiß und Schweiß. Wir gewinnen sie – mit dem, was heute Chemie und Maschinen dazu beitragen – eher aus dem Erdöl als aus dem Humus. Und der Vorrat an Erdöl ist ebenso begrenzt wie der an fruchtbarem Boden.[50]

Vorsicht! Die Überschüsse sind Erfolge der Unnatur. Wir gewinnen sie durch Monokulturen, Massentierhaltung, künstliche Befruchtung und Raubbau. Erosion, Krankheit, Unfruchtbarkeit und versteinerte Böden sind die in keiner offiziellen Verlautbarung erwähnten Nebeneffekte. Und diese Nebeneffekte haben begonnen, die Überschüsse aufzufressen, und sie werden bald das auffressen, was unsere Notdurft wäre.

Johannes hörte, wie gesagt wurde: »Schlag an mit deiner Sichel und ernte, denn die Zeit zu ernten ist gekommen, denn die Ernte der Erde ist dürr geworden!« (14, 15)

### *Zurück zur Natur*

Bei Hoimar von Ditfurth fand ich die Frage:

»Wo bieten sich Auswege zur Rettung? Der Weg zurück in die Höhlen der Steinzeit gehört ganz gewiß nicht dazu. Die Empfehlung ›Zurück zur Natur‹ kommt um wenigstens einige Jahrhunderte zu spät. Wir haben ganz im Gegenteil allen Anlaß, die Möglichkeit zu fürchten, daß wir uns in absehbarer Zeit gänzlich unfreiwillig in diesen Höhlen wiederfinden könnten. Dann nämlich, wenn wir die Dinge weiter treiben ließen. Wenn wir uns der ›Selbsthilfe der Natur‹ anvertrauen würden, mit der sich mancher beruhigt. Zwar würde es sich auch dabei um eine Lösung des Problems handeln. Sie bestünde konkret darin, daß einige Menschenmilliarden verhungern, an Seuchen verrecken oder in den unvermeidlichen finalen Verteilungskriegen – um die letzten Trinkwasserreserven oder die letzten landwirtschaftlich noch nutzbaren Böden – umkommen müßten. Freilich, auch das wäre – aus unmenschlich-objektiver Perspektive – als eine Lösung des Problems der Überlastung unseres Planeten anzusehen. Die Natur, die Biosphäre würde sich rasch regenerieren und hätte sich so in der Tat wirksam ›selbst geholfen‹. Die Frage ist nur, ob einer von uns bereit wäre, den Kaufpreis zu zahlen. Wir sollten alles daran setzen, uns selbst zu helfen, bevor es dazu kommt und die Natur die Lösung mit der ihr eigenen Fühllosigkeit in die Hand nimmt.«[51]

Ganz offenbar meint Ditfurth hier also noch, daß man sich um eine Rettung, eine Besserung der Situation bemühen sollte, während er wenig später erklärt, daß der Tag, an dem die Menschheit ausstirbt, bereits angebrochen sei:

»Die unbelehrbare, egozentrische Verblendung, in der wir nicht davon ablassen können, uns durch die rücksichtslose

Unterwerfung aller irdischen Natur die unverzichtbaren Lebensgrundlagen selbst unter den Füßen wegzuziehen, sind aus objektiver Perspektive markante Symptome nachlassender Anpassungsfähigkeit an sich rasch ändernde Umweltbedingungen. Mit dieser Feststellung ist das klassische Versagen beschrieben, das in allen bisherigen Fällen dem Aussterben ganzer Arten ursächlich zugrunde lag.«[52]

Vieles von dem, was Ditfurth hier schreibt, ist zweifellos richtig gesehen, wie es ja kaum Denkende und Wissende in unserer Zeit geben dürfte, die noch ernsthaft Zweifel daran hegen, daß wir den Gipfel des Materialismus und damit gleichzeitig auch den unserer gegenwärtigen, auf eben diesem Materialismus aufgebauten Zivilisation überschritten haben, daß die Talfahrt unaufhaltsam begonnen hat.

Widerspruch löst bei mir aber jene Hybris aus, die da meint, es könne keine andere Menschheit als jene materialistisch sich für den letzten Wassertropfen gegenseitig umbringende geben, als müsse man dem unbezweifelbaren Ende einer »geliebten Epoche« die ganze Menschheit hinterherwerfen, als gäbe es keine lebenswerte Existenz außer jener zwischen Kühlschrank und Weltraumlabor.

Die »Symptome nachlassender Anpassungsfähigkeit« sind gewiß bei einem Großteil der gegenwärtig lebenden Menschen festzustellen, aber doch wohl nicht bei allen. Und könnte nicht genau an dieser Stelle der Schnitt zwischen Tod und Überleben erfolgen, den die Natur »mit der ihr eigenen Fühllosigkeit« vorzunehmen gezwungen ist? Und verraten nicht ausgerechnet jene am meisten den von Ditfurth beklagten Mangel an Anpassungsfähigkeit, die eher sich und die Menschheit untergehen sehen, als sich dem »fühllosen« Wirken der Natur anvertrauen wollen?

Widerspruch löst bei mir auch jene menschliche Hybris aus, die da – ja, was denn? – menschliches Gefühl wahrscheinlich in Gegensatz zur »Fühllosigkeit« der Natur stellt. Wenn ich mich heute entscheiden müßte, ob ich mich lieber dem »unmenschlich-objektiven« Willen und Walten der

Schöpfung oder menschlich fühlenden Fanatikern wie jenen der Französischen, der bolschewistischen oder einer anderen Revolution überantworten will, würde ich die unmenschlich-objektive Schöpfung allemal vorziehen.

Und Widerspruch löst nicht zuletzt auch jene Hybris bei mir aus, die da meint, den Wert des Menschseins nach Kleidung und Wohnung bemessen zu können. Wie haben wir es doch herrlich weit gebracht, daß wir nicht mehr in Pelze gekleidet an offenen Feuern in Höhlen hocken! Aber wir täuschen uns – wie jüngste archäologische Erkenntnisse besagen – über das Leben der Steinzeit, wenn wir glauben, aus unseren Wolkenkratzern darauf herabsehen zu können. Denke ich an die Ausführungen von Müller-Karpe, bin ich nicht sicher, ob mehr Freiheit des Denkens und Wissens, ob mehr Menschenliebe und Gottvertrauen in einem modernen Hörsaal in Moskau (oder Berlin oder Buenos Aires) zu finden sind, als sie möglicherweise in einer der herrlich bemalten Höhlen der Steinzeit beheimatet waren.

Wir haben es – der heutige Umgang vieler Menschen miteinander spricht dafür – wahrscheinlich kaum »zu fürchten«, daß wir uns in absehbarer Zeit gänzlich unfreiwillig in diesen Höhlen wiederfinden könnten, wenn es die »Höhlen« eines einfacheren, übersichtlicheren, friedlicheren und insofern dann »menschlicheren« Lebens sind. Wir sollten vielleicht nur bereit sein, die Angst vor dem, was uns fremd geworden ist, abzuschütteln und auch einen ungewohnt schweren Weg vertrauensvoll zu gehen.

Aber eine Wegzehrung sollten wir mitnehmen, denn Hunger und Durst – da hat Hoimar von Ditfurth zweifellos recht – werden uns eine weite Strecke begleiten.

## *Der Fluch der Landflucht*

Lesen wir die in den vergangenen Jahren veröffentlichten Voraussagen, unter anderem die von Hunderten Wissenschaftlern und Regierungsexperten in den siebziger und beginnenden achtziger Jahren erarbeiteten und in dem Bericht GLOBAL 2000 zusammengestellten Prognosen, dann finden wir vor allem anderen immer ein großes und scheinbar alles Apokalyptische in Frage stellendes *wenn*:

*Wenn* sich nichts ändert ...

*Wenn* die Entwicklung nicht aufgehalten wird ...

*Wenn* keine grundsätzlich neuen Faktoren ins Spiel kommen ...

Diese und hundert andere »*Wenns*« verschleiern noch heute das Bild für jeden, der nicht genügend Zukunftsoptimismus aufbringt, um unangenehmen Wahrheiten ins Auge zu sehen. Er kann sich, so meint er, damit beruhigen, daß sich im Laufe der Zeit vieles ändert, daß in der Geschichte schon manche Entwicklungen ganz anders verliefen als erwartet (siehe die gänzlich danebenliegenden Voraussagen von Marx und anderen), daß immer mal wieder neue Faktoren ins Spiel kommen.

Unrealistisch wurden solcherart fehlgeleitete Hoffnungen aber inzwischen durch drei nicht zu leugnende Feststellungen:

1. Neue technische Entwicklungen brauchen zumindest etwa dreißig Jahre, um effektiv werden zu können. Um die Umweltkatastrophe der neunziger Jahre mit neuen Techniken abzuwenden, müßten diese also möglichst schon nach dem Zweiten Weltkrieg erprobt und angewendet worden sein. Das sind sie definitiv nicht.
2. Der Ausgleichsmechanismus der Natur hilft sich überall dort, wo Störquellen durch ökologisch intakte Felder überlagert werden, wo sich Erkranktes aus der Fülle gesunder Substanz heraus regenerieren kann. Inzwischen leidet unsere Umwelt jedoch bereits an einer Art AIDS: Die erkrankten Zellen überwuchern die gesunden und verhindern die rechtzeitige Regeneration.
3. Die Wachstumsideologie als Ausdruck übersteigerten materialistischen Denkens und unsere Weigerung, auf finanzielle und technische Vorteile zu verzichten, ließen und lassen keine Chance, die in GLOBAL 2000 vorausgesagte

Entwicklung zu unterbrechen, sondern – ganz im Gegenteil – förderten sie und fördern sie weiter.

Die Krisis ist also eingeleitet, der Zusammenbruch, die Katastrophe, oder wie auch immer man das nennen will, zeichnet sich inzwischen bereits in weiten Teilen ab. Noch ein paar Tage, und auch im hochtechnisierten Europa werden die Menschen von der Erkenntnis geschüttelt werden, daß sie sich weder von Nylonstrümpfen ernähren noch ihren Durst mit Elektronik löschen können und daß alles Geld – wenn es ihnen in Milliardenscheinen um die Ohren fliegt – in der Kälte nicht wärmt und in der Hitze nicht kühlt.[53]

Das sagt nichts gegen Nylon und Elektronik, aber alles gegen die Unvernunft, die das Wesentliche nicht mehr vom Unwesentlichen zu unterscheiden vermag, die Tausende von kleinen und mittleren landwirtschaftlichen Betrieben zugrunde gehen läßt und Großindustrie und Weltraumforschung mit Milliardenbeträgen fördert, als ob uns das Heil von Automaten und fremden Sternen käme.

Ein Narr, der es nicht begrüßen wollte, wenn jetzt Roboter statt Menschen am Fließband stehen. Aber noch mehr Narr, wer darüber vergißt, daß uns weder Roboter noch Raketen ernähren können.

Boden, Bauern, Biosphäre – wo diese drei nicht mehr intakt sind, ist die Katastrophe schon da, auch wenn eine Masse von Narren sie noch nicht sehen kann.

Wer hat denn noch einen Onkel, eine Tante »auf dem Land«, zu denen sich unsere Großeltern 1918, 1922, 1928, unsere Eltern 1945, 1947 flüchten konnten. Wer weiß denn, woher er ein Stück Brot, ein Ei, ein Stück Butter bekommt, wenn die Konjunktur weiter absackt, wenn im Höhepunkt der Schuldenkrise das Geld seinen Wert verliert, wenn der Zusammenbruch ganzer Industriezweige[54] die Heerschar der Arbeitslosen nicht mehr finanzierbar macht?

Der Abwanderung der Menschen in die Städte, die sich seit Mitte des 19. Jahrhunderts in wahren Heerscharen vollzog, folgte seit Mitte dieses Jahrhunderts die totale Verstädterung. Nicht mehr überzählige Söhne und Töchter wanderten von den Bauernhöfen ab, sondern Höfe wurden aufgegeben und landwirtschaftliche Betriebe eingestellt.[55]

1985 konnte die damals neugegründete Gemeinnützige Gesellschaft zur Zukunftssicherung (GGZ) nur noch den dramatischen Verlust an bäuerlicher Substanz mit der Feststellung registrieren: »Allein in der Bundesrepublik Deutschland wird gegenwärtig noch jedes Jahr eine Fläche von der Größe des Bodensees überbaut und werden – jährlich! – etwa 20000 Bauernhöfe aufgegeben«.[56]

Ein Verlust, der am Tag X durch nichts ausgeglichen werden kann.

## *Inseln im Strom*

Die Prognosen der GGZ stimmen überein mit denen von Professor Dr. Bruno Tietz, der unter anderem in bezug auf die bisherige EG-Agrarpolitik sehr höflich und vorsichtig formuliert, daß »Reformen auf fast allen Gebieten der Agrarmarktpolitik notwendig« geworden sein dürften! Er nennt als eine der Forderungen, die auch von Wissenschaftlern wie dem Münchener Professor Dr. Frederic Vester[57] und ebenso der GGZ gestellt werden: »Die Rückkehr zu einer energiesparenden Landwirtschaft, mit Verzicht auf hohen Energieverbrauch, das heißt Substitution durch Zugtiere, aber auch mit geringerer Produktivität.«[58]

Tietz erinnert bei gleicher Gelegenheit daran, »daß Herbizide zu langfristigen Bodenschäden und Trinkwasserverunreinigung führen«. Eine Erkenntnis, derzufolge die GGZ vorschlägt, überall im Land ökologische Inseln autarker bäuerlicher Dorfgemeinschaften einzurichten, sogenannte GGZ-Agrar-Areale, aus denen sich das Umland eines Tages regenerieren kann.[59]

Allerdings würden sich durch eine ökologische Landwirtschaft – wie wir ebenfalls in der überaus gründlichen Studie von Tietz nachlesen können – »die heutigen Hektarerträge ... nach Schätzungen zunächst um etwa zwanzig Prozent verringern. Dies würde bei gleichen Preisen die Einkommensbedingungen der Landwirte spürbar beeinträchtigen.«[60]

In den GGZ-Mitteilungen vom November 1986 heißt es dazu: »Das Netto-Einkommen der deutschen Bauern hat im vergangenen Jahr einen Kaufkraft-Rückgang um 22,9 Prozent erlitten.« Mit anderen Worten: Ausgerechnet jene, die morgen unser Leben erhalten sollen, meinen wir heute am ausgestreckten Arm zappeln lassen zu können. Während die Gewerkschaften jedes Jahr für jeden Industriearbeiter Lohnerhö-

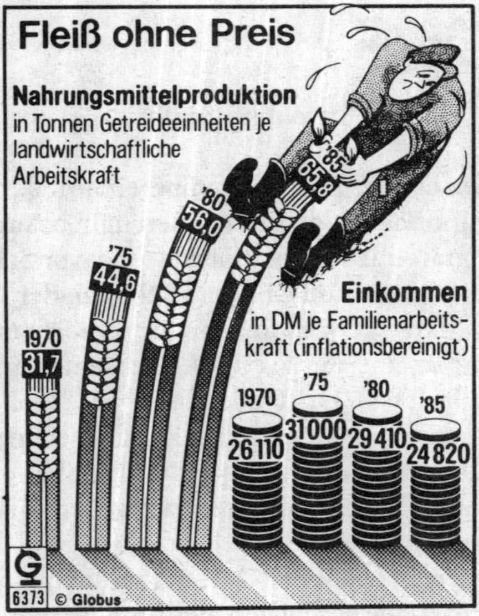


hungen und Freizeitgewinne im Funktionärs-Poker herausspielen, müssen Landwirte, deren Tag in den Sommermonaten oft um vier Uhr früh beginnt und um Mitternacht noch nicht zu Ende ist, die sich oft keine Woche Urlaub leisten können, die manchmal schon keine Ehefrau mehr finden, weil junge Frauen keine Lust haben, die Plackerei auf sich zu nehmen, müssen diese Landwirte schon seit Jahren auf jeden Zugewinn verzichten.[61]

Und morgen stehen wir vor ihren Türen und betteln für unsere Kinder um ein Stück Brot!

Wer den augenblicklichen europäischen Kuhhandel um die Agrarpreise miterlebt und die Argumente kennt, mit denen man in einer im Wahnsinn erblindeten Welt glaubt, unseren Bauern – »denen es ja noch gar nicht so schlecht geht«[62] – die Rolle des rechtlosen Leibeigenen der industriellen Wachs-

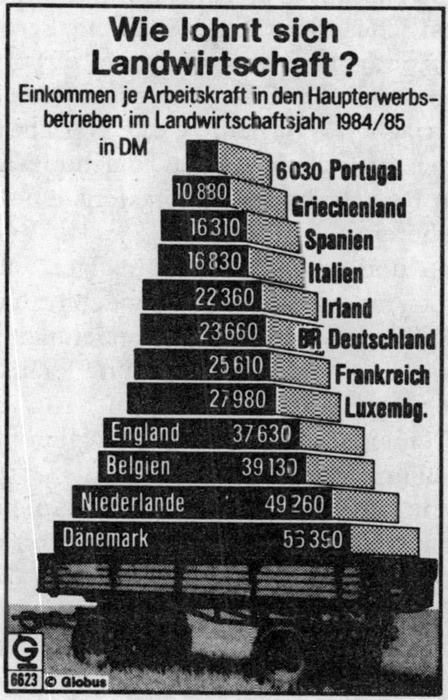


tumsgesellschaft zuweisen zu dürfen, der weiß, daß die Tage der Apokalypse angebrochen sind: »Und die da wohnen auf Erden sind trunken geworden ...« (17, 2)

Nach den Berechnungen der GGZ sind für jede der vorgeschlagenen »Inseln der Regeneration«, die gleichzeitig wissenschaftlichen Untersuchungen dienen, jährlich zweihundertachtzigtausend Mark erforderlich. Mit diesem Betrag sollen die Landwirte gegen die Verluste abgesichert werden, die bei der Umstellung ihrer Betriebe zu erwarten sind. Brüssel, bundesdeutsche Behörden und Firmen sollten dieses Geld wohl aufbringen. Ein geradezu lächerlicher Betrag, wenn man ihn mit den Millionensubventionen vergleicht, mit denen seit den fünfziger Jahren eine tragische landwirtschaftliche Fehlsteuerung finanziert wird.

Mehr als tausendfünfhundert bundesdeutsche »Öko-Bauern« haben bereits aus Überzeugung und ohne finanzielle Hilfe von staatlicher oder anderer Seite ihre Betriebe auf eine »alternative Landwirtschaft« umgestellt. Bei den GGZ-Agrar-Arealen wird den Dorfgemeinschaften, deren Landwirte sich vertraglich verpflichten, ihre Betriebe in allen Nutzungsbereichen giftfrei und einigen Forschungsaufgaben entsprechend zu bewirtschaften, wenigstens eine Art Ausfallbürgschaft geboten.

Pflanzenbau und eine naturgemäße Tierzucht und -haltung sind jedoch je nach Landschaft, Bodenformation und Bodenart so verschieden, daß man zur Erzielung übertragbarer Ergebnisse und vor allem zur Realisierung der Insel-Funktion dieser Areale im gesamten Bundesgebiet so viele landwirtschaftliche Gemeinschaften wie nur möglich für diese Aufgabe gewinnen und finanzieren sollte.

Es wird damit gerechnet, daß nach einer Anlauf-Phase von etwa drei Jahren erste Untersuchungsergebnisse vorliegen, die der EG Subventionen sparen helfen und der Landwirtschaft die für die kommenden Jahrzehnte notwendigen neuen Erkenntnisse und Hilfestellungen geben. Seit Jahrzehnten wurden (und werden teilweise noch) – den Blick starr auf den Moloch »Ertragssteigerung« gerichtet[63] – die Bauern nämlich in bezug auf Bodenkultur, Pflanzenbau und Tierzucht zu Maßnahmen verleitet, deren Folgen weder alle wissenschaftlich geprüft noch richtig abgeschätzt wurden.

Es ist nahezu unglaublich, welche – immerhin für die Zukunft der Menschheit lebenswichtigen – Fragen erst von der gegenwärtigen Generation der Agrarwissenschaftler gestellt und untersucht werden.

Das GGZ-Agrar-Areal basiert auf dem im Frühjahr 1986 entwickelten Vorschlag der Gemeinnützigen Gesellschaft zur Zukunftssicherung e. V., der dann in zahlreichen Gesprächen und in der Zusammenarbeit mit Bundesminister a. D. Josef Ertl, Staatssekretär Alois Glück vom Bayerischen Staatsministerium für Landesentwicklung und Umweltfragen, mit der Bayerischen Landesanstalt für Bodenkultur und Pflanzenbau, insbesondere mit deren Präsidenten Dr. Leo Melian, sowie Lehrstuhlinhabern der Technischen Universität München in Freising/Weihenstephan zur Projektreife gebracht wurde.

Diese Areale sollen außer der erwähnten Insel-Funktion mit den Möglichkeiten zur ökologischen und wirtschaftlichen Regeneration des Umlandes und seiner bäuerlichen Betriebe auch – so insbesondere die Auffassung der Wissenschaftler – entscheidende Forschungsansätze für die Agrarwirtschaft und -politik der nächsten dreißig Jahre bieten. Deshalb sollen außer den nachstehend aufgeführten auch weitere wissenschaftliche Institute und Forschungsrichtungen beteiligt werden, um – man höre und staune – auch neue Möglichkeiten des Pflanzenbaus, der Tierhaltung, der Landtechnik und insbesondere auch Fragen der zeitgemäßen bäuerlichen Betriebswirtschaft zu untersuchen.

Die landwirtschaftlichen Betriebe eines GGZ-Agrar-Areals sollen in gewohnter Vielseitigkeit zusammenarbeiten, um so neue ökologisch-ökonomische Strukturen einer nachbarschaftlich eingebundenen landwirtschaftlichen Produktion für die Zukunft praxisnah zu erproben. Die Betriebe sollen von Ertrags- und Kostensteigerungen unabhängiger werden, sie sollen also ökonomisch, Äcker und Wälder ökologisch stabilisiert werden.

Unter den dabei vorgesehenen Forschungsprojekten finden wir Fragen wie die von Professor Dr. Walter Groth (Lehrstuhl für Tierhygiene und Nutztierkunde der TU München), die sich mit einigen für den Laien so simplen und für selbstverständlich gehaltenen Dingen befassen wie zum Beispiel bei der Haltung von Milchvieh mit dem Übergang von Anbindehaltung zur Laufstallhaltung, einem Ersatz des »Warmstalls« durch den »Kaltstall«, der Frage, ob der Einsatz von wirtschaftseigenem Futter bei Verringerung des Kraftfutterangebots und ob die Umstellung von intensiver Milchvieh-Haltung auf Mutterkuh-Haltung gefördert werden sollen.

Groth möchte wissen, ob durch derartige Umstellungen Baukosten und Energie eingespart werden, ob sich dadurch Probleme mit dem Grundwasser und der überhöhten Milchproduktion lösen lassen und ob sich Stoffwechsel- und Fruchtbarkeitsstörungen, wie sie durch extrem hohe Milchleistung inzwischen verbreitet sind, wieder ebenso verringern lassen wie »Technopathien« durch tiergerechte Haltung. Durch eine Kälberaufzucht in Kaltställen mit Stroheinstreu und reichlichem Platzangebot, eine Kälberhaltung vorübergehend mit Freilandhütten und eine Ferkelaufzucht in »Bungalows« möchte man – jetzt! – erfahren, ob sich dadurch die Kondition der Tiere verbessern und ihre Krankheitsanfälligkeit verringern läßt.

Auch für die Kälber-, Bullen- und Schweinemast, so heißt es, seien weniger intensive Haltungssysteme und Fütterungsmethoden denkbar, wobei insbesondere der Verzicht auf Hormone und Medikamente beachtet werden müßte.

Das alles und noch viel mehr weiß man also noch gar nicht. Aber trotzdem sind unsere Landwirte seit Jahrzehnten in eine Richtung gedrängt worden, von der man – ohne vorherige Prüfung! – angenommen hat, daß sie die zukunftsweisende sei. Und jetzt erst sollen, um Vor- oder Nachteile solcher Umstellungen zu ermitteln, genaue Analysen zum Beispiel über Krankheiten und Verlustraten, über Arbeitsaufwand und betriebswirtschaftliche Daten erstellt werden.

Man kann Wissenschaftlern wie Professor Dr. Groth und seinen Kollegen nur danken, daß sie den Finger endlich auf die Wunde legen. Auf die eigentliche Wunde nämlich, an der unsere Landwirtschaft leidet, weil sie traditionelles Wissen und jahrhundertealte Erfahrungen zugunsten einer kurzlebigen, modischen Ertragsideologie aufgegeben hat.

Professor Dr. Haber (Lehrstuhl für Landschaftsökologie) stellt als Vorgabe für seine Fragen erst einmal fest, daß unsere »Natur« in Wirklichkeit längst eine durch bäuerliche Arbeit geschaffene, gestaltete und entwickelte Kulturlandschaft ist. Bei dieser Entwicklung handelt es sich jedoch nicht um einen bewußten Vorgang, sondern um ein Nebenergebnis jahrhundertelanger produktionsorientierter Tätigkeit.

»Die moderne Landbewirtschaftung« sagt er, »muß diesen Vorgang als eine bewußte Tätigkeit betrachten und in die tägliche Arbeit einbeziehen, weil sie zukünftig auch über eine angemessene Honorierung zum Einkommen beitragen soll.«

Zu diesem Zweck möchte er untersuchen, welchen Mindestanteil und welche zweckmäßige räumliche Verteilung Flächen haben sollen, die für den Arten- oder Biotop-Schutz zu verwenden sind. Bei den GGZ-Agrar-Arealen sollen nun auch Art und Beschaffenheit solcher Flächen untersucht werden, um danach präzise Vorstellungen über Unterhalt und Pflege dieser Flächen entwickeln zu können. Daraus ergeben sich dann wieder Feststellungen über den Intensitätsgrad der Bewirtschaftung auch der nicht für den Arten- oder Biotop-Schutz vorgesehenen Flächen.

Professor Dr. Schwertmann (Lehrstuhl für Bodenkunde) sieht bei dem Großversuch zur extensiveren und bodenschützenden Nutzung einer geschlossenen Landschaft Forschungsziele zum Schutz der Böden vor Erosion. Außerdem ist die Nutzung des natürlichen Nährstoff-Transformationsvermögens der Böden zu untersuchen und vor allem auch Möglichkeiten zur Vermeidung von Bodenbearbeitungsverfahren und Bearbeitungsterminen, die das Bodengefüge stark beanspruchen.

Professor Dr. v. Urff (Lehrstuhl für Agrarpolitik) stellt die Frage nach einer sich bei dem GGZ-Projekt eventuell als Möglichkeit abzeichnenden Entlastung der EG-Agrarmärkte. Wenn sich nach einer Anpassungsphase die neue Produktionsform stabilisiert hat, ergeben sich Aussagen über die Wirkungen auf Höhe und Zusammensetzung der Produktion. Diese Ergebnisse sind unter bestimmten Annahmen auf größere Gesamtheiten in der EG hochzurechnen. Daraus ist zu ermitteln, welche Einsparungen bei den Marktordnungskosten möglich wären, wenn vergleichbare Produktionsformen in größerem Maßstab verwirklicht würden:

»Ob die freiwerdenden Beträge im Rahmen des bestehenden agrarpolitischen Instrumentariums in derartige Extensivierungskonzepte umgelenkt werden könnten, beziehungsweise wie dieses Instrumentarium gegebenenfalls zu erweitern wäre, ist ebenfalls eine interessante Frage.«

Und wenn zusätzlich, wie geplant, diese Agrar-Inseln zu einer neuen Vertiefung der Stadt-Land-Beziehung führen, wäre das ein wichtiger Schritt in eine Richtung, die unserer Zukunft ein Licht realer Hoffnung gibt. »Die bäuerliche Landwirtschaft mit ihren kleinen und mittleren Betrieben«, sagt Otto von Habsburg, »ist trotz vieler Krisen nicht die Nachhut einer hingesunkenen Zeit, sondern die Vorhut der Zukunft.«[64)]

Es gibt viele Möglichkeiten, unsere apokalyptische Gegenwart zu überwinden: Was spricht dagegen, daß wir uns wieder als einen Teil der Natur, als einen Teil der Schöpfung begreifen? Das könnte die Menschheit in der Spannung zwischen Leben und Tod, Sattheit und Hunger die Mitte natürlicher Gelassenheit und Fröhlichkeit finden lassen.

Was spricht dagegen, daß wir einer Zukunft entgegengehen, die uns nicht reich macht, aber heiter? Reichtum macht nicht schön, aber heitere Gesichter können niemals häßlich sein.

Was spricht dagegen – außer den falschen Propheten irdischen Heils –, daß man sein Brot im Schweiße seines Angesichts essen und gleichzeitig unendlich fröhlich sein kann?

# Steigende Fluten

## *Weil wir die Erdoberfläche verändern*

Meteorologen erklären meistens, alle uns extrem erscheinenden Wetterlagen wären in Wahrheit noch in der Bandbreite des Normalen, weil sie so oder ähnlich auch in der Vergangenheit schon vorgekommen seien. Der Münchener Klimatologe Professor Albert Baumgartner, sieht aber doch Unterschiede zur Vergangenheit:

»Einmal die ganze Erdoberfläche selbst, weil wir sie verändern. Wir ändern die Vegetationsdecken und dadurch die Reflexionsfähigkeit der Erdoberfläche. Das heißt: Die Einnahme der Energie von der Sonne auf der Erde wird verändert. Wenn die Erde immer urbaner und versiegelter wird, dann wird auf den Landflächen zweifellos die Reflexion größer werden, das heißt, die Energie-Einnahme kleiner. Und dann bringen wir ständig Stoffe in die Atmosphäre hinein, Aerosole, Staube, Rußpartikel und Gase. Wir machen da ein Experiment, das ist so furchtbar in gewissem Sinne, das kann nicht ohne Folgen abgehen!«

Zu diesem »Experiment« gehören zum Beispiel das Roden tropischer Regenwälder, der Industrie-Smog, die Meeresverschmutzung, kurz: alle anthropogenen – vom Menschen gemachten – Einflüsse auf Wetter und Klima. Daneben gibt es die natürlichen Einwirkungen durch Vulkanausbrüche, durch den Mond (er kann in der Atmospäre einen kilometerhohen Luftberg hinter sich herziehen) und insbesondere durch den unregelmäßig zur Erde strahlenden Energiestrom der Sonne.

»Die Sonneneinstrahlung treibt alles«, erklärt Professor Joseph Egger vom Meteorologischen Institut der Universität München. »Das ist quasi der Motor unseres Wetters und damit unseres Klimas.«

Sonneneruptionen können die Atmosphäre kurzfristig aufheizen und damit auch unerwartetes Wettergeschehen auslösen. Und sogar mit ihrem Sonnenfleckenzyklus wirkt unsere Lebensspenderin auf das irdische Klima ein. Der deutsche Apotheker und Amateurastronom Heinrich Schwabe entdeckte den Zyklus durch seine konsequente Sonnenbeobachtung von 1825 bis 1843, wobei er durch spätere Forscher nur in einem Punkt berichtigt werden mußte: Der Zyklus dauert nicht – wie er meinte – zehn, sondern etwa elf Jahre.

Und dann fand 1893 der britische Astronom Edward Maunder in alten Aufzeichnungen heraus, daß zwischen 1645 und 1715 kaum Sonnenflecken verzeichnet worden waren. Als der amerikanische Biologe Andrew E. Douglass um 1919 die Jahresringe von Arizona-Pinien und kalifornischen Mammutbäumen vermaß und dabei feststellte, daß die Bäume zwischen 1660 und 1720 extrem wenig gewachsen waren, entstand die Theorie, daß die »kleine Eiszeit« des 17. und 19. Jahrhunderts eine Folge der ausgebliebenen Sonnenflecken war.

Die auf der Erde ankommende Strahlungsenergie der Sonne erzeugt Wärme. Die erwärmte Luft steigt auf, kühlt sich dabei ab und fällt wieder. Die Folge ist eine ständige Bewegung in der Atmosphäre mit Austausch von Wärme, Gasen und Feststoffen. Vereinfacht ausgedrückt: Unser Wetter ist nichts anderes als das Ab- und Zufließen unterschiedlich temperierter Luftmassen.

Da mit der Intensität der Sonneneinstrahlung natürlich auch die Wärme vom Äquator zu den Polen hin stark abnimmt, kommt hier ein weiterer Wetterfaktor ins Bild: die mit Eis bedeckten Flächen im Norden und Süden der Erde. Professor Heinz Kaminski vom Institut für Umwelt- und Zukunftsforschung in Bochum erinnert uns bei der Frage nach der Klimaküche, in der sich speziell für Europa das Wetter zusammenbraut, an eine altbekannte Tatsache:

»Man kann in alten Lehrbüchern vor der Jahrhundertwende lesen, daß damals die großen Väter unserer heutigen Meteorologie schon eine Ahnung davon hatten, daß das, was in Europa so als Wetter abläuft, irgendwo da draußen auf dem Atlantik oder am Eis bei Labrador oder Grönland oder Spitzbergen den Aufhänger hat.«

Der Franzose Gaspard Coriolis erkannte dann, daß durch die Erdrotation alle Luftbewegungen in den höheren Schichten über der Nordhalbkugel nach rechts und über der Südhalbkugel nach links umgelenkt werden. Dazu gibt es nahe der Erdoberfläche in Wellenbewegungen verlaufende Luftströmungen, die von örtlichen Störfeldern beeinflußt werden. Alles zusammen ist ein, wie es Professor Egger nennt, »System von fast unglaublicher Komplexität«. Nicht umsonst müssen beim deutschen Wetterdienst in Offenbach täglich sechsundsiebzig Millionen Daten vom Computer verarbeitet werden, bevor sich eine einigermaßen zutreffende Wettervorhersage erstellen läßt.

Mit einiger Sicherheit kann man nur sagen, daß überall dort, wo Kalt- und Warmluft aufeinanderstoßen, das Wetter eine stets neue Dynamik bekommt. Und Kalt- und Warmluft begegnen sich überall, wo Land und Meer zusammentreffen, aber auch dort, wo Meeresteile verschieden temperiert sind. Zum Beispiel spalten sich oft vom Golfstrom riesige Warmwasserzellen ab, die sich völlig unberechenbar und selbständig bewegen. Sie bleiben manchmal wochenlang als warme Inseln im kalten Ozean, erwärmen Luftmassen und zwingen sie zum Aufsteigen, wodurch neue Tiefdruckgebiete entstehen.

Das eigentliche Wettergeschehen findet in der Troposphäre, der erdnahen Schicht bis zu zwölftausend Meter Höhe, statt. Darüber gibt es keine senkrechten Luftbewegungen mehr, also auch keine höhersteigenden Wolken. In der Stratosphäre – bis zu fünfzigtausend Meter Höhe – gibt es nur noch mehr oder weniger horizontale Wellenbewegungen.

Die »mechanischen« Vorgänge (Wetter und Wind) laufen also in den unteren Schichten der Atmosphäre ab, in den mittleren Schichten chemische Vorgänge (wie der Auf- und Abbau von Ozon- und anderen Molekülen), und in den obersten Schichten, der Ionosphäre, werden die Gasmoleküle aufgrund der hohen Energieeinstrahlung zu Ionen und Elektronen (sogenannten Atomrümpfen) aufgespalten.

Aber welche Schichten auch immer – Leben und Atmosphäre hängen voneinander ab und beeinflussen sich gegenseitig. Die Veränderung beim einen bewirkt auch eine Veränderung beim anderen, wobei Veränderungen jeder Art zu Gefahren für das Leben auf der Erde werden können.

Zum Beispiel hält der in Jahrmilliarden eingespielte Regelkreis zwischen Sauerstofflieferanten und Sauerstoffverbrauchern gegenwärtig in der Erdatmosphäre einen konstanten Sauerstoffanteil von einundzwanzig Prozent. Ein etwas höherer Prozentsatz würde kleine Feuer zu riesigen Feuerstürmen werden und die Vegetation auf der Erdoberfläche verbrennen lassen. Ein geringerer Sauerstoffanteil in der Atemluft würde nicht ausreichen, unser Gehirn genügend mit Sauerstoff zu versorgen.

### *Riesenhafte Anomalie-Gebiete*

Sind nun Veränderungen des gegenwärtigen Wettergeschehens nur unser subjektiver Eindruck oder auch objektiv feststellbar? Zu dieser Frage erklärt der Nestor der deutschen Klimatologie, der Bonner Professor Hermann Flohn:

»Zwischen 1560 und 1860 war das Klima – mindestens in weiten Teilen der Nordhalbkugel, in Europa, Nordamerika – deutlich etwas kälter als heute. Diese sogenannte kleine Eiszeit ging nach 1850 zu Ende, und es setzte dann eine langsame Erwärmung ein, die gegen 1940 ihren Höhepunkt erreichte. In dieser Zeit ist auch das Treibeis auf der Nordhalbkugel zurückgegangen.

In den letzten Jahren sind nun mehrfach extreme Klimaereignisse kurzfristiger Art aufgetreten, die wir in dieser Form früher nie haben beobachten können. Da finden wir riesenhafte Anomalie-Gebiete in den Tropen, meistens über den Ozeanen, Gebiete von der Größe ganzer Kontinente, in denen – wie 1982/83 – über Monate hinweg die Niederschläge enorm stark sind und auch die Bewölkung viel stärker als normal.«

Professor Klaus Hasselmann vom Max-Planck-Institut für Meteorologie in Hamburg erklärt aufgrund jüngster Computersimulationen: »Die Berechnungen sagen, daß man Änderungen im Klima erwarten sollte. In erster Linie aufgrund der Zunahme des Kohlendioxyds, aber auch durch andere Spurengase, die zugenommen haben und die in der Summe etwa den gleichen Beitrag ergeben wie das $CO_2$.«

Im Oktober 1985 hieß es in Villach in der Schlußerklärung der einhundertfünfzig Wissenschaftler beim Forum der Meteorologischen Weltorganisation, der Weltgesundheitsbehörde und des internationalen Forschungsrates: »Der Ausstoß von Kohlendioxyden und Gasen mit Treibhauswirkung kann bis zur Mitte des nächsten Jahrhunderts zu einer Steigerung der Temperaturen um eineinhalb bis viereinhalb Grad führen. Dies könnte ein gleichzeitiges Ansteigen der Meeresspiegel zur Folge haben. In den vergangenen Jahren stieg die Erddurchschnittstemperatur um 0,4 bis 0,7 Grad Celsius.«

Für die Weltklimakonferenz 1979 in Genf war, wie Professor Baumgartner berichtet, der Anlaß bereits eine gewisse Furcht, daß die gegenwärtigen menschlich-technischen Verhaltensweisen eine nicht absehbare Wirkung auf das Klima haben könnten: »Wir kennen ja die Entwicklung des $CO_2$-Gehalts in der Atmosphäre, und das Kohlendioxyd hat auf den Strahlungshaushalt wesentliche Wirkungen: Das Kohlendioxyd ist ein Absorber für die langwellige Strahlung, für die Wärmestrahlung. Wenn also die Erdoberfläche diese Strahlen in die Atmosphäre schickt, dann werden sie absorbiert. Das bedeutet: Bei einer Verdopplung des Kohlendioxydgehalts bis zum Jahr 2000 bekommen wir eine Temperatur-Zunahme von ein bis vier Grad.«

Dazu Professor Hasselmann: »Zwei Grad Erwärmung, also Schwankungen zwischen ein Grad und vier Grad, scheint wenig, ist aber – global gemittelt – in der Größenordnung wie der Unterschied zwischen heute und der letzten Eiszeit.«

Außerdem bedeutet der Anstieg der weltweiten Jahresmitteltemperatur für die Tropen etwas anderes als für die gemäßigten Zonen, erklärt Hasselmann: »Weil in den Tropen die Temperaturveränderung nicht so stark sein wird wie in den höheren Breiten. Bei uns rechnet man mit einer Verdopplung gegenüber dem mittleren Temperaturunterschied, also statt zwei bis vier Grad vielleicht vier bis acht Grad.«

In den Tropen hat bereits, laut Professor Flohn, »seit Ende des vorigen Jahrhunderts eine kontinuierliche, sehr langsame, aber eindeutige Erwärmung stattgefunden. Wahrscheinlich weil die Zusammensetzung der Erdatmosphäre sich langsam ändert. Und zwar jetzt unter dem Einfluß des Menschen. Das ist – da sind wir sicher – im Augenblick das wichtigste Klimaereignis.«

Ein Klimaereignis, bei dem sich die Temperaturen also erhöhen. Das heißt: eine Veränderung aus unserer Zwischen-Eiszeit in Richtung Warmzeit. In einer Warmzeit werden trokkene Gebiete trockener und feuchte (gemäßigte) Zonen feuchter. Die Meere geben mehr Wasserdampf ab, es regnet mehr. Die polaren Eiskappen schmelzen, die Meeresspiegel steigen, aber – um auch das Positive zu erwähnen – das Klima wird ausgeglichener.

Die ersten erkennbaren Folgen einer beginnenden Warmzeit: Öfter als bisher verursachen sintflutartige Regenfälle Überschwemmungen, während wasserarme Landstriche versteppen und verkarsten. Sehen wir uns daraufhin die erste Hälfte der achtziger Jahre an, dann ergibt sich allein im Jahr 1982 folgendes Bild:

Januar 1982 – Hochwasser in Rheinland-Pfalz, im Saargebiet, in Bayern und Niedersachsen. Etwa 150 Ortschaften waren überflutet, Straßen nur mit Booten zu befahren. In Polen standen 17000 Hektar Land unter Wasser. Dämme waren gebrochen, Straßen und Bahnlinien unterspült. Allein nördlich von Warschau mußten Tausende von Menschen evakuiert werden. Die Flußgebiete an Weichsel, Oder, Warthe,

Bug und Narew waren überflutet. Insgesamt waren mehr als 16000 Menschen von dieser Flutkatastrophe betroffen, die als beispiellos bezeichnet wurde.

Mai 1982 – Anhaltende Überschwemmungen in Nicaragua und Honduras. Mehr als 60000 Menschen wurden evakuiert, mindestens 140 ertranken. 900 Quadratkilometer Land standen unter Wasser, Städte waren von der Umwelt abgeschnitten.

Juli 1982 – Hochwasser am Oberrhein.

September 1982 – Bilder totaler Verwüstung im nördlichen Oberbayern: Wolkenbruchartige Regenfälle hatten Bäche zu tosenden, reißenden Flüssen werden lassen, hatten Dörfer und Felder überflutet. In San Salvador forderte eine schwere Unwetterkatastrophe mehr als 500 Todesopfer, 25000 Menschen wurden durch Überschwemmungen obdachlos.

Oktober 1982 – Nach starken Niederschlägen Hochwasser an Neckar und Mosel. In Spanien mußten nach sintflutartigen Regenfällen rund 30000 Menschen vor den Fluten fliehen, mehr als fünfzig Menschen kamen ums Leben. Die Provinzen Valencia, Alicante, Murcia und Albacete wurden zu Katastrophengebieten erklärt.

Dezember 1982 – Mehr als ein Drittel Frankreichs litt unter den Überschwemmungen der Städte und Dörfer, von denen einige bis zu einem halben Meter unter Wasser standen. In den USA ging den Bewohnern von Louisiana das Wasser buchstäblich bis zum Hals. Tagelang anhaltende Regengüsse verwandelten die Straßen in Flüsse.

Das alles allein 1982. Und mehr oder weniger ging es so weiter – bis heute.

Dürren und Hitzewellen waren ebenfalls mehr als sonst zu registrieren: In Griechenland und Italien starben 1981 mehr als hundert Menschen den Hitzetod. Im Januar 1983 ließ eine Hitzewelle in Peru Menschen, vor allem Kinder, verdursten, mehr als 2700 wurden in Krankenhäuser eingeliefert, viele starben. Im März herrschten Hitze und Dürre in Südindien, am arabischen Golf wurden im Juli bis zu fünfzig Grad Celsius gemessen. Augusthitze brachte in den USA mehr als zweihundert Menschen den Tod.

Ägypten erlebte 1985 die geringste Nilflut seit 1913. Und in weiten Teilen Nordafrikas wird jedes Jahr die riesige Fläche von sechs Millionen Hektar Land – ein Gebiet von der doppelten Größe Belgiens – zur Wüste. Dabei liegen zum Beispiel unter der algerischen Sahara und unter einem Teil der tunesischen Wüste Wasserreservoire mit sechzig Billionen Tonnen. Aber kaum wird, wie in Libyen, dieses größtenteils fossile Grundwasser – mitunter aus dreihundert Meter Tiefe – an die Oberfläche gepumpt, sinkt bei noch bestehenden Oasen der Grundwasserspiegel. Neu erkannte Faustregel: Für jeden Quadratmeter Boden, der durch technische Bewässerung gewonnen wird, geht ein Quadratmeter bisher fruchtbares Land verloren.

## *Da hatte man kristallklaren Himmel*

Es heizte sich jedoch nicht nur die Erdatmosphäre auf, sondern – was sich noch gravierender auswirkt – es stieg auch die Wassertemperatur der Weltmeere: »Die Wassertemperatur hat seit Beginn dieses Jahrhunderts um 0,6 bis 0,8 Grad zugenommen«, berichtet Professor Flohn, »vor allem in der Äquatorialzone. Das brachte bereits eine höhere Verdunstung um fünf bis sechs Prozent. Wir gingen bisher davon aus, daß der Wasserdampfgehalt in der Luft konstant ist. Jetzt mußten wir erkennen, daß es relativ kurzfristige, aber merkbare Änderungen des Wasserdampfgehalts gibt und daß diese in der Tropenzone einen Einfluß haben können, den wir bisher nicht in allen Einzelheiten überschauen.«

Auch andere Tatsachen wurden von der Wissenschaft erst in jüngster Zeit erkannt: So zum Beispiel, daß sich klimatische Umbrüche mit all ihren katastrophalen Folgen in wenigen Jahren vollziehen können[65] und daß chemische Veränderungen in der Atmosphäre – wie gegenwärtig als Folgen der Zivilisation – auch das Klima verändern. Eine Erkenntnis,

die erst möglich wurde durch die Erforschung der Luftchemie, einer »Wissenschaft im Pionierstadium« wie sie Professor Paul Crutzen vom Max-Planck-Institut für Luftchemie in Mainz nennt. »Die Studien über die Chemie der Atmosphäre, der Photochemie der Atmosphäre, und das heißt insbesondere der Stratosphäre, haben erst vor zehn bis fünfzehn Jahren richtig angefangen.«
Außer Gasen verändern aber seit Jahrzehnten zunehmend auch Wolken von Staubpartikeln die Atmosphäre. Das hat man unter anderem beim Sonnenobservatorium auf dem Wendelstein festgestellt, wo die äußere Schicht der Sonnenatmosphäre, die nur schwach strahlende Sonnenkorona, beobachtet wird.

Wie der Leiter der Universitäts-Sternwarte München, Professor Rolf-Peter Kudritzki, schildert, herrschten in den vierziger Jahren, als das Sonnenobservatorium auf dem Wendelstein gegründet wurde, und auch noch in den fünfziger Jahren auf den Bergeshöhen ganz exzellente Beobachtungsbedingungen: »Ein kristallklarer Himmel an vielen Tagen des Jahres.« Aber das änderte sich: »Die Verunreinigung der Luft begann systematisch zuzunehmen, was wir als Astronomen daran bemerkt haben, daß man nun seltener die Sonnenkorona beobachten konnte. Bis in die siebziger Jahre waren exakte Beobachtungen noch an durchschnittlich einhundertfünfzig Tagen möglich. Von da an ging es schnell abwärts. Anfang der achtziger Jahre waren es noch dreißig bis vierzig, und jetzt – 1986 – haben wir nur noch zehn bis zwanzig Koronatage im Jahr und müssen das Sonnenobservatorium auf dem Wendelstein praktisch aufgeben.«

Und dann das »Ozonloch«: Die Ozonschicht oberhalb von zehn bis fünfzehn Kilometern Höhe absorbiert die ultravioletten Strahlen der Sonne.[66] Schirmt die Ozonschicht demnächst die UV-Strahlen nicht mehr ausreichend ab, sind die Folgen: katastrophale Hautkrebsepidemien um die Jahrhundertwende, Klimaveränderung und gefährliche Pflanzenschäden, Schädigung des Planktons in den Meeren und damit der gesamten Nahrungskette.

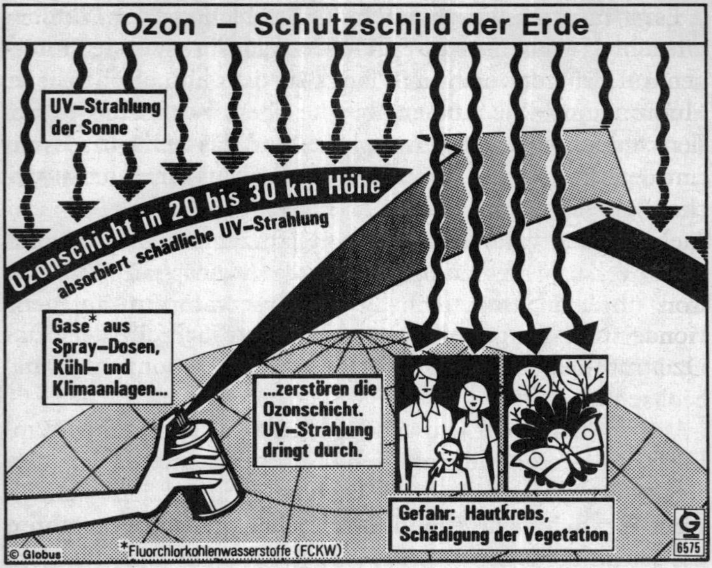


Fluor-Chlor-Kohlenwasserstoffe – unter anderem in Spraydosen als Treibstoff verwendet – sind ein Katalysator für den Abbau von Ozon. Und jährlich werden etwa sechshunderttausend Tonnen von diesem Gas in die Luft geblasen.

Seit sieben Jahren reißt nun mehr und mehr immer im September und im November über dem Südpol die Ozonschicht auf. Sind daran – wie einige Wissenschaftler meinen – nur Vulkanausbrüche oder doch vor allem die Fluor-Chlor-Kohlenwasserstoffe schuld, die wir auch in Kühlschränken und Klimaanlagen benutzen? Professor Crutzen hat mit Kollegen und Mitarbeitern die Entwicklung des Ozonlochs studiert und sich eine fundierte Meinung darüber gebildet:

»Jedes Jahr – jedenfalls bis 1985 – wurde es von Jahr zu Jahr schlimmer. Der Abbau des Ozons hat uns alle überrascht, auch die Effizienz, mit der der Abbau stattfindet. Wir sprechen von einer Ozonabnahme in den Höhen zwischen zwölf und zwanzig Kilometern von etwa fünf Prozent pro Jahr. Das ist eine Riesenzahl. Und das wurde nie vorher beobachtet.

Es gibt nun bereits zahlreiche Theorien über die möglichen Ursachen dieses überraschenden Vorgangs, aber einige Kollegen und ich halten folgende These für die wahrscheinlichste: Fluor-Chlor-Kohlenwasserstoffe werden in tieferen Regionen durch das Spurengas Methan blockiert. Bei siebzig Grad unter Null – also in den Polarregionen – versagt diese ›Methan-Bremse‹. Aus Stickoxyden entsteht in der Luft dann vermehrt Salpetersäure. Dies wiederum läßt das äußerst reaktionsfreudige Hydroxyl auf das Hundertfache seiner üblichen Konzentration ansteigen. Eine äußerst komplizierte Reaktionskette setzt daraufhin Chlorverbindungen frei, die das Ozon buchstäblich aufzehren.«

### *Das geht auf jeden Fall so weiter*

Nach vorsichtiger Schätzung der US-Umweltbehörde wird die Emission von Fluor-Chlor-Kohlenwasserstoffen weiterhin etwa jährlich um vier Prozent zunehmen. Dann beginnt – so Crutzen – etwa im Jahr 2010 ein kräftiger Ozonabbau auch in der unteren Stratosphäre. Und weil dadurch noch mehr ultraviolette Strahlung in die untere Atmosphäre gelangt, beschleunigt sich dieser Vorgang danach immer mehr.

Crutzen stellt fest: »Wir wissen jetzt, daß das Klima der Erde durch chemische Veränderungen genauso gestört werden kann wie durch die Zunahme des Kohlendioxyds in der Atmosphäre – und alle Rückkopplungen kennen wir gar nicht.«

Auf die Frage, ob und wie man diese gefährliche, ja sogar tödliche Entwicklung aufhalten könnte, antwortet Crutzens Mitarbeiter Dr. Brühl: »Das geht auf jeden Fall weiter, weil die chemischen Systeme noch sehr weit vom Gleichgewicht entfernt sind – schon wegen der langen Lebensdauer der vom Menschen in die Atmosphäre entlassenen Gase, insbesondere eben der Fluor-Chlor-Kohlenwasserstoffe.«

Geht aber die zivilisationsbedingte Anreicherung der Atmosphäre mit Stauben und Gasen weiter, dann geht auch der

Temperaturanstieg weiter und als Folge das Abschmelzen von Polareis, also letztlich auch das Steigen der Meeresspiegel.

Stjepan Keckes, führender Meeresforscher und Leiter des Zentrums für Ozeane und Küstengebiete des UN-Umweltprogramms, erklärte zu dieser Frage bei einer 1987 von der UNESCO veranstalteten Konferenz in Paris: »Innerhalb von dreißig Jahren werden ganze Landstriche von steigenden Meeresfluten weggeschwemmt und Küstenstädte wie Boston bis Bombay bedroht. Allein in Bangladesch stehen fünfzehn Millionen Menschen vor der Wahl, ihre Wohnorte in Küstennähe zu verlassen oder zu ertrinken. Venedig ist bereits bedroht, und der Pazifik-Inselstaat Kiribati könnte bald ebenso vom Wasser verschlungen werden wie Sidney in Australien. Der Wasserstand der Meere kann sich in den nächsten dreißig Jahren um eineinhalb bis dreieinhalb Meter erhöhen. Wenn es dabei zu einem Bruch der antarktischen Eisschicht kommt, wird sich der Prozeß der Überflutung von Küstenländern dramatisch beschleunigen.«

Einer unserer führenden Küstenschutz-Ingenieure, Professor Hans-Wilhelm Partenscky, der Direktor des Franzius-Instituts der Universität Hannover, sagt zu dieser Entwicklung: »Festgestellt ist an unserem deutschen Nordseepegel, daß in den letzten zweihundert Jahren – so weit reichen die Messungen zum großen Teil zurück – die mittlere Anstiegsrate pro Jahrhundert etwa fünfundzwanzig bis dreißig Zentimeter betrug. Dieses Maß ist in die Planung beim Neubau unserer Deiche mit einbezogen worden.«

Trotzdem wird das neue fünfhundertzwanzig Meter breite Sperrwerk in der Themse – nur zehn Kilometer entfernt vom Stadtzentrum von London – mit seinen einundsechzig Meter breiten Toren nach jüngsten Feststellungen schon in etwa vierzig Jahren seinen Zweck nicht mehr erfüllen. Holland, dessen Deiche bei der Flut von 1953 an fast sechshundert Stellen brachen, hat jetzt sein gigantisches Delta-Projekt fertiggestellt.[67)] Aber wie lange werden diese gewaltigen Dämme von fünfundzwanzig Kilometern Länge die Niederlande schützen, wenn die Fluten steigen?

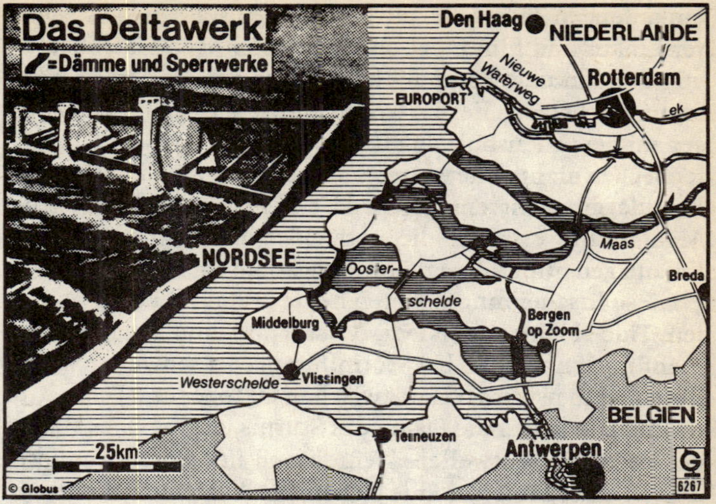


»Was in den letzten fünfundzwanzig bis dreißig Jahren beobachtet wurde«, berichtet Partenscky, »ist etwas beunruhigend. Wir haben festgestellt, daß nach 1950 ein rascherer Anstieg des Meeresspiegels erfolgte: Etwa sechzehn Zentimeter in einem Vierteljahrhundert. Wenn man das extrapolieren würde – das darf man natürlich nicht ohne weiteres –, dann würden das fast siebzig Zentimeter in hundert Jahren sein. Wenn aber der Wasserspiegelanstieg der Weltmeere ein Maß von – sagen wir – einem Meter in hundert Jahren erreichte, dann würde es wirklich kritisch werden. Dann müßten wir enorme Mittel und Maßnahmen in Bewegung setzen, um unsere Küsten zu schützen, weil wir sonst einfach überflutet würden.«

Und natürlich würde es auch dramatische Auswirkungen auf die Häfen haben. Schon das Ansteigen der mittleren Tide-Hochwasser bedeutet: die Kaimauern müssen erhöht, die Umschlagseinrichtungen umgeplant werden. Nicht weniger Konsequenzen hat das Absinken des Niedrigwassers, das in den letzten Jahren parallel zur Erhöhung des Tide-Hochwassers beobachtet wurde – eine Folge des Schwingvorgangs der einlaufenden Tidewelle, die bei höheren Wasserständen weiter hinauf und hinunter schwingt: In einigen Hafenbecken von Bremen und Hamburg können die Schiffe bereits nicht mehr voll beladen liegen, weil sie sonst bei Tide-Niedrigwasser auf die Hafensohle aufsitzen würden. Und man kann Hafenbecken nicht ohne weiteres ausbaggern, weil die Ufer- und Kaianlagen nicht entsprechend tief genug gegründet sind. Man müßte erst vor die vorhandenen Ufermauern neue Kaianlagen mit größerer Gründungstiefe bauen.

Diese Erscheinungen treten heute bereits bei dem normalen Tide-Hoch- und Niedrigwasser auf und entsprechend mehr noch natürlich bei Sturmfluten. Mit schweren Sturmfluten ist meist in der Zeit zwischen Oktober und Februar zu rechnen. Je länger die Dauer des Sturms, desto höher sind in der Regel die Flutwellen. Wenn Mond und Sonne zu dieser Zeit in einer Linie zur Erde stehen, die Anziehungskraft also am höchsten ist, dann gibt es die gefürchteten Springfluten. Gefährlich sind auch Wellen, die aus dem Atlantik heranrollen: Solche Fernwellen schaukeln sich bis zur Küste hoch auf. Und prallt dazu noch Hochwasser von Binnenflüssen auf die Flut, dann lassen Gegendruck und Stau die Sturmflut noch höher steigen.

In den vergangenen drei Jahrzehnten hat die Zahl der schweren Sturmfluten zugenommen. Zwischen 1962 und 1987 kamen fünf Sturmfluten über die Sechs-Meter-Marke. Am 3. Januar 1976 fehlten noch 55 Zentimeter bis zur Überspülung der Deiche.

Käme es also nicht erst in hundert, sondern – wie von Stjepan Keckes angekündigt – schon in den nächsten dreißig Jahren zu der Erhöhung der Meeresspiegel um mehr als einen Meter, hätte das verheerende Folgen: weil es dann nicht mehr um die technischen und finanziellen Schwierigkeiten eventueller Küstenbaumaßnahmen geht, sondern weil für diese gar keine Zeit mehr ist.

Partenscky erinnert sich noch sehr genau, wie lange es nach der Sturmflut von 1962 dauerte, bis die Deiche verstärkt und erhöht worden waren: »Man hat sich zunächst mit einer theoretischen Studie und auch mit Modellversuchen hier im Franzius-Institut in Hannover damit befaßt. Und nachdem das Bestick der Deiche, also die Höhe der Deichkronen, festlag, hat man dann mit den Verstärkungs- und Erneuerungsarbeiten begonnen, und das allein hat immerhin etwa zehn Jahre gedauert.«

### *Wegen der Trägheit der Systeme*

Das größte Problem – für den Menschen – vor und während einer Klimawende sind also die rechtzeitigen und richtigen Entscheidungen: Wann soll zum Beispiel an den Küsten entschieden werden, ob die Deiche erhöht und neue Hafenanlagen gebaut werden müssen?

»Dieser Zeitpunkt«, meint Partenscky, »ist aus meiner Sicht im Augenblick noch nicht gekommen. Man darf die zufällig in den letzten fünfundzwanzig Jahren aufgetretenen schnelleren Anstiege des Meeresspiegels nicht als Prognosegrundlage benutzen, sondern höchstens als eine Warnung betrachten. Das heißt, man muß in den kommenden Jahrzehnten die Wasserspiegelbewegung sehr sorgfältig weiter beobachten, um dann unter Umständen Entscheidungen zu treffen.«

Auch Professor Hasselmann meint: »Man soll sich noch fünf, maximal zehn Jahre Zeit lassen, um die für die Entscheidung wichtigen Werte noch genauer zu ermitteln.«

Die Crux ist nur: Niemand weiß, ob und wie das von Menschen in Gang gesetzte »Klima-Experiment« dann abgebrochen werden könnte. Seine Folgen kommen, auch wenn ab morgen kein einziges Feuer mehr brennen, kein Motor mehr laufen, keine Spraydose mehr benutzt würde, unaufhaltsam auf uns zu. Die Entwicklung ist unwiderruflich, sagen die Experten der jungen Wissenschaft der Luftchemie, denn »mit der Aufheizung der Erdoberfläche sinkt die Fähigkeit der Ozeane, einen großen Teil des Kohlendioxyds zu absorbieren, und wenn durch den Treibhauseffekt eine Schwellentemperatur überschritten ist, geben die Weltmeere weiteres Kohlendioxyd an die Atmosphäre ab, so daß sich der Treibhauseffekt noch verstärkt«.

Und dazu kommt noch das zusätzliche Aufschaukeln durch den Tod der Regenwälder: Mit jedem Quadratkilometer, der Brandrodung und Abholzung zum Opfer fiel, mindert sich die Fähigkeit unseres Planeten, durch seine Vegetation das Kohlendioxyd in pflanzlicher Biomasse zu speichern.

Hasselmann: »Das ist das Problem, vor dem wir stehen: Wenn wir so lange warten wollen, bis der menschliche Einfluß ganz eindeutig über dem natürlichen Klimaschwankungspegel steht, dann ist die Änderung so gravierend, daß es vielleicht zu spät ist, noch korrigierend einzuwirken.«

Partenscky ergänzt diese Prognose für seinen Bereich: »Eine Erhöhung der Meeresspiegel in weniger als fünfzig Jahren um mehr als einen Meter wäre katastrophal.«

Und Professor Flohn erklärte im November 1986 auf der Tagung der Evangelischen Akademie Loccum unmißverständlich: »Die Menschheit wird durch den Wärmezuwachs mit dem größten Umweltproblem konfrontiert, das wir kennen. Die Folgen sind für Milliarden Menschen lebensbedrohend.«

Aber wer will, wer soll das ändern? Alle wissenschaftlichen Erkenntnisse und aller gute Wille nützen nichts, weil unsere wirtschaftlichen und gesellschaftlichen Systeme im Osten und Westen, im Süden und Norden keinen Handlungsspielraum für entscheidende Ausweichmanöver lassen – »wegen der Trägheit des Klimasystems«, sagt Hasselmann, »und der Trägheit der wirtschaftlichen Form«.

Und er fügt hinzu: »Wenn man jetzt noch zwanzig bis dreißig Jahre wartet, bis man eindeutig den Nachweis einer Klimaänderung erbracht hat, dann muß man noch mal dreißig bis vierzig Jahre warten, bis man das ganze Energie-, Industrie- und Verkehrssystem umgestellt hat. Aber dann hat sich der Trend, den man jetzt nachweisen kann, wahrscheinlich schon so verheerend ausgewirkt, daß die schlimmsten klimatischen Veränderungen, die im Bereich von fünf bis sechs Grad liegen können, tatsächlich eintreten.«

Auch Professor Flohn sieht heute keine Chance mehr, das Rad der Klimaentwicklung noch aufhalten oder gar zurückdrehen zu können: »Nein! Das ist gar nicht umzudrehen, weil wir die fossilen Brennstoffe nicht abschalten können. Und auf der anderen Seite können wir auch nicht die stickstoffhaltigen Düngemitel abschalten. Der Hintergrund der ganzen Sache, darüber dürfen wir uns keinen Illusionen hingeben, der Hintergrund ist die Bevölkerungsvermehrung, die ja zur Zeit noch gar nicht zu stoppen ist.«

In der Offenbarung (16, 8) heißt es lakonisch: »Und der vierte Engel goß aus seine Schale in die Sonne, und ihm ward gegeben, den Menschen heiß zu machen ...«

# Wankende Berge

## *Mit behutsamen Zuckungen*

Wer auch immer die Aussagen der alten Propheten oder der jüngeren Sensitiven liest, stößt auf einen merkwürdigen Umstand. Bei allem Kriegsgreuel und allen sonstigen teils schreckerregenden, teils auch nur interessanten Weissagungen – »Sommer und Winter wird man gar nicht mehr recht auseinanderkennen, weil die Sommer so kalt und die Winter so warm sein werden«[68] – kehrt eine Aussage für jene apokalyptischen Jahre, in denen die Menschheit in eine neue Lebensform übergehen soll, immer wieder. In der Offenbarung des Johannes gleich siebenmal:

Und siehe, da ward ein großes Erdbeben ... (6, 12) Und da geschahen Stimmen und Donner und Blitze und Erdbeben ... (8, 5) Und es ging auf ein Rauch aus dem Brunnen wie ein Rauch eines großen Ofens, und es ward verfinstert die Sonne und die Luft von dem Rauch des Brunnens. (9, 2) Und zu derselben Stunde ward ein großes Erdbeben ... (11, 13) Und es geschahen Blitze und Stimmen und Donner und Erdbeben ... (11, 19) Und es ward ein großes Erdbeben, wie solches nicht gewesen ist, seit Menschen auf Erden gewesen sind, solch Erdbeben also groß. (16, 18) Und alle Inseln entflohen und keine Berge wurden gefunden. (16, 20)

Erdbewegungen und Vulkanismus (»Rauch aus dem Brunnen«) weissagen vor Johannes auch die Propheten Habakuk, Jesaia[69] und Hesekiel (»Und sollen die Berge umgekehrt werden und die Felswände und alle Mauern zu Boden fallen« 38,

20). Hat da nun einer vom anderen abgeschrieben oder handelt es sich hier um echte Präkognition? Natürlich sind ganz allgemein Erdbeben immer vorherzusagen, weil es mit Sicherheit kein Jahrhundert geben wird, in dem sich die Erdkruste nicht da oder dort in gewaltigen Stößen aufgestauter Spannungen entledigt.

Ganz so einfach können wir es uns aber in diesem Fall nicht machen, weil auch Seher der letzten hundert Jahre ungewöhnliche Erdbewegungen im Zusammenhang mit anderem Geschehen vorhersagten. Zuletzt die amerikanische Sensitive Jeane Dixon, nach dem Zweiten Weltkrieg der bayerische Brunnenbauer Alois Irlmeier aus Freilassing und vor allem 1907 der schwedisch-norwegische Fischer Anton Johansson.[70]

In ihren modernen Formulierungen wird deutlich, daß sie nicht nur übliche Erdbeben und Vulkanausbrüche in ihren Visionen gesehen haben, sondern große, Kontinente verändernde Erdkatastrophen. Am deutlichsten drückte es der Amerikaner Edgar Cayce, der »Schlafende Prophet«, aus, so genannt, weil er seine Voraussagen nur in Trance empfangen und diktieren konnte. Von ihm hörten wir, daß die Erde im letzten Abschnitt dieses Jahrhunderts tiefgreifende geologische Umwälzungen zu erwarten habe:

»Die Veränderungen werden anfangen sich bemerkbar zu machen, wenn dort – zuerst in der Südsee – eine neue Lage entsteht durch Senkungen oder Hebungen ... Auch im Mittelmeergebiet und im Gebiet des Ätna ... Der größere Teil Japans wird im Meer versinken ... Im Atlantik wird Land erscheinen ... Der obere Teil Europas wird verändert werden ... Fast ganz Südamerika wird erschüttert werden ...«[71]

Das ist so nun sicher nicht bei den alten oder neueren Propheten abzuschreiben gewesen. Und entweder sind nun alle dementsprechenden Weissagungen seit mehr als zweitausend Jahren nichts weiter als wirre Traumbilder, die nie zur Wirklichkeit werden, oder wir sind bereits dabei, dieses Geschehen genauso zu erleben, wie es Cayce mehrfach schilderte: fast unmerkbar! Mal ein unerwarteter Vulkanausbruch, mal ein erwartetes Erdbeben – und nur ganz langsam, man möchte fast sagen wie mit behutsamen Zuckungen, treten die umwälzenden Erderschütterungen und -veränderungen an unser Bewußtsein heran

Wollen wir die Wahrheit wissen? Dann stellen wir doch ganz einfach diesen »unwissenschaftlichen Fabuliererereien« jetzt mal die Wirklichkeit der vergangenen Jahre und jüngster geologischer Aussagen gegenüber ...

## *Täglich eine Vielzahl von Beben*

In den ersten sechzig Jahren dieses Jahrhunderts wurden in dem Raum zwischen Gibraltar und Persien, zwischen Alpen und Nordafrika sechs schwere Erdbeben registriert (im Durchschnitt also eines pro Jahrzehnt), in den fünfundzwanzig Jahren zwischen 1960 und 1985 aber waren in diesem Gebiet fünfundzwanzig schwere Beben mit Tausenden von Toten zu verzeichnen (im Durchschnitt also eines pro Jahr).

Dazu kommen natürlich mittlere und schwache Erdbeben, und wenn man deren Zahl weltweit zusammenrechnet, wird »rein statistisch« die Zahl aller Erdbeben insgesamt relativ gleich bleiben. Der Leiter des Seismologischen Zentralobservatoriums in Erlangen, das speziell für die Beobachtung von Fernbeben eingerichtet wurde, der Seismologe Dr. Helmut Aichele, kann nur feststellen: »Die Beobachtung zeigt über Jahre hinweg eine Vielzahl von ständig stattfindenden Beben auf der ganzen Erde, aber ob sich nun weltweit das Seismizitätsverhalten signifikant ändert, läßt sich dabei nicht ablesen.«

Mit anderen Worten, ob und eventuell wie die Zahl der schweren Beben – vor allem in dichtbesiedelten Gebieten – in den letzten Jahrzehnten zugenommen hat, das wird durch diese Beobachtungen nicht erkundet. Und vielleicht ist auch nie ganz zu erkunden, in welchen Abständen es in bestimmten Regionen zu Beben kommt. Dr. Eberhard Schmedes, Leiter des Seismologischen Observatoriums der Universität

München, erklärt: »Wenn sich Spannungen aufbauen, die dann irgendwann zur Deformation der Gesteine führen, so kann sich das über Jahre oder auch Jahrzehnte erstrecken. Irgendwann ist dann die Bruchfestigkeit der Gesteine überschritten, und es kommt zu Beben oder zu Bebenschwärmen. Aber wir können nicht vorhersagen, welche Zeitspannen zwischen diesen Bebenschwärmen liegen werden.«

Bebenschwärme nennt man eine größere Zahl in einem begrenzten Gebiet kurz nacheinander – also in Zusammenhang – auftretender Beben. Oft gehen zum Beispiel zahlreiche leichtere Beben einem schweren Beben oder einem Vulkanausbruch voraus. So geschehen 1980 im Mittelmeerraum: Nachdem zahlreiche schwächere Beben wenig Beachtung gefunden hatten, erschütterte ein heftiger Erdstoß in der Nacht zum 1. Oktober die mittelitalienische Region Lazio (Gegend um Rom), eine Woche später Jugoslawien und zwei Tage danach bebte die Erde im Norden Algeriens. Betroffen waren die Region und die Stadt El-Asnam, die zu achtzig Prozent zerstört wurde.

### *Wo sich Afrika und Europa begegnen*

Ein Jahr zuvor, im April 1979, hatte der Frankfurter Geophysiker Hans Berckhemer in Übereinstimmung mit einigen Kollegen auf einer UNESCO-Tagung gewarnt, daß im Mittelmeerraum mit schweren Erdbeben zu rechnen sei. Und sechs Wochen nach El-Asnam, am 23. November 1980, starben dann in Süditalien fast viertausend Menschen unter den Trümmern ihrer Städte und Dörfer.

Dort, wo heute die Schollen von Eurasien und Afrika aufeinander stoßen, war vor Jahrmillionen – so erklärt Professor Berckhemer seine Voraussagen – das sogenannte Thetismeer: »Eine Meeresbucht, viel größer als das heutige Mittelmeer. Diese ›Bucht‹ hat sich im Verlauf der Kontinentbewegungen immer mehr geschlossen – wie eine Schere. Die Folge war und ist eine Art ständige Kollision des afrikanischen mit dem europäischen Kontinent, sind Druckspannungen, Verschiebungen, Reibungen; Prozesse, die man in der Knautschzone zwischen diesen beiden Kontinenten erwarten muß.«

Das bedeutet für die nächste Zukunft, daß der Mittelmeerraum – wie vorausgesagt – gefährdet ist. »Neben Süditalien ist eine andere, auch stark beanspruchte, gespannte Zone im Bereich von Korinth«, sagt Berckhemer. »Also zwischen Peloponnes und dem griechischen Festland. Man könnte noch vier, fünf andere Stellen angeben, aber die wissenschaftlichen Grundlagen dafür sind noch umstritten. In der sehr komplexen Kollisionszone Mittelmeerraum haben wir noch mit größeren Unsicherheiten bei unseren Aussagen zu rechnen.«

Wer will vorhersagen, wo genau in einem Gebiet von solcher Ausdehnung sich die nächste Katastrophe ereignen wird? Niemand weiß es. Theoretisch kann, wie Professor Götz Schneider vom Institut für Geophysik in Stuttgart erklärt, ein einziges Erdbeben seine explosive Kraftentfaltung über ein Gebiet von tausend Kilometern in Länge und Breite ausdehnen. So könnte also ganz Deutschland von Norden nach Süden und Osten nach Westen durch ein solches Ereignis erschüttert werden.

Nun gilt Deutschland – mit Ausnahme von Baden-Württemberg und dem Rheingraben – nicht als besonders erdbebengefährdet. Aber – »erdbebensichere« Gebiete gibt es nicht.

Zu der Frage, inwieweit seismische Ereignisse miteinander in Verbindung stehen oder gar einander auslösen können und was die mögliche räumliche Ausdehnung solcher Katastrophen für die gegenwärtige Zivilisation bedeutet, erklärt Professor Schneider anhand eines konkreten Beispiels: »1911 hatte sich der Schwerpunkt der Erdbebentätigkeit in Mitteleuropa auf die westliche Schwäbische Alb verlagert. Von diesen größeren Ereignissen gingen dann eine Art Wellen aus, die in den benachbarten Bereichen neue Ereignisse auslösten. Es kommt also in solchen Gebieten in Jahrzehnten oder Jahrhunderten zu wiederholten Erdbeben, vergleichbar der aufgeladenen Situation einer Gewitterwolke. Das heißt

- eine starke Verkopplung solcher Geschehnisse ist häufig zu beobachten, und
- je breiter sich eine Katastrophe über zusammenhängende Gebiete ausdehnt, desto mehr sind die Hilfsmöglichkeiten auf nationaler Ebene reduziert.«

Aber selbst dort, wo bei geringer räumlicher Ausdehnung eines solchen Ereignisses schnelle Hilfe möglich wäre, wird sie oft durch die mangelhafte Vorbereitung auf den Katastrophenfall und die dadurch bedingte allgemeine Desorganisation verhindert. So 1980 bei dem Erdbeben in Süditalien. Und nicht weniger bei dem berühmten Erdbeben in San Francisco 1906: »Die Katastrophe war schlimm – das Chaos danach war schlimmer.«[72)]

## *Der Rauch aus dem Brunnen*

Erdbeben und Vulkanausbrüche – zwei Verursacher großer Naturkatastrophen – sind vor allem die Folge von Bewegungen der kontinentalen und ozeanischen Schollen. Diese sogenannte Plattentektonik, basierend auf einer Theorie des deutschen Geophysikers Alfred Wegener, ist inzwischen allgemein akzeptiert.[73)] Nur – was diese Schollen bewegt, wird noch diskutiert, und ebenso, wie sich die Verschiebungen der Schollen im Laufe der Jahrmillionen bemerkbar gemacht haben: Revolutionär und dramatisch oder evolutionär und für die Lebewesen der Erde kaum merkbar.

Die letztere Theorie scheint im Augenblick wieder die beliebtere zu sein, davor war etwa dreißig Jahre lang die revolutionäre Erdvergangenheit unter den Geologen populärer. Aber wie Professor Georg Kleinschmidt vom Geologisch-Paläontologischen Institut der Frankfurter Universität jetzt feststellte, gibt es »Anzeichen dafür, daß auch in sehr alten Zeiten, auch vor einer Milliarde oder mehr Jahren, der Mechanismus ähnlich gewesen ist, wie er auch heute abläuft«.

Relativ neu ist die Theorie, daß sich Erdkern, Erdmantel und Erdkruste nicht in genau gleicher Geschwindigkeit um die Erdachse drehen.[74] Da die Kruste – wie jüngste Messungen ergaben – unmittelbar einwirkenden Kräften der Sonne unterworfen ist, könnte es zwischen den verschiedenen Drehimpulsen (Kruste – Sonneneinfluß, Mantel – Kerneinfluß) zu Differenzen kommen. Die so erzeugten Spannungen schlagen dann praktisch als Turbulenzen zur Erdoberfläche durch: Dann bebt die Erde, und aus der Tiefe bricht glutflüssiges Magma hervor – oder wie bei Johannes – »Rauch aus den Brunnen der Tiefe«.

Alle Vulkane, die einmal tätig waren, können – so erklärt der Stuttgarter Vulkanologe Rolf Schick – wieder ausbrechen: »Vulkane werden von Aufschmelzungen in Magmakammern gespeist, die oft in hundertzwanzig bis hundertfünfzig Kilometern Tiefe unter der Erdoberfläche liegen. Diese Aufschmelzungen können jederzeit neu erfolgen, so daß also theoretisch jedes Gebiet der Erde einen Vulkanausbruch erleben könnte. Die Wahrscheinlichkeit eines neuen Ausbruchs ist allerdings um so größer, je weniger Jahre oder Jahrhunderte ein vorhergehender Ausbruch des gleichen Vulkans zurückliegt. Ein Ausbruch in der Eifel oder in der Auvergne oder in Böhmen (zuletzt aktiv vor etwa neuntausend Jahren) ist also wahrscheinlicher als ein Ausbruch in der Schwäbischen Alb, deren Vulkane zuletzt vor neun Millionen Jahren aktiv waren.«

Eines der interessantesten Vulkangebiete der Welt ist für Professor Schick Süditalien »mit dem Vesuv bei Neapel, mit Stromboli im Tyrrhenischen Meer, mit Vulcano (der vor etwa hundert Jahren eine sehr starke explosive Eruption hatte) und dann dem Ätna, dem größten Vulkan Europas«.

In diesem Gebiet sieht Schick auch die größte Gefahrenquelle in Europa durch neu ausbrechenden Vulkanismus, weil nahe beim Vesuv die Phlegräischen Felder liegen, deren Caldera heute ein dichtbesiedeltes Gebiet etwa zehn Kilometer vor der Großstadt Neapel ist. Und in dieser Caldera, einem alten vulkanischen Explosionskessel, hat man in den letzten Jahren deutliche Vorläufererscheinungen neuer eruptiver Tätigkeit beobachtet: leichte Erdbeben, Temperaturerhöhungen in Bohrlöchern, großräumige Bodenhebungen (bis zu eineinhalb Metern) und ähnliches. Aber bei einer von den Wissenschaftlern genannten Wahrscheinlichkeit von zehn bis fünfzehn Prozent, daß irgendwann in den nächsten zehn Jahren dort ein großer Ausbruch erfolgen kann, will heute niemand auf unbegrenzte Zeit einhundertfünfzigtausend Menschen aus der Caldera, aus ihren Wohnungen, ihrem gewohnten Alltag evakuieren.

Am 7. September 1986 erklärte Schick in einer Sendung des Bayerischen Rundfunks: »Man kann nicht sagen, wann es passiert, man kann auch nicht sagen, ob es passiert, aber es gibt einiges, was dafür spricht, zumindest für die Wahrscheinlichkeit einer starken Eruption, die dann – wie man aus der Geschichte der Phlegräischen Felder weiß – sehr schnell kommen kann. Es sind dann vielleicht nur Stunden, wenige Stunden, in denen sich ein Vulkankegel einige hundert Meter aufbaut. Das bedeutet: Sehr starke explosive Vorgänge.«

Und Neapel ist nur zehn Kilometer entfernt. Es könnte bei dieser Gelegenheit also ein Schicksal erleiden wie Pompeji.

Schick: »Im Prinzip ja!«

### *»Es fängt gerade an zu beben«*

»Die Katastrophengefahr ist heute größer als in vergangenen Zeiten«, erklärt Professor Schneider, »weil die horizontale Ausbreitung der Besiedlung immer mehr zugenommen hat. Das heißt, der Mensch siedelt heute in vielen Gegenden, die er früher gemieden hat.« Und außerdem: »Auf so seltene Ereignisse wie Erdbeben oder Vulkanausbrüche verwenden weder die Verantwortlichen noch die eventuell Betroffenen selbst allzuviel Aufmerksamkeit oder Energie oder Geld.«

Also wird geschehen, was geschehen soll.

Denn das, was man von Geologen, Seismologen oder Vulkanologen haben möchte – präzise Vorwarnungen etwa vierundzwanzig Stunden vor dem Ereignis –, das können sie nicht bieten. Obwohl sie sehr darum bemüht sind. In einem

Gemeinschaftsprojekt deutscher und türkischer Universitäten werden zur Zeit an der nordanatolischen Verwerfungszone seismologische Untersuchungen mit dem Ziel der Erdbeben-Früherkennung durchgeführt.

»Die Untersuchungen laufen jetzt seit gut zwei Jahren«, sagt Professor Berckhemer, »und wir hoffen, daß wir vielleicht bis in fünf Jahren (!) etwas mehr über diese Vorläufer-Erscheinungen sagen und vielleicht zu einer gezielten Vorhersage kommen können.«

In China machte man sich im Februar 1975 die Tatsache zunutze, daß vielen Erdbeben ein ungewöhnliches Verhalten der Tiere vorausgeht. Als sich dann im erdbebengefährdeten Gebiet von Haicheng Meldungen über verrückt spielende Tiere häuften, wurden innerhalb von wenigen Stunden Hunderttausende von Menschen evakuiert. Kurz danach zerstörte ein schweres Erdbeben Städte und Dörfer. Aber es gab keine Toten.

Im darauffolgenden Jahr wurde ein Erdbeben in Tangshan erwartet, und wieder wurden die Tiere beobachtet. Aber sie zeigten kein ungewöhnliches Verhalten. Auch noch nicht Minuten vor dem Beben, dem dann am 27. Juli 1976 fast 655 000 Menschen zum Opfer fielen.

Heute weiß man: Tiere spielen verrückt, wenn aufgrund der meist einem Beben vorausgehenden Bodenpressungen gasförmige Schwebeteilchen – Aerosole – aufsteigen. Regen aber schlägt die Aerosole nieder. Und im Juli 1976 regnete es in Tangshan.

Also weiß man auch: Es gibt keine zuverlässige Vorwarnung vor Erdbeben und Vulkanausbrüchen. Und es gab auch keine bei dem schweren Erdbeben, das am 19. September 1985 Mexiko heimsuchte. Der Erdbebenherd befand sich nahe der Pazifikküste, zweihundertfünfzig Kilometer nordwestlich von Acapulco und dreihundertvierzig Kilometer südwestlich der mexikanischen Hauptstadt. Das Beben dauerte »nur« fünfzig Sekunden, aber es erreichte die Stärke von 7,8 auf der nach oben offenen Richterskala.

Neunzehn Minuten nach sieben Uhr am Donnerstag morgen sagte die beliebte mexikanische Fernsehsprecherin Lourdes Guerero mitten in ihrer Ansage auf Kanal 2: »Es fängt gerade an zu beben, aber beunruhigen Sie sich nicht, das geht vorbei.«

Es ging vorbei. Aber als alles vorbei war, lagen in den Trümmern von Mexico-City etwa achttausend Tote.

Wer auch immer sagt, was wir gegenwärtig rings um uns her an apokalyptischen Erscheinungen erleben, das wären nur vorübergehende Ereignisse, die gingen alle auch wieder vorbei – der hat recht. Er hat genauso recht wie die Fernsehsprecherin Lourdes Guerero um 7,19 Uhr am 19. September 1985 in Mexiko.

# DER ROTE REITER

## *Niemand ist auf einem Kreuzzug*

In einer Rede zum Auftakt seines Staatsbesuches in der Sowjetunion im Juli 1987 sagte der deutsche Bundespräsident Richard von Weizsäcker: »Auf der Tagesordnung unserer Welt stehen heute keine Kreuzzüge, kein apokalyptischer Endkampf zwischen dem Guten und dem Bösen.«

Seltsam, wie die Gedanken der Großen dieser Welt, beim einen zustimmend – Präsident Reagan 1983 –, beim anderen jetzt ablehnend, unabwendbar um diesen apokalyptischen Endkampf kreisen. Und dabei darf man ihnen doch gewiß nicht wie Tyll Necker, der Präsident des Bundesverbandes der deutschen Industrie, Frustrationen und Selbstzweifel unterstellen: »Wer auf der Suche nach seiner eigenen Identität seine Selbstzweifel und Frustrationen zu Markte trägt, findet zwar auch heute noch breiten Widerhall und Zustimmung bei vielen Medien und im Lager der Labilen. Aber die ewigen Künder kommender Katastrophen sind in der Defensive. Es geht um die zielstrebige Gestaltung einer menschengerechten Zukunft und nicht um das Lamentieren über eine angebliche Endzeit.«

Abgesehen davon, daß man über die »menschengerechte Zukunft« differierende Auffassungen vertreten kann – dem einen erscheint dies menschengerechter, dem anderen jenes –, spricht mir Tyll Necker aus dem Herzen: Auch ich brauche keine zukünftigen Katastrophen – mir reichen die gegenwärtigen nach Zahl und Art vollkommen. Und sie sollten wahrhaftig jedermann genügen, um alles Denken und Streben auf eine bessere Zukunft zu richten und in ihm den Wunsch zu wecken, die negativen Erscheinungen der Jetztzeit zu überwinden.

Das heißt allerdings, daß einiges – wie zum Beispiel die in zehntausendjähriger Geschichte aufgebaute Aggressivität – zu einem Ende kommen müßte. Aber über eine »Endzeit« so mancher inzwischen fehlgeleiteter menschlicher Entwicklungen dürfte eigentlich niemand lamentieren. Ganz im Gegenteil. Ich jedenfalls würde sie begrüßen und wüßte mich dabei sogar in guter Gesellschaft, weil auch unser Bundespräsident bei der oben erwähnten Gelegenheit sagte: »Unsere Pflicht ist es, alles zu tun, was in unseren Kräften steht und was die Vernunft gebietet, um Gewalt und Krieg für die Zukunft auszuschließen und einen dauerhaften Frieden in Europa zu schaffen.« Und sicher nicht nur in Europa.

Der Haken ist nur, daß unsere diesbezügliche Pflichterfüllung von anderen nicht nachvollzogen wird. Ich bin sicher, daß Richard von Weizsäcker, wie wohl die meisten Menschen, keinen Kreuzzug auf der Tagesordnung hat. Und der »apokalyptische Endkampf zwischen dem Guten und dem Bösen« hat auch nicht im Sinne eines Kreuzzuges begonnen. Es ist nur so, daß es dieses Böse gibt und daß wir täglich von all dem überrascht werden, was auf dessen Tagesordnung, der Tagesordnung des Bösen, steht.

Nicht wir sind es, die uns auf ein Pferd schwingen und in einer »angeblichen Endzeit« zu Felde ziehen, um einen »apokalyptischen Endkampf« zu schlagen. Und das hat jener, dem wir die heutige Vorstellung von Apokalypse verdanken, auch nie behauptet. Johannes ahnte sicher, daß wir den inneren und äußeren Frieden festhalten wollten mit ganzer Kraft, aber da sah er ... »ein anderes Pferd, und das war rot. Und dem, der darauf saß, ward gegeben, den Frieden zu nehmen von der Erde, und daß sie sich untereinander erwürgten«. (6, 4)

Zu erkennen, ob der Friede von der Erde genommen ist, ist letztlich eine Frage des Blickwinkels: Wer seinen Blick unbewegt immer nur auf das für ihn Nächstliegende gerichtet hält – der Kaufmann auf seine Vorjahres- und Vorvorjahresbilanzen, der Forscher auf das Kreisen der Atome –, neben dem kann eine Bombe einschlagen, und er wird es als eine Art moderner Diogenes nur mit einem unwilligen Kopfschütteln zur Kenntnis nehmen, daß da irgendwer oder irgendwas einen Augenblick »seine Kreise« störte. Jedenfalls solange es nicht sein eigenes Blut ist, das fließt, sein eigener Körper, der sich in Qualen windet, sein eigener Schädel, der zerschmettert am Boden liegt.

Findet die Apokalypse wirklich nur dann statt, wenn unser eigenes Haus in Flammen steht? Sind Fluten und Beben erst dann apokalyptische Realität, wenn wir selbst vor den Trümmern stehen? Das ist, als wären umgekehrt alle menschlichen Dramen des Zweiten Weltkriegs nicht geschehen, weil sie für eine indianische Sippe irgendwo in den Tiefen des brasilianischen Urwalds, weil sie für die Mönche eines Klosters in einem tibetanischen Hochtal nicht erkennbar wurden.

»Wer Ohren hat, der höre«, heißt es mehr als einmal bei Johannes. Aber unsere Welt scheint taub geworden zu sein. Da müssen mitten im Bundesgebiet kleine Gemeinden an die Einrichtung von Bürgerwehren denken (wie 1983 im Fränkischen), um Rowdies, Krawallmachern und dem sich austobenden Vandalismus Herr zu werden. Da werden wie seit 1981/82 in Liverpool, London, Berlin und anderen Städten Stadtteile, Barrikaden und Autos in Brand gesetzt. Da werden in der Bundesrepublik die Demonstrationen von Jahr zu Jahr gewalttätiger: 139 verletzte Polizeibeamte 1984, 237 im Jahr 1985 und 818 (!) im Jahr 1986. Da sterben Menschen nach Fußballspielen unter Schlägen und Fußtritten sogenannter Fans. Da werden mitten in unseren Städten Bomben und Brandbomben geworfen oder gelegt, da werden Menschen zerfetzt oder niedergeschossen – und niemand hört es. Und eben die

Tatsache, daß Millionen Menschen heute solches Geschehen bereits für normal ansehen, ist ein Bild der Apokalypse.

Der Straftäter genießt Schutz. Seine Resozialisierung ist für uns wichtiger als die Verhinderung neuer Straftaten. Im Bundesland Bayern werden gegenwärtig nur noch etwa vierzehn Prozent der überführten Straftäter zu Freiheitsstrafen verurteilt, sechsundachtzig Prozent der Täter kommen mit einer Geldstrafe, einer Buße oder auch nur einer Verwarnung davon. Mehr als ein Jahr Gefängnis bekommen nur zwei, mehr als zwei Jahre Gefängnis nur ein Prozent der Verurteilten. Zuchthaus und Todesstrafe gibt es in den meisten westlichen Ländern nicht mehr.

Um nicht mißverstanden zu werden: Dies ist kein Plädoyer für den alttestamentarischen Rechtsgrundsatz Auge um Auge, Zahn um Zahn. Es ist ausschließlich eine Zustandsbeschreibung und die Feststellung, daß die Tagesordnung des Bösen vollzogen wird, ungeachtet aller unserer Bemühungen um Gerechtigkeit und Milde.

»Jede Minute ein Notruf, alle zweieinhalb Minuten ein Polizeieinsatz, jeden Tag mehr als ein Dutzend Polizeialarme in Banken und Firmen.« Das ist Alltagsbilanz einer deutschen Großstadt. Und es ist keine der »schlimmen« Städte. Erinnert sich denn niemand mehr daran, was 1981 in England geschah? Daß eine Jahrhundert-Einrichtung, die des freundlichen, waffenlosen »Bobby«, zu Ende ging? Dreihundertfünfzig verletzte Polizeibeamte waren der »Erfolg« skrupelloser Krawallmacher – und die Tatsache, daß im Wettlauf der Gewalt nun auch die britische Polizei mit Wasserwerfern und gepanzerten Mannschaftswagen, feuerfester Kampfkleidung, CS-Reizgas, Hartgummimunition und Schutzhelmen ausgerüstet werden mußte.

Bemerkt wirklich niemand, daß der Krieg bereits mitten in unseren Städten ausgebrochen ist? Ist das etwa der Friede, von dem alle reden, wenn wir Funkhäuser, Verlagsgebäude und Flughäfen nicht mehr betreten können, ohne unsere Ausweise bzw. uns selbst kontrollieren zu lassen?

Ich erinnere mich noch sehr gut an die Zeit – es war die

Zeit des Friedens nach dem Zweiten Weltkrieg –, in der dies nicht notwendig war. In der man es mit dem Begriff Frieden für unvereinbar gehalten hätte, daß eine Großstadt einen Sommer lang Sperrstunden einführen muß. »Sperrstunden«, die gehörten zu unseren Erinnerungen an den Krieg. Aber in der US-Automobilstadt Detroit wurden sie »mitten im Frieden« (1976, 1985) wieder Realität, so wie Molotow-Cocktails, brennende Autos, zerschlagene Kirchenscheiben, geplünderte Läden auch in deutschen Städten.

Da ein Bundespräsident, der zum Frieden mahnt – dort die Eskalation der Gewalt.

## *Im Schußfeld: Kinder*

In der »friedlichen« Bundesrepublik Deutschland werden jährlich zwischen 100000 und 200000 Kinder mißhandelt. Sie leiden, hilf- und wehrlos. Und die Zahl der 300000 Kinder (280000 Mädchen, 20000 Buben) die sexuell mißbraucht werden (meistens von Vätern oder Verwandten) kommt noch dazu. Eine ungeheuerliche Heerschar von fast einer halben Million kleiner Menschen, die der Gewalt und der Brutalität ausgeliefert sind. Und die Kehrseite der Medaille: steigende Jugendkriminalität.

Eine Untersuchung in Schleswig-Holstein ergab, daß sich die Zahl der von Jugendlichen (bis einundzwanzig Jahre) verübten Straftaten in den zehn Jahren bis 1985 um siebzig Prozent (!) erhöht hat. Und die Hemmschwelle zur Gewalt, so die Polizeistatistik, wird auch bei den Jugendlichen immer niedriger.

Fünf Zwanzigjährige haben einen fünfundvierzigjährigen Angestellten mit einer Eisenkette zusammengeschlagen. Ein Betrunkener wurde vor seiner Haustür zu Tode getreten, weil drei junge Leute ihren »Frust abladen« wollten. Ein Siebzehnjähriger versuchte mit einem gestohlenen Auto einen Polizeibeamten zu überfahren. Fünf Jugendliche schlugen einen Jungen, der ihnen zufällig begegnete, krankenhausreif. Ein Dreizehnjähriger zündete ein sechseinhalbjähriges Mädchen an. Dies sind nur einige wahllos herausgegriffene Meldungen aus der Bundesrepublik, die in etwa illustrieren, was wir uns unter der niedriger werdenden »Hemmschwelle zur Gewalt« vorstellen müssen.

Eines der dunkelsten Kapitel aber ist dabei noch nicht angesprochen: die bewußte Kriminalisierung und Brutalisierung von Kindern in aller Welt. Es sind sogenannte Freiheitsorganisationen – teilweise mit Kirchengeldern finanziert –, die im Süden und Südwesten Afrikas halbe Schulklassen entführen und die Kinder dann mit Bomben oder Maschinenpistolen gegen öffentliche Einrichtungen oder Polizeistreifen losschicken. Wenn diese Kinder dann – letztlich zu ihrem eigenen Schutz – in Gewahrsam genommen werden, empört sich die Weltöffentlichkeit. Aber den Entführern und Vergewaltigern – die Kinder werden in der Regel mit Prügeln zu ihren »Aktionen« gezwungen – wird applaudiert!

Fast harmlos muten dagegen jene Kriminellen an, die Kinder entführen, um sie »nur« Einbrüche verüben zu lassen. Ein zur Zeit in Europa üblich werdender Brauch sogenannter Landfahrer-Familien: Sie greifen – meistens in Süd- oder Südosteuropa – Kinder auf, verschleppen sie in die Bundesrepublik Deutschland und zwingen sie dort mit Prügeln, gemeinschaftliche Einbrüche und Diebstähle zu begehen. »Gute Kinder« werden unter diesen »Familien« hoch gehandelt. Im Raum Köln zum Beispiel wurden manche der kleinen Täter in einem Vierteljahr bis zu achtunddreißigmal von der Polizei bei Einbrüchen und Diebstählen erwischt, mußten dann aber jedesmal wieder an die angeblichen Erziehungsberechtigten ausgeliefert werden.

Und ein ähnlich dunkles Kapitel sind die Kinder bei Demonstrationen. Daß Eltern von gewissenlosen »Organisatoren« dazu aufgefordert werden, Kinder mitzubringen, hat ja sogar noch eine gewisse Logik: Kinder wirken unschuldig und liefern als »Opfer«, wenn die Polizei gegen amoklaufende Gewalttäter eingreifen muß, propagandistisch hervorragend auszuschlachtende Bilder. Nicht zu begreifen aber sind jene Eltern, die doch vorgeben, aus bürgerlichem Verantwortungsgefühl für dies oder jenes demonstrieren zu wollen, deren Verantwortungsgefühl aber schon bei der ersten Menschenpflicht versagt, nämlich ihre eigenen Kinder vor Schaden zu bewahren.

Was muß eigentlich noch alles geschehen, damit sich allmählich herumspricht, in welcher Zeit wir leben? Ist alles dies wirklich noch nicht apokalyptisch genug? Wollen Sie es wirklich noch heißer haben?

## *Unterwelt und Kriege*

Das organisierte Verbrechen breitet sich inzwischen überall, auch in Deutschland, aus. Bereits 1984 fügten Mafia-Banden hier der Volkswirtschaft einen Schaden von hundertsechzig Milliarden Mark zu (das sind zehn Prozent des derzeitigen Bruttosozialprodukts). Und wo es um solche »Gewinne« geht, ist man bei der Durchsetzung der »Tagesziele« nicht zimperlich: Die geplante Tat – so erkannte die Polizeiabteilung im Bonner Innenministerium – wird um jeden Preis durchgeführt. Opfer, sowohl außerhalb als auch innerhalb der Organisation, spielen dabei keine Rolle!

Das Beispiel aus Neapel und Umgebung: Dort werden durch die »Camorra« jährlich rund zweihundert Menschen ermordet. In der Bundesrepublik hat die Mafia inzwischen ihre Hand bei Rauschgifthandel und Geldfälscherei, Schutzgelderpressung und Autodiebstahl in großem Maßstab im Spiel.

Aber was sind diese Hunderte von Toten da und dort, die Tausende von Bedrohten, die Millionenschar von Menschen, die weltweit aktiv oder passiv zu Opfern der kriminellen Aggressionen werden, was sind sie alle gegen die Toten der politischen Aggressionen? Wie müssen wir doch die Augen zuhalten, um nichts zu sehen, die Ohren zuhalten, um nichts zu hören, den Mund zuhalten, um nicht mit den Verzweifelten zu schreien. Überall liegen sie zuhauf, da die Opfer der Verbre-

## Der Mittelmeerraum

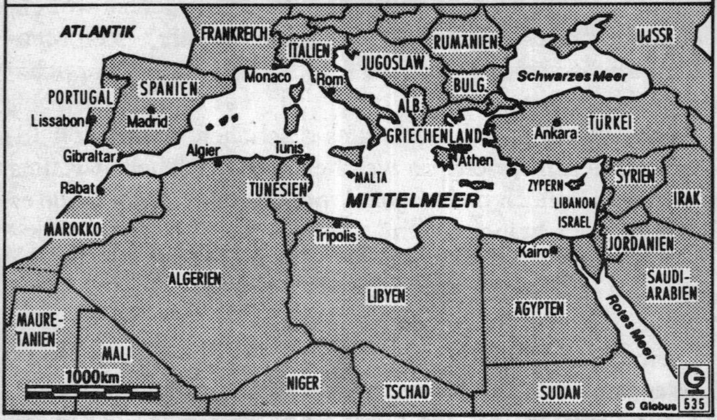


chen, dort die der kommunistischen Friedensliebe in Afghanistan, die eines »gottgefälligen« Angriffs an der iranisch-irakischen Front, die des Terrors im Libanon und an vielen anderen Ecken der Erde.[75]

Bei einer sowjetischen Strafaktion wurden in einer Woche in der Shomali-Region in Afghanistan Hunderte von Zivilisten getötet. Nach westlichen Schätzungen dürften in den ersten fünf Jahren sowjetischer Besetzung in Afghanistan mehr als eine Million Afghanen ums Leben gekommen sein. Allein in dem berüchtigten Puli-I.-Tscharchi-Gefängnis in Kabul sind in dieser Zeit 35000 Menschen hingerichtet worden. Angriffe auf zivile Einrichtungen, Ortschaften und sogar Krankenhäuser, die Vernichtung von Ernten, mit Sprengstoff gefülltes Spielzeug, das Kinder zerfetzt, wenn sie es anfassen, und andere Scheußlichkeiten sind seit dieser Zeit ununterbrochen »an der Tagesordnung«.

»Die Russen geben einen großen Teil ihres Sozialprodukts weg für nichts, das heißt für militärische Stärke, die sie eigentlich nicht brauchen«, sagte neulich Altbundeskanzler Helmut Schmidt. Und er vergaß nur, uns zu erklären, was die ganze Sowjetmacht mit ihrem abgewirtschafteten

Sozialismus wohl ohne ihre militärische Stärke noch wert wäre.

Was wäre zum Beispiel ihre jüngste Drohung wert, sie werde die alleinige Präsenz von US-Kriegsschiffen zum Schutz der internationalen Öltransporte im Persischen Golf nicht auf Dauer hinnehmen, sondern auch ihrerseits Kriegsschiffe in den Golf entsenden? Dem Frieden kommt diese kriegsgebeutelte Region trotzdem und trotz der Bemühungen des UN-Sicherheitsrats nicht näher.[76] Hunderttausende Menschen haben für diesen Krieg des Fanatismus inzwischen mit ihrem Leben, mit Leiden und Schmerzen bezahlt. Was aber geht das uns an?

In einem anderen Krieg, dem des libyschen Führers Gaddafi gegen den Tschad, fielen bei einem einzigen Gegenangriff der Truppen des Tschad gegen den libyschen Stützpunkt Ouadi Oum mehr als sechzehnhundert Libyer. Wir hören da besser nicht hin.

Krieg ohne Ende auch im Glutofen Indochina, wo in Kambodscha die von China unterstützte »Regierung der nationalen Einheit« gegen die von Vietnam abhängige »Regierung

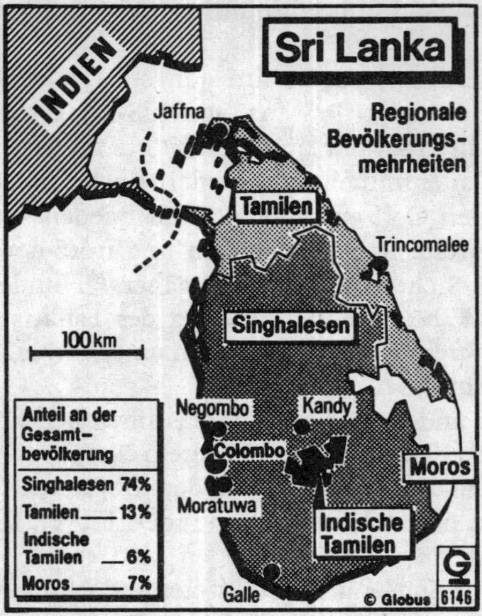

Sri Lanka
INDIEN
Regionale Bevölkerungs- mehrheiten
Jaffna
Tamilen
Trincomalee
Singhalesen
100 km
Negombo
Kandy
Colombo
Moros
Moratuwa
Indische Tamilen
Galle
Anteil an der Gesamt- bevölkerung
Singhalesen 74%
Tamilen 13%
Indische Tamilen 6%
Moros 7%
© Globus 6146


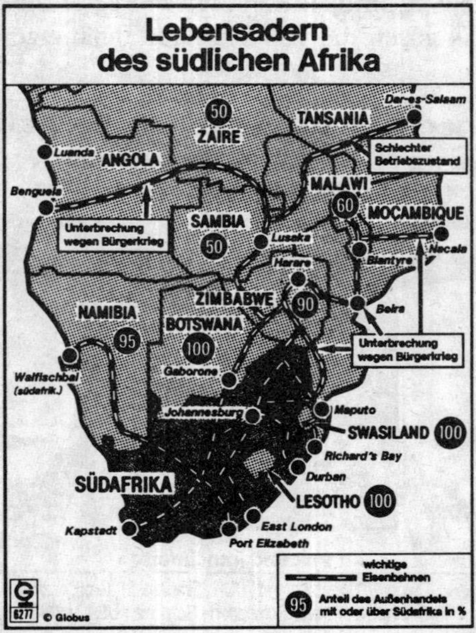

Lebensadern des südlichen Afrika
Dar-es-Salaam
TANSANIA
50
ZAIRE
Luanda
ANGOLA
Schlechter Betriebszustand
Benguela
MALAWI
60
MOÇAMBIQUE
Unterbrechung wegen Bürgerkrieg
SAMBIA
50
Lusaka
Nacala
Blantyre
Harare
ZIMBABWE
90
Beira
NAMIBIA
95
BOTSWANA
100
Unterbrechung wegen Bürgerkrieg
Walfischbai (südafrik.)
Gaborone
Johannesburg
Maputo
SWASILAND 100
Richard's Bay
Durban
SÜDAFRIKA
LESOTHO 100
Kapstadt
East London
Port Elizabeth
wichtige Eisenbahnen
95 Anteil des Außenhandels mit oder über Südafrika in %
6277 © Globus

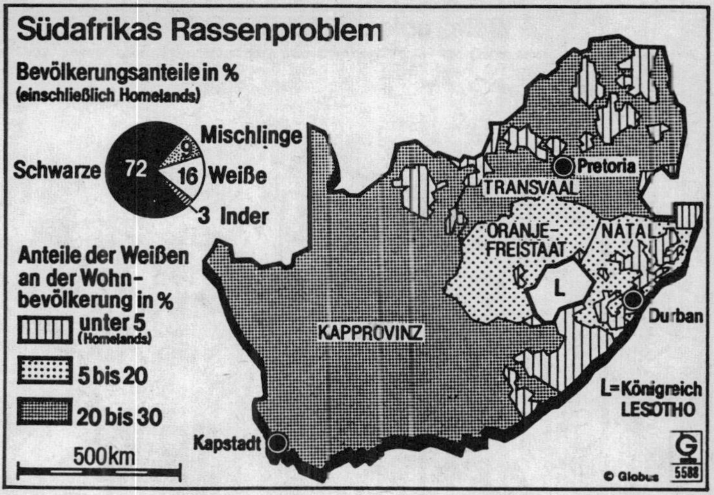


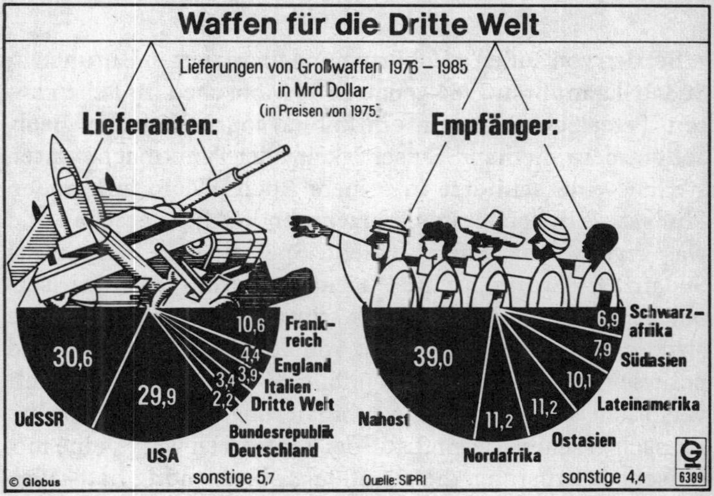


der Befreiung« kämpft. Guerilla-Kriege auch in Mittelamerika und auf den Philippinen. Bürgerkrieg auf Sri Lanka[77] und in afrikanischen Staaten.[78] Denken wir nicht an die Greuel in Uganda und anderswo. Uns betrifft das ja nicht.

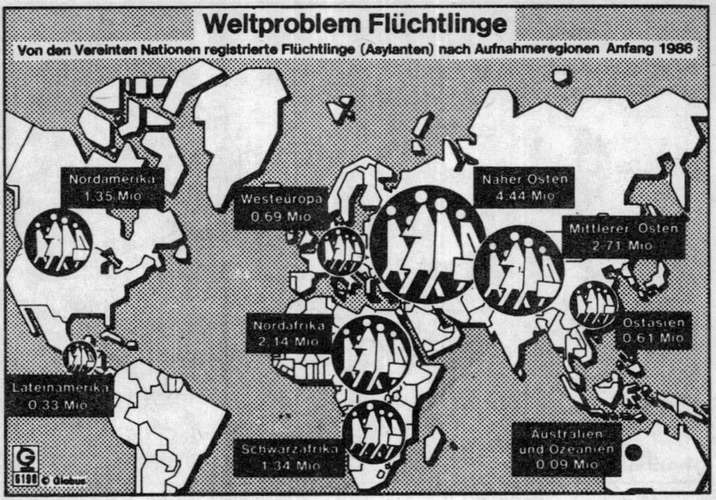


Bei den von außen geschürten und finanzierten Unruhen in Südafrika mußten 1984 genau 2387 Menschen ihr Leben lassen. Peter Scholl-Latour, ein kühler, journalistischer Beobachter, dem niemand Einseitigkeit oder Panikmache unterstellen wird, schildert in seinem Buch »Mord am großen Fluß«, was in den letzten Jahrzehnten in Afrika geschah und was gegenwärtig dort geschieht. Speziell sein Bericht aus Südafrika – Sturm auf die Wagenburg – muß jeden kritisch-objektiven Leser nachdenklich stimmen. Fast die Hälfte des afrikanischen Kontinents lebt von der Wirtschaftskraft und politischen Stabilität der Republik Südafrika, aber die Welt verspricht sich von der Destabilisierung Südafrikas, das historisch gesehen nie ein Land der Schwarzen war[79], eine moralische Aufrüstung, die sie offenbar bitter nötig hat – vielleicht um ihre anderen Rüstungsbemühungen und -verkäufe darüber vergessen zu können.[80]

Oder vielleicht ist man mancherorts auch der Meinung, daß es noch zu wenige vertriebene, vergewaltigte und bedrohte Menschen auf dieser Erde gibt, daß man zu den Millionen Flüchtlingen aus Afghanistan und anderen Ländern demnächst auch noch Flüchtlinge aus einem chaotischen Südafrika haben möchte.[81]

Aber wäre das alles nicht so, dann müßten wir uns ja keine Gedanken darüber machen, ob uns dieser Zustand allmählich genügend apokalyptisch erscheint, ob wir die gefährliche Ehe von Bosheit und Dummheit über diese Gegenwart hinaus erhalten wollen, ob wir zu den Katastrophen der Natur[82] unbedingt noch die Eskalation des menschlichen Versagens in Form von zunehmenden kriminellen, politischen oder kriegerischen Aggressionen brauchen, bis wir einsehen, daß wir zwar den Gipfel materialistischer Zivilisation erreicht (und überschritten) haben, aber von einem Höhepunkt dessen, was wir human nennen, noch Äonen weit entfernt sind.

Da brennt die ganze Erde, und ringsum hallt die Welt wider von Kriegs- und Mordgeschrei, aber mitten unter uns sind die Narren, die da meinen, sie müßten nur noch hundert und noch hundert und noch hundert Mark mehr verdienen, dann könnten sie sich eines Tages ein Flugticket kaufen, direkt ins Paradies. Und andere Narren, die bauen noch ein Häuschen und noch eine Straße und noch einen Betrieb. Nichts gegen

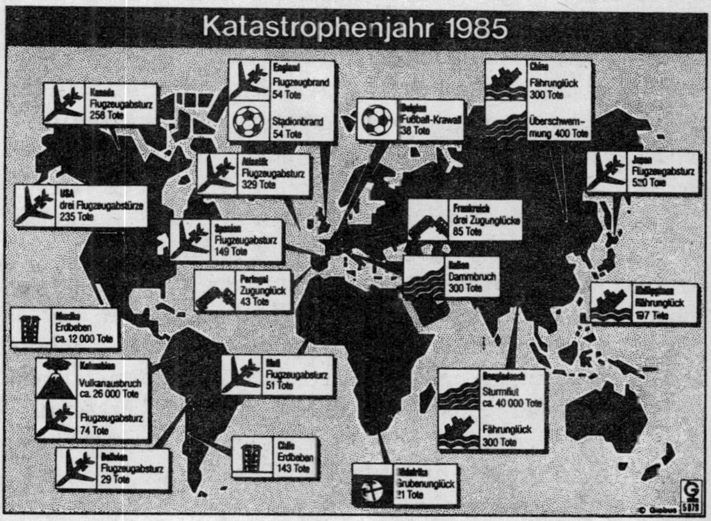

den Fleiß des Menschen, der sein Auftrag ist. Aber es gibt einen blinden Ameisenfleiß, der die Umwelt, der die Welt zerstören würde, wenn man ihn ließe. Noch ein Krümel Erde und noch ein Krümel Erde, bis die ganze Welt ein einziger Ameisenhaufen ist.

Aber keine Sorge, es ist den Ameisen eine Grenze gesetzt. Ihre Haufen werden die Welt nicht überwuchern. Die Bulldozer sind schon unterwegs.

### *Die andere Erde*

Kann man wirklich seine fünf Sinne beisammen, Augen und Ohren offen haben und – angesichts dieser Gegenwart – sich noch vor der Zukunft ängstigen? Jener glücklichen Zukunft, die ja auch in der Apokalypse verheißen ist: »bereitet als eine geschmückte Braut ihrem Mann.« (21, 2)

Ich kenne den Vorwurf, der sich jetzt gegen mich richtet: Wie können Sie, ein Mann, der sich nüchterner Berichterstattung und Wissenschaft verschrieben hat, mit alten Prophezeiungen und abergläubischen Ammenmärchen argumentieren? Dieser Vorwurf wurde mir schon entgegengehalten, weil ich es »wagte«, in meinem Buch »Wenn die Erde kippt« zwischen den erd- und menschheitsgeschichtlichen neuen Erkenntnissen auch ein Kapitel über die neuen Erkenntnisse der Parapsychologie und damit der ASW, speziell der Präkognition, aufzunehmen.

Die Antwort, die ich damals geben mußte, gilt – um neues Wissen bereichert – auch heute: Physik, Neurologie und Psychologie dringen in Tiefen der Erkenntnis vor, die uns an die Schwelle des Glaubens führen: des Glaubens an eine mechanistische Welt oder des Glaubens an eine planvolle Schöpfung. Und sie führen uns vor Augen, daß es Zusammenhänge im Ablauf der Ereignisse gibt, die mit unseren herkömmlichen Zeitabfolgen nicht übereinstimmen. Wir müssen uns, da hilft kein Darumherumreden, der Tatsache stellen, daß es geistig-seelische Kontakte gibt, die wir noch nicht erklären können, darunter auch Kontakte, die manchmal ein wenig, manchmal um ungeheure Spannen über die Zeit – die nur für uns absolut erscheint, aber schon relativiert wird, wenn wir unseren Schneckengang verlassen – hinausgreifen, in Dimensionen hinein, die wir mit Begriffen wie »Vision«, »Präkognition«, »Prophetie«, »übersinnlich« und »außersinnliche Wahrnehmung« nur sehr unvollkommen umschreiben.

Wir können diese Erscheinungen nicht kontrollieren und sollten ihnen daher immer mit großer Zurückhaltung und vernunftgebotener Skepsis begegnen. Aber Skepsis ist nicht Unglauben. Im Gegenteil, der Gläubige – darin unterscheidet er sich vom Fanatiker – ist skeptisch, weil er seinen Glauben stets auf der Waage der Gewissenhaftigkeit, Ehrlichkeit und – das im wahrsten Sinne des Wortes –, auch der *Glaub-Würdigkeit* prüft.

Ich nehme die Offenbarungen des Johannes und anderer als einen Teil des dem Menschen offenbarten Wissens, das er wie jeden hilfreichen Hinweis mit ruhigem Bedacht zu seinem Nutzen verwenden soll. Denn noch eines hat sich bei objektiver Forschung ergeben: Die visionären Bilder, die von Sensitiven empfangen werden, entsprechen normalerweise einer vergangenen oder künftigen Wirklichkeit. Die Deutungen (Interpretationen) ihrer Bilder, die sie uns geben, entsprechen dagegen ihrer Zeit und ihrer persönlichen geistig-seelischen Verfassung. Das eine vermittelt uns Wahrheiten, das andere Irrtümer. Wer sich mit Prophezeiungen beschäftigt, muß lernen, das eine vom anderen zu trennen, ohne dabei die mögliche Wahrheit aus den Augen zu verlieren.

Johannes war ohne Zweifel ein – nach heutigem Sprachgebrauch – hochqualifizierter Sensitiver. Die Bilder, die er empfangen und uns vermittelt hat, bersten vor Lebensfülle und Anschaulichkeit. Aber er war daneben auch von seinem Glauben begeistert. Viele seiner Formulierungen offenbaren daher mehr von seiner tiefen Gläubigkeit als von seinen Visionen.

Er verdient ob seines demutsvollen Glaubens unsere Verehrung. Unserem kritischen Verstand aber leuchten dahinter aus der Tiefe des Unbewußten die Bilder einer erlebbaren Wirklichkeit hervor.

Ob die von Johannes geschilderte begnadete Zukunft eher für jene erreichbar sein wird, die sich ihr mit gläubigem Herzen und demutsvoll der Macht und dem Willen Gottes vertrauend nähern, oder jenen anderen, die mit überheblichen Ansprüchen kommen, um die Zukunft mit gierigen Händen zu erobern, mag jeder für sich selbst bedenken.

Geoffenbart ist allen: »Wer überwindet, der wird es alles ererben, und ich werde sein Gott sein, und er wird mein Sohn sein.« (21, 7) Denn Johannes sah »einen neuen Himmel und eine neue Erde« und er hörte: »Gott wird abwischen alle Tränen von ihren Augen.« (21, 1 + 4)

Und Matthäus und Markus überlieferten die Worte Jesu von Nazareth: »Wo diese Tage nicht würden verkürzt, so bliebe kein Mensch am Leben, aber um der Auserwählten willen werden die Tage verkürzt.« (Matthäus 24, 22 und Markus 13, 20) »Und fürchtet euch nicht vor denen, die den Leib töten und die Seele nicht töten können« (Matthäus 10,28), denn schon Daniel sah: »Viele werden gereinigt, geläutert und bewährt werden; und die Gottlosen werden gottlos Wesen führen, und die Gottlosen alle werden's nicht achten; aber die Verständigen werden's achten. (12, 10) Und bemerkenswerterweise ist hier nicht von den »Gläubigen«, sondern von den Verständigen die Rede. Wie ja auch Johannes an einer Stelle sagt: »Und es wird kein Verbanntes mehr sein.« (22, 3) »Und der Geist und die Braut sprechen: Komm! Und wer es hört, der spreche: Komm! Und wen dürstet, der komme; und wer da will, der nehme das Wasser des Lebens umsonst.« (22, 17)

Vor Daniel sah es schon Hesekiel: »Das verwüstete Land soll wieder gepflügt werden« (36, 34); »dies Land war verheert und jetzt ist's wie der Garten Eden; und diese Städte waren zerstört, öde und zerrissen, und stehen nun fest gebaut.« (36, 35)

Vor zwei Jahrhunderten aber sahen es die bayerischen Waldpropheten und drückten das, was von Jesus über die verkürzten Leiden gesagt wurde, auf ihre Weise aus: »So einer (bei der Flucht) zwei Laib Brot unterm Arm hat und verliert einen, soll er ihn liegen lassen, denn er wird mit dem einen Laib auch reichen.«[83] In italienischen Weissagungen aus dem vergangenen Jahrhundert ist von »drei Tagen Finsternis« die Rede, die »dem Satan gehören«.[84] Und Sepp Wudy, der Knecht aus dem Böhmerwald, sah (bevor er im Ersten Weltkrieg fiel): »Es lohnt nicht, weit davonzurennen, weil es woanders noch schlechter sein wird. Auf den Berg soll man halt laufen, sich eine Höhle suchen oder sich in ein Erdloch verkriechen und warten, bis alles vorbei ist. Lang dauert es nicht.«[85]

Und Alois Irlmeier aus Freilassing sagte es nach dem Zweiten Weltkrieg wie Johannes, nur mit etwas anderen Worten: »Nach der Katastrophe wird es wärmer. In Bayern werden die Südfrüchte wachsen. Jeder kann siedeln, wo er will, und soviel Land haben, wie er will. Die Welt hat die schreckliche Zeit hinter sich – und es wird Friede sein bis ans Ende.«[86]

Wohl wahrhaft töricht, wer sich davor fürchten wollte.

# III. Buch

# Die neue Zeit – wie sie im Buch des Lebens vorgezeichnet scheint

*In jener Stunde*
*wird dich niemand fragen,*
*ob du glücklich warst.*
*Niemand wird von dir wissen wollen,*
*wie viele Wünsche dir erfüllt wurden.*
*Und niemand wird gezählt haben,*
*wie viele schöne Stunden du erlebt hast.*
*Aber eine Frage wird ihre Antwort fordern:*
*Ob du deine Pflicht erfülltest.*

# IM TAL DER WAHRHEIT

## *Auf dem Weg in die Tiefe*

Da hat sich nun die Menschheit in den vergangenen zweieinhalb Jahrtausenden auf den Spuren der Europäer in eine höchst ungemütliche Situation hineingearbeitet. Auch die Völker in Asien, die eigentlich einen ganz anderen Lebensstil entwickelt hatten, haben sich der erfolgversprechenden westlichen Lebensführung noch weiter angeschlossen, als es ihre Urgroßväter fürchten konnten.

Man trägt auf keiner Weltkonferenz mehr den chinesischen Zopf, statt dessen aber die merkwürdige abendländische Krawatte, und die Bestseller unter den Produkten auf dem internationalen Markt sind – auch wenn sie aus Japan kommen – englisch beschriftet.

Mit anderen Worten: Die ganze Welt hat sich vom Sog des Sieges mitziehen lassen, der mit dem Marsch römischer Legionäre begann. Die schlagkräftigen Scharen germanischer Wandervölker haben als deren Erben danach eine neue europäische Weltordnung der Beutemacher fixiert, die dann in den folgenden Jahrhunderten unter dem verharmlosenden Stichwort »Gewinnstreben« von Konquistadoren, Missionaren, Händlern und Kolonialsoldaten über die ganze Erde verbreitet wurde.

Und jetzt – urplötzlich, fast wie aus einem Alptraum erwachend, aber noch keineswegs erleichtert, sondern vom Trauminhalt noch gefesselt – stehen wir vor der Tatsache, daß diese Weltordnung fast am Ende ist. Sie hat ganz nebenbei so viel Trümmer produziert, daß diese allmählich alles andere überdecken und daß wir fürchten müssen, unter ihnen zu ersticken.

Über zweitausend Jahre lang haben wir alle Probleme gelöst, indem wir sie wie gordische Knoten mit kühnem alexanderschem Schwerthieb durchschnitten. Und jetzt versinken wir in einem Meer von zerfetzten Knäueln und finden keinen geraden Faden mehr, an dem wir uns herausziehen könnten.

Das ist höchst ärgerlich. Noch ärgerlicher ist es, daß man diesen Tatsachen – so wie sie hier ausgebreitet wurden – nicht ausweichen kann. Sie begegnen uns im Alltag auf Schritt und Tritt. Wer erst gelernt hat, sie zu sehen, kann sie nicht mehr übersehen. Sie sind nachprüfbar und nicht zu widerlegen.

Widerlegen läßt sich vielleicht die eine oder andere der Schlußfolgerungen. Aber nur vielleicht. Und es genügt vollkommen, wenn auch nur wenige von ihnen richtig sind.

Das ist die Situation, die den Menschen heute unsicher macht. Am meisten den, der mehr als zweitausend Jahre vorausging: den Europäer. Er geht nun auch in der Unsicherheit voraus. Und das ist gut so. Das Herz Europas beginnt unruhig zu schlagen. Und das Herz liegt nun mal in der Mitte.

Das Umfrageergebnis einer deutschen Frauenzeitschrift 1987: grundlegender Wertewandel! [1)] Staat und Politik werden skeptisch gesehen, kein Drittel mehr glaubt an den Gott, wie ihn die Kirchen beschreiben, aber religiöse Gruppierungen, vor allem solche, die übersinnliche Erfahrungen versprechen, werden – zu oft kritiklos – von vielen angenommen. Telepathie, Erdstrahlen, Astrologie, Wahrsagen, Hellsehen und Kartenlegen begegnen großem Interesse. An eine »höhere Kraft« und an ein Leben nach dem Tod glaubt jeder vierte Deutsche, jeder fünfte an mögliche Kontakte mit Verstorbenen. Wunder und der Teufel spielen bei fast einem Drittel der befragten Bundesbürger (immerhin ein repräsentativer Querschnitt) eine Rolle, und mehr als ein Drittel bezeichnet sich als religiös, ohne jedoch in allem mit den von den Kirchen vertretenen Formen des Christentums übereinzustimmen.

So sah denn der im Oktober 1987 verstorbene Kardinal Höffner ein Jahr zuvor die Deutschen in einer »schweren Lebenskrise«[2], weil jährlich massenhaft ungeborene Kinder umgebracht und einhundertdreißigtausend Ehen geschieden werden. Einer Krise der sittlichen Wertvorstellungen begegne allerdings positiv eine neue Nachdenklichkeit der Menschen. Sie hätten, sagte der damals achtzigjährige Vorsitzende der Deutschen Bischofskonferenz, »erkannt, daß unüberschreitbare Grenzen erreicht« worden seien.

Elisabeth Noelle-Neumann und Renate Köcher veröffentlichten 1987 das Ergebnis von mehr als sechzehntausend Befragungen im westlichen Europa und in den USA. Für Mitteleuropa registrierten sie: »Ein verheerender Traditionseinbruch.«[3] Von den Achtzehn- bis Vierundzwanzigjährigen sieht kaum ein Viertel die Religion als Kraft- und Trostquelle. In den USA teilen immerhin drei Viertel, in Europa nur etwa die Hälfte der Eheleute gemeinsame religiöse Überzeugungen.

Zum deutschen Familienleben erkannten die Befrager: Der einzelne erwartet sich die Erfüllung seiner individuellen Glücksansprüche, ist aber kaum bereit, auch etwas in die Familie einzubringen. Einer hohen Glückserwartung an die Ehe steht die nur mäßige Bereitschaft gegenüber, mehr als unbedingt nötig in sie zu investieren. Die Folge: Disharmonie in grundlegenden Fragen, emotionale Unterkühltheit und Distanz, mangelhaftes Zukunftsvertrauen: »Die Deutschen sind verwundbar, es fehlt ihnen etwas wie Wärme, Unternehmungsgeist, Lebensfreude.«

Eine Feststellung, die allerdings mit einem Hinweis auf die vermutliche Ursache ergänzt werden sollte: die – vielleicht zusätzlich durch zwei verlorene Kriege erfolgte – Sensibilisierung der Deutschen.

Der Zusammenbruch der aggressiv-materialistisch ausgerichteten Wertordnung, die unsere Welt und ihre Entwicklung jahrtausendelang bestimmt hat, betrifft nicht die Deutschen allein – sie fühlen ihn vielleicht nur etwas früher.

Daß wir auf dem Weg in ein Tal sind – auf einem notwendigen und im Sinne der Menschwerdung des Menschen sicher sehr guten Weg von den Höhen der Überheblichkeit herunter in die Tiefe einer suchenden Demut –, das erkennen heute auf der ganzen Erde alle, deren Denken und Fühlen genügend sensibel ist.

### *Untergang als Schöpfungswille*

Hoimar von Ditfurth bezeichnet es als eine der größten Leistungen der Evolution (wer oder was immer das sein mag), daß in jeder Zelle ihr Tod programmiert ist. Und wie in jeder Zelle, so in jedem Zellverband, sei er Pflanze, Tier oder Mensch. Warum also, so fragt Ditfurth, nicht auch in einer ganzen Art? Und wenn nun eben der einprogrammierte Tod der Menschheit sich in den nächsten Jahren zu vollziehen habe, so sei dies nichts weiter als ein ganz natürliches Bedürfnis – wie Hunger oder Durst –, dessen Befriedigung man mit innerer Zustimmung vollziehen sollte.[4)]

Nun ist es zweifellos zutreffend, daß wir auf entsprechende Gegebenheiten im einen Fall mit Todesangst und Abwehr, im anderen Fall mit Todesbereitschaft und Zustimmung reagieren können. Im einen Fall scheint unser Instinkt uns zu sagen, daß unsere Zeit noch nicht abgelaufen ist, im anderen Fall ist (vor allem bei älteren oder sehr kranken Menschen) eine entspannte Todeserwartung, eine gewisse Lebensmüdigkeit und Hinwendung zum »ewigen Schlaf« wohl ebenso instinktiv richtig.

Die Möglichkeiten moderner Medizin wie die zweifellos heute vorhandenen technischen Möglichkeiten, die Menschheit und dazu noch andere Lebensformen zu eliminieren, haben jedoch sowohl im einen als auch im anderen Fall eine Verzerrung der natürlichen Gegebenheiten bewirkt, haben den Instinkt entmachtet und die Todesangst wie die Todesbereitschaft als Indikator für das instinktiv Richtige entwertet.

Die technische Fähigkeit zum Bau von Atombomben entwickelt zu haben ist sicher keine Instinkthandlung, mit der die Menschheit ihre Todesbereitschaft signalisieren wollte. Die technische Fähigkeit eines Kindes, den komplizierten Verschluß einer Giftflasche zu öffnen, um sie auszutrinken, offenbart mit Sicherheit keine Todesbereitschaft, sondern – wenn das Kind wirklich schluckt (was ja immer noch ein zweiter Schritt wäre) – mangelnde Reife. Und die Frage, ob die gegenwärtige Menschheit eher lebensmüde und todesbereit oder unreif wirkt, dürfte sich wohl von selbst beantworten.

Wohl ihr, wenn sie einen Vater hat, der zwar von unendlicher Geduld, aber keine Sekunde antiautoritär ist. Und der auch die harte Strafe nicht scheut, wenn es zum Wohl dieses seines Kindes ist.

Eine Überlegung, mit der ich schon wieder aus dem Bereich der Wissenschaftlichkeit heraus und im Metaphysischen, Mythischen, Religiösen bin. Aber auch schon wieder in guter Gesellschaft.

Beeindruckt von den überwältigenden Erfolgen der Wissenschaft in Gestalt technischer Naturbeherrschung haben nämlich die meisten von uns nur vergessen, daß Wissenschaft lediglich eine unter anderen möglichen Formen menschlicher Kulturerfahrung ist und daß sie weder ein Wirklichkeits- noch gar ein Wahrheitsmonopol zu beanspruchen hat. Nach den Ergebnissen der Mythosforschung der letzten sechzig Jahre ist das Erfahrungssystem Mythos für die Entwicklung der Menschheit wahrscheinlich weitaus bedeutsamer als sämtliche aufgepfropften wissenschaftlichen Theorien der vergangenen fünfhundert Jahre.

Kurt Hübner, ohne Zweifel einer der bedeutendsten Vertreter der modernen Wissenschaftstheorie, fordert deshalb eine kritische Selbstbegrenzung der Wissenschaft hinsichtlich ihrer rational nicht restlos begründbaren Bedingungen und Voraussetzungen und die Wiederentdeckung, ja Rehabilitierung des Mythos.[5)]

In den Mythen aber finden wir Kataklysmen in großer Zahl. Meist als Strafen und Heimsuchungen der Menschheit gedacht. Und wo sich das, gemessen an der Menschheitsgeschichte noch »kindliche«, wissenschaftliche Denken verzweifelt dagegen sträubt, vom aristotelischen Weltbild des ungebrochenen Fortschritts Abschied zu nehmen, »wissen« die alten Mythen von Zäsuren durch globale Katastrophen. Diese hatten aber, wie wir erkennen können, bisher nicht das Aussterben der Menschheit zur Folge, sondern waren ganz offenbar notwendige Einschnitte, um neuen Entwicklungen Raum zu schaffen.

Insgesamt gesehen hat sich dadurch zweifellos auch eine allmähliche Höherentwicklung ergeben. Soweit dürfen wir also der Weltsicht des Aristoteles sogar folgen, nur gab es eben keine gerade, ungebrochene Linie von Niedrig zu Höher, von Böse zu Gut, sondern auch auf dem Gebiet des Geistes mußte neuem Leben wohl stets erst – wie uns die Mythen der Welt verraten – der Tod des alten vorausgehen.

### *Am Anfang war der Tod*

Wie kommt es, daß führende Wissenschaftler heute nicht nur über Probleme der Elektronen und Neutronen, der Materie und der Antimaterie grübeln, sondern auch über die Frage, ob philosophisches Denken, ob Ethik, ja ob Religion ohne Mythos, ohne Metaphysik überhaupt möglich sei?

Da hielt man – noch der späte Heidegger – bis vor wenigen Jahren die Metaphysik schlechthin für überholt, und plötzlich dringt sie wieder in unser Bewußtsein. Wie auf eine Wunde weist der Münchener Philosoph R. Spaemann auf die Tatsache der Grenzüberschreitungen und Begriffsverschiebungen der zur Zeit mächtig ins Kraut schießenden Biologismen und evolutionären Weltbilder hin und stellt uns gleichzeitig die Bedeutung »metaphysischer Grundkategorien des Lebendigen« vor Augen.[6)]

So schnell können wissenschaftliche Lehrmeinungen sich ändern – ein Punkt, den auch Johannes von Buttlar in seinen Büchern mit Recht immer wieder hervorhebt.[7)] Stand gestern zum Beispiel noch die Psychologie als Religionsersatz hoch im Kurs, so hört man heute die Warnung, daß sie in Gestalt der Psychotherapie Menschen dazu verführe, statt in schwierigen Situationen eine Lösung zu suchen, sich einfach fallen zu lassen. Die Verantwortung für die Folgen eigenen Tuns und Lassens wird abgeschoben auf die Umwelt, die Gesellschaft, den Staat. Nicht der Täter steht für die Tat, sondern allein äußere, widrige oder günstige Umstände sind nach der gegenwärtig vorherrschenden Meinung deren wahre Veranlassung.

Die Menschen haben, wie die Jaspers-Schülerin Jeanne Hersch bei einem Vortrag im April 1987 in München erklärte, in unserer Zeit einen »Unschuldswahn« entwickelt, der ebenso wie zahlreiche andere Vorstellungen mit der Wirklichkeit nicht übereinstimmt.[8] Und allen modernistischen »Recht-auf-Glück-Ansprüchen« eine Absage erteilend, fügte die Genfer Philosophie-Professorin hinzu: Menschsein dürfe nicht mit Glücklichsein gleichgesetzt werden, denn der Mensch sei »wenig begabt für das Glück«!

Vielleicht wäre auch hier ergänzend das Wörtchen »noch« angebracht: noch nicht begabt für das Glück. »Nichts ist schwerer zu ertragen als eine Reihe von guten Tagen«, pflegten bei passenden Gelegenheiten unsere Großeltern zu sagen. Besser als die gegenwärtigen Generationen hatten sie offenbar begriffen, daß auch zum Ertragen von Glück eine gewisse Reife gehört.

Aber warum hat sich der Mensch dieser einfachen Weisheiten, seiner Traditionen, seiner Religion, seiner Mythen ohne Not begeben? Warum tauschte er gegen ein Paar Nylonstrümpfe seelische Nacktheit und gegen einen modisch gefütterten Trenchcoat die geistige Schutzlosigkeit, die ihn heute vor jedem vermeintlichen Untergang zittern läßt?

Nicht zuletzt deshalb, weil »bei allen Religionen, die heute auf der Erde eine Rolle spielen«, wie Buttlar aufzeigt[9], »die Formen die Inhalte überwuchert haben«. Und weil in den vergangenen Jahrtausenden auch Religion und Glauben anderen Zwecken, insbesondere denen von Einfluß und Macht, untergeordnet wurden. Statt als Lehrlinge an den Stufen eines geistigen Weltgebäudes demutsvoll zu dienen, glaubten Menschen ihren kaum recht verstandenen jeweiligen Glauben schon gegen Andersdenkende verteidigen zu müssen. Und »sobald irgendeine religiöse Vorstellung von vielen Gläubigen verteidigt wird«, sagt Buttlar, »kommt immer Intoleranz mit ins Spiel«.[10]

Und eine solche Menschheit, die eigentlich noch fast nichts begriffen hat, die in ihren Tugenden noch so unvollkommen ist, soll jetzt urplötzlich das Ende ihrer Art erleben?

### *Der neue Mensch kommt nicht aus der Retorte*

»Geburt und Tod sind nicht zweierlei Zustände, sondern zwei Aspekte desselben Zustands«, sagte der indische Prediger des passiven Widerstands Mahatma Gandhi. Ob wir unser Sein Tod oder Leben nennen, wir müssen lernen, unseren Weg durch diese Stationen – durch die verschiedenen Aspekte unseres Seins-Zustandes – zu gehen wie jeder Schüler seinen Weg durch eine Unzahl von Prüfungen. Und jede Schule, insbesondere die des Lebens, hat es nun mal so an sich, daß dem fortgeschrittenen Schüler schwerere Aufgaben zugemutet werden als dem Abc-Schützen.

Wer sich ob eines bequemen, angenehmen Lebens glücklich preist, hat noch nichts begriffen. Wer danach strebt, menschlichen Problemen auszuweichen, sich Entscheidungen zu entziehen, Härten und Pflichten tunlichst zu vermeiden, der darf sich noch in der Spielphase des Daseins einordnen. Auf ihn kommt in den wechselnden »Aspekten des Zustands« all das noch zu, woran andere mit Entsagung und Not bereits gereift sind (oder gescheitert, und also die Klasse wiederholen müssen).

Darum ist der Weg in die bessere Zukunft mit großer Wahrscheinlichkeit kein Weg für Erstkläßler. Der neue Mensch für die verheißene neue Welt muß gewachsen sein wie ein dreihundertjähriger Baum. Er muß gewachsen sein in Stürmen, gewachsen an Aufgaben, gewachsen in seinem Fühlen und Denken, gewachsen an sich selbst und aus sich selbst. Menschenliebe und Weisheit werden die Kriterien seines Handelns sein müssen. Es sieht so aus – wir werden im nächsten Kapitel ausführlicher darüber sprechen –, als ob der Menschheit gerade in den letzten Jahrzehnten mehr Mitteilungen über ihre wahren Aufgaben zugegangen seien als in Jahrhunderten zuvor.

Der neue Mensch wird über den heute noch von manchen konstruierten Gegensatz zwischen Wissenschaft und Religion lächeln – jene von Anbeginn an törichte Konstruktion, zu der Paul Sabatier, der 1941 verstorbene französische Chemie-Nobelpreisträger, sagte: »Naturwissenschaft und Religion in Gegensatz zu stellen, ist Sache von Leuten, die schlecht unterrichtet sind in der einen wie in der anderen Wissenschaft.«

Und ebenso werden – der Kieler Philosoph Kurt Hübner dürfte einer der Wegbereiter in dieser Richtung sein – Wissenschaft und Mythos aus dem heutigen Gegeneinander zu einer für den Heilungsprozeß menschlicher Denkweisen entscheidenden Synthese finden. Und dann wird man auch begreifen, daß die geistige Vollendung des neuen Menschen nur auf dem Fundament der Dreieinigkeit Mythos–Religion–Wissenschaft erfolgen kann. Weil eines ohne das andere ein tönernes, »unmenschliches« Gebilde ist, das die Herkunft des Menschen aus seinen Träumen, aus einem Traum des Weltengeistes, leugnen möchte.

Der Weg in die Zukunft heißt Synthese. Tausend Jahre kirchlich-aggressiver Religionsentwicklung zusammen mit fünfhundert Jahren naturwissenschaftlicher Fesselung an das Ausgedachte konnten in der Vergangenheit und können in der Zukunft aus einem Homunkulus im Reagenzglas keine die Welt befriedigende und befriedende Erscheinung schaffen.

Und setzen wir Glauben gleich Religion und Religion gleich Kirche – was nicht immer stimmt, aber stimmen sollte –, dann finden wir bei Otto von Habsburg genau das ausgedrückt, was gegenwärtig in Zielrichtung des neuen Menschen geschieht: »Während die Massen unter dem Einfluß überholter Gedanken die Kirchen noch verlassen, betreten die führenden Köpfe unserer Zeit diese durch einen anderen Eingang. Wer die Geschichte auch nur ein wenig verfolgt, weiß, daß man mit Recht sagen kann: Wir stehen am Vorabend eines großen religiösen Zeitalters.«[11]

Und präziser als er kann man auch den von manchen so gefürchteten Untergang nicht definieren: »Es ist leicht, die Vorboten mit der Nachhut zu verwechseln. Wir erleben heute nicht die Vorzeichen einer materialistischen Ära, sondern die letzten Zuckungen einer sterbenden Epoche.«[12]

Wer auch immer sich in dieser materialistisch geprägten Welt auf der Höhe seines Seins fühlt, der gehört bereits der Vergangenheit, nicht der Zukunft an.

Wer auch immer meint, sich vor dem Untergang dieser Epoche ängstigen zu sollen, der hat noch nicht begriffen, daß Tod und Geburt eines sind.

Wer auch immer Frieden fordert, statt Frieden zu leben, der hat die Schwelle in das Reich der Hoffnung noch nicht überschritten.

## *Jedes Tal hat ringsum seine Höhen*

Wir wollen dem Materialismus – da wir uns nun anschicken, seinen Nachruf zu verfassen – nicht absprechen, daß er auch einiges für die Menschheit zuwege gebracht hat. Er hat sie geistige und räumliche Horizonte erobern lassen; er hat Menschen versklaven, aber auch wieder befreien lassen; er hat sie im Zuge der Industrialisierung und Mobilisierung in teuflische Abhängigkeiten gezwungen, aber sie auch einige davon wieder überwinden lassen.

Auch für den Materialismus gilt, daß kein Tal ohne Höhen, kein Nachteil ohne Vorteil ist. Er mußte dennoch ein Irrweg werden, weil die Menschen, an die Konsequenz seiner Denkansätze gebunden, glaubten, Gott entthronen und ihr bißchen Vernunft an seine Stelle setzen zu können. Hätten die – noch immer von allzu vielen hoch geschätzten – französischen Revolutionäre[13] nicht nur ihre Lieblingsautoren, sondern auch ihre großen Philosophen studiert, dann wären sie bei dem hundert Jahre vor ihnen lebenden Blaise Pascal auf den warnenden Hinweis gestoßen: »Die letzte Schlußfolgerung der Vernunft ist, daß sie einsieht, daß es eine Unzahl von Dingen gibt, die ihr Fassungsvermögen übersteigen. Sie ist nur schwach, wenn sie nicht zu dieser Einsicht gelangt.«

Und so sagt es der große deutsche Philosoph Karl Jaspers den heute Lebenden, die mit Zähnen und Klauen ihr materialistisches Weltbild verteidigen möchten und auf den menschlichen Verstand setzen, der dazu schon noch rechtzeitig ein Hilfsmittel finden werde: »Der menschliche Verstand ist in der Praxis nicht verläßlich, am wenigsten in größter Not.«

Vergessen wir also endlich die Schleichwege, die Hintertürchen, die Notausgänge, durch die wir uns nur selber ins Aus bringen. Versuchen wir uns nicht auf einer Höhe zu halten, die in Wahrheit ein Vulkan ist.

»Vancouver, Vancouver – es ist soweit!« rief der junge amerikanische Geologe David Johnston am 18. Mai 1980 in sein Sprechfunkgerät, als der Mount St. Helens in einem gewaltigen Ausbruch vierhundert Meter seiner Bergkuppe in die Luft sprengte.[14]

David Johnston starb. Er starb, weil er Wache hatte und bis zuletzt auf seinem Posten blieb. Ein Held der Wissenschaft.

Den »Helden des Materialismus«, die da meinen, bis zuletzt ihre Bastionen verteidigen zu müssen, wird die Nachwelt keine Kränze winden. Aber mögen diese letzten Posten bleiben. Sie werden dann auch bleiben – allerdings in einem anderen Sinne dieses Wortes.

Ihrer nicht freundlich gedenkend, wird sich der Rest der Menschheit auf den Weg durch das Tal machen. Es wird ein gefährlicher und unbequemer Weg sein. Aber immerhin ein Weg. Und er wird irgendwann wieder auf Höhen führen, auf denen man frei atmen und weit ins Land blicken kann. Aber es werden andere Höhen sein als zuvor. Ganz andere.

Und wer noch unsicher ist, ob er es wagen soll, sich geistig vom Jetzt und Heute zu lösen, ob er sich nicht lächerlich macht, in unserer Zeit an einen Schöpfergott und sein zielgerichtetes Wirken zu glauben, oder ob er nicht doch lieber verharren soll auf den bereits unter Vorbeben erzitternden Höhen des Materialismus, dem hilft vielleicht das Bekenntnis, das Max Planck im Jahr 1929 zu dem Thema Gott und Materie ablegte:

»Es gibt keine Materie an sich. Alle Materie entsteht und besteht nur durch eine Kraft, welche die Atomteilchen in Schwingung bringt und sie zum winzigsten Sonnensystem des Atoms zusammenhält. Da es aber im gesamten Weltall weder eine intelligente noch eine ewige Kraft gibt, so müssen wir hinter dieser Kraft einen bewußten, intelligenten Geist annehmen. Dieser Geist ist der Urgrund aller Materie.

Nicht die sichtbare und vergängliche Materie ist das Reale, Wirkliche, Wahre – denn die Materie bestünde, wie wir gesehen haben, ohne diesen Geist überhaupt nicht –, sondern der unsichtbare, unsterbliche Geist ist das Wahre.

Da es aber *Geist an sich* allein auch nicht geben kann, sondern jeder Geist einem Wesen zugehört, müssen wir zwingend Geistwesen annehmen. Da aber auch Geistwesen nicht aus sich selbst sein können, sondern geschaffen werden müssen, so scheue ich mich nicht, diesen geheimnisvollen Schöpfer ebenso zu benennen, wie ihn alle Kulturvölker der Erde früherer Jahrhunderte genannt haben: Gott.«[15)]

# Der Weg in das Licht

## *Die den Tod und das Leben sahen*

Bei nüchterner Betrachtung all der Verheißungen eines neuen Menschen auf einer neuen Erde fragt man sich natürlich: Wie soll das zustande kommen? Genügt wirklich eine mittlere Erdkatastrophe, um bei der verbleibenden Menschheit den schon vielfach geforderten, aber nie erzielten Sinneswandel zu erreichen?

In diese Fragestellung platzt nun eine neue Forschungsrichtung mit ihren Ergebnissen, die ungewöhnliche und vor allem unerwartete Ausblicke eröffnen. Seit Jahren sammeln einige Ärzte die Aussagen von Patienten, die bei Unfällen oder Operationen eine Todeserfahrung machten. Menschen also, die – um es volkstümlich auszudrücken – »bereits weggetreten« waren, aber durch Wiederbelebungsversuche aus dem »klinischen Tod« in das Leben zurückgerufen wurden.

Was die Doktoren Elisabeth Kübler-Ross, Raymond A. Moody, Kenneth Ring und andere inzwischen festgestellt haben – eine Begegnung der zeitweilig »Toten« mit Erscheinungen eines »Jenseits« –, löste bei vielen Fachkollegen heftigen Widerspruch aus. Weil diese Feststellungen nämlich den Schluß nahelegen, daß es eine Seele gibt, die sich vom sterbenden Körper lösen kann; daß es ein Leben nach dem Tode gibt; daß dem körperlichen Tod ein Aufgehen in einer unendlichen Gottesliebe folgt, gleichzeitig aber auch so etwas wie ein Rechenschaft-Ablegen.

Das alles darf aber so nicht wahr sein. Weil für alle ideologisch verklemmten Geister nach wie vor der alte Morgenstern-Satz gilt, daß nicht sein kann, was nicht sein darf. Und darum sind all diese Todeserfahrungen nur »Halluzinationen nicht mehr genügend mit Sauerstoff versorgter Gehirne« oder »Geistesstörungen« oder »die üblichen Märchen, die Patienten erzählen, um sich wichtig zu machen«, oder »aufgeschnappte Einzelheiten parapsychologischer Unglaubwürdigkeiten«, die von Menschen »mit einer gewissen Vorliebe für Übersinnliches« dann als eigene Erfahrung weitererzählt werden.

Studiert man jedoch die Fallstudien und Aufzeichnungen von Ring und Moody mit einiger Unvoreingenommenheit, verhelfen sie einem zu einer neuen Weltsicht. Und wo gar ähnliches eigenes Erleben vorliegt (das nicht unbedingt Todesnähe voraussetzt), erschließen sich den Menschen Quellen unvermuteter innerer Kraft. Vor diesem als Tatsache erlebten Zuwachs an Kraft und Sicherheit verlieren die Meinungen der ewigen Verneiner jegliche Bedeutung.

### *Visionen der unendlichen Liebe*

Kenneth Ring sieht in den Menschen, die solche »Begegnungen mit dem Jenseits« hinter sich haben, die Avantgarde »einer neuen und höheren Bewußtseinsebene« der Menschheit. Seiner Überzeugung nach – und auch seinen Untersuchungen zufolge – handelt es sich bei Menschen mit derartigen Erfahrungen keineswegs um – auch nur zeitweilig – Geistesgestörte und auch nicht um Wichtigtuer. Im Gegenteil, die meisten seiner Gesprächspartner offenbarten ihre diesbezüglichen Erlebnisse mit großer Zurückhaltung. Manche litten noch lange an den Folgen. Teils weil sie nach ersten spontanen Äußerungen nur auf Unverständnis und Spott stießen, teils wegen einer Sensibilisierung, die sogar – wie bei dem nachstehenden Fall – ungewöhnliche Formen annehmen kann:

»Ich wußte, was jeder dachte, ich wußte, wer ins Zimmer

kam, ich wußte, was dieser oder jener sagen würde. Es war gräßlich. Erst nach zwei Jahren wurde es allmählich schwächer, und dann, eines Tages, klopfte es an die Tür, und ich hatte keine Ahnung, wer es war. Und ich dachte: Wie wunderbar!«

Andere hatten ganz offenbar ihre Zukunft oder doch wesentliche Stationen daraus kennengelernt, die Einzelheiten aber beim Wiedereintritt in das Leben zurücklassen müssen. Danach jedoch erlebten sie in vielen Situationen den Schock, plötzlich alles, die ganze Situation, den Geruch, Geräusche und Worte, wiederzuerkennen.

Viele erinnerten sich, daß »dort« mit ihnen gesprochen worden ist, aber auf eine Weise, die Ring »eine direkte Kommunikation« nennt. Eine seiner Gesprächspartnerinnen beschrieb sie so: »Ich habe die Worte nicht mit meinen Ohren gehört, sondern die Gedanken wurden direkt in mein Bewußtsein eingegeben.«[16)]

Allen Aussagen gemeinsam ist die auffällige Übereinstimmung von Einzelheiten, auch wenn diese nicht immer alle in Erscheinung treten oder deutliche Abweichungen erkennen lassen und vor allem natürlich sehr individuell geschildert werden.

Fast alle Gesprächspartner mit Todeserfahrung erwähnen ein seltsames Geräusch, das sie am Anfang des Weges hörten. Dieser führt dann meistens durch einen dunklen Tunnel. Oft nähern sich auf diesem Weg oder danach andere Menschen – verstorbene Angehörige oder Freunde – dem Sterbenden und geleiten ihn zu einem alles überstrahlenden Licht oder Lichtwesen von unbeschreiblicher Reinheit und Helligkeit. Zu manchen spricht dieses Licht, manche gehen in dem Licht auf, immer aber werden sie bei seinem Anblick, so faßt Moody zusammen, »von überwältigenden Gefühlen der Freude, der Liebe und des Friedens erfüllt«.

Das erwähnte Geräusch wird von manchen als Knacken, Brausen oder ein wie »vom Wind kommendes Pfeifen« beschrieben. Den Tunnel haben manche als Gang, Talschlucht, Rohr oder Höhle in Erinnerung. Gefühle zwischen Unbehagen und Erschrecken löst bei vielen auch die Trennung vom eigenen Körper aus. Hier eine von Moody aufgezeichnete Fallstudie:

»Als ich mich außerhalb meines Körpers befand, war ich äußerst verblüfft darüber, was mit mir geschah. Ich konnte es mir überhaupt nicht erklären. Dennoch war es Wirklichkeit. Ich sah meinen Körper deutlich und aus der Entfernung. Ich war nicht in der Stimmung, in der man sich so etwas ausdenkt oder herbeiwünscht.«

Häufig wissen die Menschen später noch, was sie in dieser Situation zum Beispiel am Operationstisch gehört haben. Peinlich für manche Chirurgen, die den vermeintlichen Exitus oft mit einigen flapsigen Bemerkungen quittieren und diese später von den ins Leben zurückgekehrten Patienten wiedererzählt bekommen. Interessanterweise haben sich manche Ärzte, die heftig bestreiten, daß so etwas überhaupt möglich ist, andererseits aber abgewöhnt, am Operationstisch diesbezügliche Bemerkungen zu machen.

»Die Geschehnisse in den verschiedenen Stadien der Sterbeerfahrung sind, gelinde gesagt, ungewöhnlich«, stellt Moody fest. »Daher kam es für mich überraschend, als ich im Lauf der Jahre auf eine ganze Menge frappierender Parallelen stieß.« Moody fand sie unter anderem sogar in alten Überlieferungen, Schriften, manchen durch die Archäologie erkannten Begräbnisriten: Selbst da kommt vielfach ein Wissen oder eine Ahnung vom »Weiterleben nach dem Tod in Grabbeigaben und Bestattungszeremonien zum Ausdruck«.[17)]

Andererseits aber stimmen die Aussagen nicht mit allen der kirchlichen Lehrmeinung entsprechenden Vorstellungen vom Tod überein. Auch eine Trennung in Christen, Andersgläubige, Heiden oder Atheisten hat bis heute kein durch medizinische oder andere Wiederbelebung aus dem »Reich des Todes« auf die Erde Zurückgekehrter zu Protokoll gegeben.

Vielleicht ist das Paradies ganz anders, als uns gelehrt wurde?

Sind wir Geist von SEINEM Geist, dann ist eine auf der Erde weilende Seele Teil der Weltenseele, dann trägt jeder Mensch – meist ohne es zu ahnen – ein Stück Paradies in sich. Denn Geist, Seele und Gott in einem zu sein, das ist das Paradies.

Aber wie jedes Wasser aus einem großen See den Filter der Erde durchlaufen muß, um gereinigt und trinkbar zu sein, so hat offenbar auch die Weltenseele das Bedürfnis, Schlacken loszuwerden. Jeder Indianer wußte, daß man Trinkwasser nicht direkt aus dem See entnimmt, sondern aus einem tiefen Loch, das man einige Meter neben dem See in den Boden gräbt und das sich danach mit »gefiltertem« Wasser füllt.

Die Erde als Filter für das Wasser, aus dem ja auch das Leben kommt. Die Erde als Filter für die Weltenseele, die uns das Leben gibt, die das Leben ist?

Es mag ein ketzerischer Gedanke sein, der großen Weltenseele ein Bedürfnis nach Reinigung zu unterstellen. Aber wenn es anders wäre, könnte jeder Verbrecher sich darauf berufen, daß Gott ihn gerade so und nicht anders geschaffen habe, ihn also offensichtlich als Verbrecher wollte. Und was, bitte, sollte er, der armselige Mensch, gegen den Willen Gottes unternehmen?

Die großen Verbrecher der Welt haben oft so argumentiert, und selbst ein Hitler hat sich ja – wie an anderer Stelle ausgeführt – darauf berufen, (nur) ein Werkzeug der »Vorsehung« (also der Schöpfung, also Gottes) zu sein.

Der Satan als Gottes Werkzeug aber wäre die personifizierte Unschuld. Dann wären Schöpfung und Leben ohne Ziel, es gäbe keine Evolution, keine Entwicklung. Schwarz bliebe schwarz, und weiß bliebe weiß. Makro- und Mikrokosmos wären in ewigem Gleichmaß und nichts weiter als ein Schachspiel des lieben Gottes mit sich selbst. Und was wir Menschen nennen, das wären in Wahrheit Marionetten ohne spirituelles Leben.

Aber unsere Fähigkeit, zu reflektieren, uns Ziele zu setzen und zu unterscheiden zwischen Gut und Böse, beweist, daß denkendes Leben auf dieser Erde anders als Marionetten funktioniert. Und da es nachweislich »Teufel« und »Engel« in Menschengestalt gibt und beide »Kinder Gottes« sind, muß es verschiedene Phasen von der gefallenen bis zur geläuterten Weltenseele geben. Phasen, die zu erreichen sind über Stufen der Reinigung, über die jede Seele zu gehen hat wie ein Schüler durch seine Prüfungen. Erst steigende Anforderungen bewirken demzufolge einen höheren Reinigungs- und Reifegrad, der zunehmende Gottesnähe verheißt.

Gott schuf also keineswegs den Verbrecher genauso »nach seinem Bilde« wie den Heiligen, sondern beide sind zwar gleichermaßen Teil der Weltenseele, aber der satanische Mensch noch äonenweit entfernt von seinem Ziel: dem Aufgehen in Gott.

Gott ist demnach nicht die Weltenseele gemeinhin (etwa im Sinne einer mathematischen Gleichung: Weltenseele = Gott), sondern ihre höchste Vollendung, ihr Über-Ich. Und eines Menschen Seele ist demzufolge immer ein Teil Gottes, wobei sie ihm aber auch noch unendlich fern sein kann.

Gott verantwortet zwar den Menschen, dieser aber sein Tun. Gott stellt die Aufgaben, der Mensch muß sie lösen. Das Ziel ist also das Bestehen der Prüfungen, die Läuterung der Seele. Und unser eventuelles Wohlergehen ist demnach – ganz im Gegensatz zu weitverbreiteten Ansichten – kein »Wohlwollen Gottes« und keineswegs etwa gar seine Einverständniserklärung mit unserem Tun, sondern es deutet auf ein Stadium spiritueller Unreife, in welchem dem Individuum noch keine höheren, näher zu Gott führenden Prüfungen abverlangt werden.

Der »Erfolg« des Verbrechers ist ein »Beharren im Abseits«. Die Schmerzen und Leiden eines Menschen – insbesondere im seelischen Bereich – sind dagegen die auf dem schweren Weg nach oben zu überwindenden Stufen zu Gott.

ER trägt die Verantwortung für unser Sein, indem er uns ständig fordert: wie ein guter Vater, der seine Kinder frühzeitig vor Aufgaben stellt, die sie eben noch bewältigen können. ER verantwortet es, uns auf unserem Weg immer weiter vorwärts zu stoßen, aber wir sind frei, jede Sekunde neu die Richtung zu wählen – zumindest für das nächste Stück des Weges, soweit wir ihn übersehen können. Die Weltenseele beläßt ihren »gefallenen Engeln« die Selbständigkeit des Handelns.

Wenn Seele die Einheit ist, die ewig zusammen- und auseinanderfließt wie die Wasser dieser Erde, dann sind auch die gefallenen Engel Teil der Weltenseele (wie das verunreinigte Ufergewässer Teil des ganzen Sees). Und wie der weise Indianer einen Teil des Wassers zwingt, den Filter der Erde zu durchlaufen, um rein zu werden, so stürzt Gott immer wieder Satanas aus dem Himmel, damit er sich auf der Erde reinige.

Als Teil der Weltenseele sind der Menschen Seelen also ein Teil Gottes und ein Teil Satans: eine jeweils sehr individuelle Seelenmischung von rein und unrein. Und wie das Wasser die Erde durchläuft zum Brunnen des Indianers, so durchlaufen wir sie, um einen Teil der Unreinheit Satans abzustreifen, um unsere Seelen für die Reinheit des Paradieses zu läutern.

Was aber, wenn die Verschmutzung zu groß, die Reinigung in einem Durchgang nicht zu schaffen war? Wenn unser Weg »durch die Erde« zu kurz bemessen war? Wenn die Erde, von zuviel Schmutz verschlammt, uns nicht mehr genügend filtern konnte? Sollen dann unsere Seelen verworfen sein für alle Ewigkeit? Ist Wasser nicht mehr Wasser, nur weil es noch nicht genügend geklärt ist?

Wie wir wünschen, unsere Gewässer rein zu sehen, so will die Weltenseele sich, das Paradies, rein schaffen. In einem Durchgang? In tausend Durchgängen? Alberne Vorstellung, die Weltenseele könnte hier mit sozialistischen Normen oder kapitalistischen Zeitvorgaben (time is money) arbeiten.

Als das Paradies sich zur Welt erweiterte und die Weltenseele sich – als Gottes Odem – dem Leben schenkte, war klar, daß Paradies und Seele nicht rein bleiben konnten. Aber ebenso klar war auch, daß die Reinheit das Endziel sein sollte, in dem sich Welt, Leben und Seele zum Paradies vereinen.

Und deshalb werden unsere Seelen die Erde »durchlaufen«,

das große Klärbecken des Lebens, wieder und wieder, bis wir – geläutert und der Reinheit des Paradieses würdig, in dieses, in unsere Heimat – zurückkehren können.

### *Religion oder Politik?*

Das Stichwort heißt *Re-Inkarnation* (Wiederbeleibung der Seele). Für die alten Kirchenväter der christlichen Religion war die Reinkarnation einer der möglichen Wege zu Gott. Und wenn die Zentralstelle für Weltanschauungsfragen der Evangelischen Kirche in Deutschland im Februar 1986 (anläßlich einer Fernsehsendung) meint, auf »die Unterschiedlichkeit, ja Unvereinbarkeit christlichen Glaubens mit dem Glauben an die Reinkarnation«[18)] hinweisen zu müssen, argumentiert sie an historischen Tatsachen vorbei.

Die Reinkarnation widerspricht weder der Heiligen Schrift noch alten Glaubensüberlieferungen, und wer sie als »spielerisch-unernst« und »modische Vorstellung« bezeichnet, muß sich fragen lassen, wie er dann den ursprünglich von Staat und Kirche ja ebenfalls nicht abgesegneten Glauben der ersten Christen nennt?

Nein, hier geht es wahrhaftig nicht um »modische«, sondern um entscheidende Gewissensfragen im geistigen Umgang mit Gott und der eigenen Seele. Und wer die zu solchen Fragen (oft in ernsthaftem Ringen) gewonnenen Überzeugungen als »Boom« abtut, der entzieht im Grunde seinen eigenen Kirchenvätern von Augustin bis Luther – und damit sich selbst – den Boden. Auch deren Rechtfertigung ist die persönliche Gewissensentscheidung unter Anerkennung der grundsätzlichen Lehre.

Das muß sich auch der Tübinger Dogmatiker Professor Dr. Walter Kasper vorhalten lassen, der bei einem Interview im Januar 1986 von einem »sogenannten Reinkarnations-Boom« sprach. »Nach christlicher Auffassung«, sagte er, »bilden Leib und Seele eine Einheit und sind nicht einfach zwei nachträglich zusammengesetzte Teile des Menschen.«[19)]

Professor Kasper verwechselt da christliche Auffassung mit gegenwärtiger Lehrmeinung. Er weiß doch wohl ohne Zweifel sehr genau, wie intensiv gerade über diese Frage jahrhundertelang unter Christen diskutiert wurde (sogar auf die Auferstehung Christi bezogen). Noch bei Origenes (185 bis 253), dem bedeutendsten Theologen des christlichen Altertums, war die Reinkarnation fester Bestandteil des Glaubens. Erst dreihundert Jahre später, auf dem Konzil von Konstantinopel (553), wurde Origenes die »Rechtgläubigkeit« abgesprochen.

Damit war gleichzeitig das Urteil über die Reinkarnation gesprochen. Aber Professor Kasper wird sicher wissen, daß es nicht religiöse, sondern politische Gründe waren, die zu diesem Urteil führten. Es ging um die Einheit der Lehre im Rahmen einer Staatskirche und um deren zentralen Anspruch. »Diese Konstellation muß sich derjenige stets vor Augen halten, der die Geschichte des Christentums spätestens ab Theodosius bis heute aus ihren historischen Voraussetzungen heraus verstehen will; es handelt sich eben seitdem nicht mehr um bloße Religionsgeschichte, sondern um politisches Geschehen, in das Religion, Kirche, Staat, Wissenschaft, Kunst, Literatur, Wirtschaft, Sozialwesen untrennbar verwikkelt sind.«[20)]

## *Im Namen der Nächstenliebe*

Professor Kasper zitiert in dem oben erwähnten Interview als Beweis für das Unchristliche der Reinkarnation den – vermutlich – von einem Schüler des Paulus verfaßten Brief an die Hebräer: »Und es ist dem Menschen bestimmt, ein einziges Mal zu sterben.« (9, 27) Das ist absolut unbestritten. Der Mensch lebt einmal, stirbt und wird begraben. Aber was ist mit jenem Teil des Menschen, der ihm als Gottes Odem eingehaucht wurde und den wir Seele nennen? Was mit jenem spiritualisierten »Menschen«, dem wir bei menschlichen Todeserfahrungen begegnen, und den wohl auch Christus vor sich sah, als er sagte: »Wahrlich ich sage euch: es stehen etliche hier, die nicht schmecken werden den Tod, bis daß sie des Menschen Sohn kommen sehen in seinem Reich.« (Matthäus 16, 28)

Es ist unstrittig, daß »des Menschen Sohn in seinem Reich« bis heute nicht gekommen ist. Auch nicht allein »das Reich Gottes mit Kraft«, wie Markus diesen Satz seines Meisters überliefert (9, 1). Und es ist auch sicher, daß seit damals bis heute kein »Mensch« überlebt hat. Aber es ist denkbar, daß so mancher, den der Sohn Gottes damals vor sich stehen sah, bis heute noch nicht in die Ewigkeit des Einsseins der Weltenseele einging, daß er also noch nicht »schmeckt« jenen Tod, der das ewige Leben ist. Denn Gott ist, wie Christus an anderer Stelle sagte, »nicht der Toten, sondern der Lebendigen Gott; denn sie leben ihm alle«. (Lukas 20, 38)

Was ja wohl nicht heißen soll, daß Gott, wenn unser Leib gestorben ist, nicht mehr für uns »zuständig« sei, was aber eben auch bedeutet, daß der Mensch lebt, solange seine Seele lebt, in welcher Gestalt auch immer.

Wir bleiben also für Gott lebendig, ob mit oder ohne, in einem neuen oder dem alten Leib. Und die Frage, ob wir nach kirchlicher Auffassung die Leiber wechseln dürfen, ist keine christliche, sondern allein eine religionspolitische Frage.

Und um nichts anderes als Religions*politik* geht es auch bei der nachstehenden Formulierung der Evangelischen Kirche: »Christliche Hoffnung richtet sich weniger auf die individuelle Vervollkommnung als auf die endgültige Versöhnung des Menschen mit Gott.« Und ebenso deutlich auch in Kaspers Argument, daß der Gläubige der Barmherzigkeit Gottes vertrauen müsse, weil er die »Reinigung und Läuterung niemals aus eigener Kraft« leisten könne.

Mit anderen Worten: Individuelle Vervollkommnung und eigenes Bemühen um Läuterung sind nicht gefragt, der Gläubige bleibt auf die Vermittlung der Kirche, auf die Vergebung durch den Priester, auf die Erteilung der Absolution angewiesen.

Genau an diesem Punkt beginnt die Überzeugung von der

Reinkarnation Fuß zu fassen. Der denkende Mensch sieht sich heute mehr als Individuum in die Verantwortung gestellt als in vergangenen Jahrhunderten. Ein Gott, dessen Barmherzigkeit man sich »erkaufen« soll, indem man seiner Kirche einen »Ablaß für Sünden« bezahlt, ist heute so unglaubwürdig wie ein Jesus von Nazareth, der als leiblicher Christus nach seiner Auferstehung in den Weltraum fliegt.

Und das Markstück, in den Klingelbeutel des Kirchendieners geworfen, ist ein wahrlich geringerer Beweis echter Nächstenliebe als vielleicht ein – die eigene Übellaunigkeit überwindendes – fröhliches und lächelndes »Guten Morgen« zu dem neuen Kollegen am Arbeitsplatz, von dem man noch gar nicht weiß, ob man ihn überhaupt leiden kann.

Im Nächsten die Seele zu sehen, der man im Guten wie im Bösen, in diesem wie in einem nächsten Leben immer wieder begegnen kann, das könnte den Kain zögern lassen, die Keule gegen Abel zu erheben. Wenn wir endlich lernen, daß der Geist stärker ist als der Körper, bekommt auch das Christuswort, daß man dem, der einen auf die Wange schlägt, ruhig auch die andere bieten kann, seinen wahren Sinn: Der andere wird so lange schlagen müssen und von seinesgleichen geschlagen werden, bis auch seine Seele sich zu einem reineren Brunnen irdischen Seins hindurchgefiltert hat.

Origenes hat seiner Zeit vorausgedacht: Das Christentum ist dann die »erlösende« Weltreligion, wenn wir es in seiner geistigen Tiefe erfassen. Das ist keine Absage an die Kirche; deren historische Leistung ist es, daß in ihrer Institution – trotz all ihrer Fehler – die Gemeinschaft der Christen den Glauben bis heute lebendig erhalten hat.

Wichtig wäre aber zu erkennen, daß eben diese Lebendigkeit, die geradezu jugendliche Intensität des Glaubenwollens vieler Menschen heute eine Rückbesinnung auf alte – wesentliche – Grundsätze erfordert. Die Ära der Verstaatlichung (und auch der Verkirchlichung) des Menschen geht zu Ende, die Ära der Vermenschlichung – im Sinne der Vergeistigung – von Staat und Kirche liegt vor uns.

Niemand wird bestreiten, daß »der Reinkartionist vor

allem mit sich selbst beschäftigt« ist. Aber die Verantwortung für die uns zur Läuterung anvertraute Seele ist ja auch nicht übertragbar, an nichts und niemand. Wir haben – und zwar jeder für sich – für dieses Leben und für den Umgang mit unserer Seele Rechenschaft abzulegen, niemand sonst. »Was hülfe es dem Menschen«, hat Matthäus einen Ausspruch Christi notiert, »so er die ganze Welt gewönne und nähme doch Schaden an seiner Seele.« (16, 26)

Nun haben wir die Welt gewonnen. Es wird Zeit, daß wir uns mehr um unsere Seelen kümmern. In den vergangenen Jahrtausenden menschlicher Expansion wurden wir dazu erzogen, im Denken und Glauben den Weg nach außen zu gehen. Jetzt beginnt die Epoche, in der wir den Weg nach innen zu gehen haben.

Wer seiner Seele als einem kleinen Abglanz der Ewigkeit dient, der dient allen und allem. Und wer sich bemüht, seine Prüfungen des Lebens zu bestehen, der wird kein schlechter Christ sein – gleichgültig, ob er sich bemüht, weil er der kirchlichen »Hölle« entgehen, oder einfach weil er die ihm vor seine Seele gestellte Aufgabe, weil er vor Gott seine Pflicht erfüllen will.

Die mittlere Reife zu erwerben wird wichtiger für die Seele als für den Geist. Kinder ahnen in ihrem Spiel oft noch etwas von ihrer Aufgabe, wenn sie nach einem »Zornanfall« auf die gerechte Strafe warten, die ihnen wie ein Wegweiser die rechte Richtung zeigen soll. Kinder ahnen – oder wissen – sogar oft noch mehr.

Wir lächeln, wenn Kinder, kaum daß sie reden können, von Begegnungen und Erlebnissen berichten, die sie in diesem Leben noch nicht haben konnten, und schreiben es der »kindlichen Phantasie« zu.

Edgar Cayce lächelte nicht, als sich eines Tages in einem Friseurladen ein fremder kleiner Junge auf seinen Schoß setzte und sagte, er kenne ihn: »Wir waren auf dem Fluß miteinander hungrig.« Kindliche Phantasie? Cayce hatte sich einige Zeit zuvor in einer seiner Trance-Rückerinnerungen an ein vorangegangenes, mehr als hundert Jahre zurückliegendes Leben zusammen mit anderen Menschen auf einem Floß gesehen, auf dem sie, an den Ufern von Indianern verfolgt, hilflos und ohne Nahrung den Fluß hinunter trieben. Wo sie also »auf dem Fluß miteinander hungrig« waren.

So gibt es unzählige Geschichten, die für jeden, der die Wiedergeburt des Ichs in unseren Seelen auf dieser Erde bestreitet, Rätsel oder Wunder sind. Wir sollten um der Wahrheit willen die Zahl solcher »Wunder« allmählich etwas reduzieren.

# Der Mann in Grau

## *Wenn Menschheitsträume sich erfüllen*

Die Dinge sind in Bewegung geraten. Die Geister beginnen sich zu scheiden. So steht es auch mit anderen Worten in der Offenbarung des Johannes, und so auch ist in vielen anderen Voraussagen der Beginn der neuen Zeit beschrieben, einer Zeit des Friedens, einer Zeit der Menschenliebe.

Wir werden nicht unversehens in diese Zeit hineinfallen, etwa in der Art, daß der liebe Gott mit dem Finger schnipst, und mit einem Schlag ist der große Friede ausgebrochen. Wir werden uns diese Zeit erdienen müssen, die einen – untergehend – mit Gewalt, die anderen – harrend – mit großem Gottvertrauen. Und alle werden geprüft. Und es wird wohl, wenn die Gegenwart, wie ich annehme, ein Vorgeschmack dessen ist, was die kommenden Tage da und dort bringen werden, eine der härtesten Prüfungen werden, denen menschliche Seelen, denen überhaupt Menschen in Glauben und Unglauben, gut und böse, hoffend und fragend, je ausgesetzt waren.

Aber was Philosophen und große Denker seit langem fordern, was bisher immer am Menschlich-Allzumenschlichen schien scheitern zu müssen, die geistige Umkehr, sie wird Wahrheit werden. Weil nur jene überleben werden, die dazu reif sind, deren Seelen sich im Filter der Erde reinigten, so wie das verunreinigte Wasser des Sees mit kristallklaren Tropfen in den Brunnen des alten, weisen Indianers fällt.

Eine große Zahl von Menschen sind heute solche reinen Tropfen, und nicht wenige darunter, die durch eine Todeserfahrung auf den Weg einer neuen Lebenserkenntnis gebracht wurden. Eine der Nachwirkungen dieser Erfahrung hier in der persönlichen Schilderung einer »Wiederbelebten«:

»Ich habe keine Angst mehr vor dem Tod. Vor dem Sterben, ja, denn ich kann mir vorstellen, daß es mit Schmerzen und Leid verbunden ist. Aber den Tod selbst fürchte ich nicht. Tatsächlich, so merkwürdig das auch klingen mag – ich freue mich sogar auf den Tod, denn ich weiß, daß ich mit dem Licht, mit Gott, wiedervereint werde und daß es nichts auf dieser Welt gibt – Reichtum, Ruhm, Macht oder sogar das Leben selbst –, das ich mir mehr wünschen würde, als wieder mit ihm vereint zu sein.«

Mehr als acht Millionen Erwachsene mit solchen Erfahrungen und solchen Gedanken soll es inzwischen laut Georg Gallups Berechnung allein in Amerika geben. Doch nicht nur die persönliche Todeserfahrung, sondern alle transzendentalen Erfahrungen, meint Kenneth Ring[21)], bewirken vergleichbare Veränderungen, und sei es über das unbestimmbare, wenn auch wohl in Tierversuchen nachgewiesene, von C. G. Jung erkannte »kollektive Unbewußte«.

Und noch eins stellte Ring fest: Erfahrungen ähnlich der Todeserfahrung seien ihm auch von Menschen mitgeteilt worden, die nie auch nur annähernd dem Tod nahegekommen waren.

Als ich das las, begann ich in alten Papieren und Schriften zu kramen. Ich erinnerte mich nämlich plötzlich, vor vielen, vielen Jahren – inzwischen weiß ich, daß es im Januar 1959 gewesen sein muß – ein merkwürdiges Erlebnis gehabt zu haben. Ich erwachte und fand mich auf dem Bettrand sitzend, einen vollgeschriebenen Notizblock und einen Kugelschreiber in der Hand (diese Dinge hatte ich immer auf dem Nachttisch liegen). Das Unerklärliche war nur, daß der Notizblock Zeile um Zeile und Blatt für Blatt vollgeschrieben war, und zwar von mir. Es war eindeutig meine Schrift. Aber ich wußte nichts davon. Ich erinnerte mich nicht, mehr als höchstens die letzten zwei, drei Zeilen im Erwachen geschrieben zu haben, aber auch von denen kannte ich den Text nicht.

Es muß in einer Art Traum geschehen sein. Und so habe ich es dann auch davor und dahinter vermerkt.

Aber jetzt, da ich den Text wieder hervorholte, entdeckte ich in ihm einiges von dem, was Ring und Moody über die Todeserfahrung mitteilten: das Geräusch, den Weg durch einen Tunnel, das Licht. Aber nicht ich selbst ging diesen Weg, so sagt der Text, sondern ein Mann in Grau. Jetzt, wenn ich über den Traum von damals nachdenke, meine ich, der Mann in Grau – ich sehe ihn noch vor mir: groß und schlank, mit schmalem Gesicht, in einer feldgrauen Uniform – sei mir seltsam vertraut, fast wie ein Vater.

Er sprach. Fast den ganzen Weg, den er ging, sprach er. Und hier ist das, was er sagte, und der von mir und doch nicht von mir niedergeschriebene Text:

## *Und Gott war eine Uhr*

Irgendwann zwischen dem Sinken der Nacht und dem Heraufdämmern des neuen Tages war da im Halbschlaf ein Traum:

Und in dem Traum war Gott. Und Gott war eine Uhr. Er war eine Uhr in einem schweren, wuchtigen und hohen eichenen Kasten. Und die Vorderseite des Kastens war Glas. Durch das hindurch sah man das große Zifferblatt und ein mächtiges, unentwegt schlagendes Perpendikel.

Es war aber das Eigenartige, daß über dem Zifferblatt drei Zeiger kreisten, deren größter langsam und stetig vorwärts ging, als habe er gleichsam schwer zu ziehen an dem Gewicht der vollen Stunden; deren zweiter, kleinerer, in ruhiger, fortlaufender Bewegung war, als habe er im unauffälligen Gleichmaß der Minuten seine Arbeit zu verrichten wie ein treuer Beamter; deren dritter und kleinster aber die Sekunden ansprang in heftigen Rucken wie ewig vorwärtsdrängender, unruhevoller Geist.

Hinter den sechzig Merkstrichen des großen Zifferblattes dehnten sich wie die Flächen bewegter Ozeane sechzig Ebenen in die Unendlichkeit. Und durch diese Ebenen kreisten im Raum die Gestirne. Und auf den Ebenen lagen Länder wie Inseln im Meer. Sie trugen Berge und Städte, und darüber hin flogen Vögel und gingen Menschen.

So aber der Sekundenzeiger schnellte zum nächsten Strich, ließ er die Ebene dahinter erzittern wie ein Beben die Erde und konnte so Berge versetzen; Flüsse wurden umgegossen in ein neues Bett, Länder und Leben wurden umgeformt nach SEINEM Willen von Sekunde zu Sekunde.

Alles war untertan dem kleinen Zeiger, und was von ihm betroffen wurde in unguter Minute, das fiel – ob Ding oder Mensch – durch die weitgespannten Ebenen hindurch in den Schacht des Todes. Lag dort zuhauf, bis der Mörser darüber kam – das gewaltig schwingende Perpendikel – und alles, gnadenlos wirkend, zermalmte, Schlag für Schlag. Gleichzeitig scheidend: Alles Ungute und Faule sank da als unförmige Masse in unergründliche Tiefe, alles Gute und Werte stieg auf wie unter der Sonne der Dampf des Meeres, um sich als fruchtbarer Niederschlag zu verteilen über den sechzig Ebenen des Zifferblatts.

Das Pendel schlug, und der Brodem stieg, und hinter allem war plötzlich zu erkennen, daß kein Motor – etwa kreisender Elektronen oder zerfallender Atome – das gleichmäßig tikkende Uhrwerk im Kasten trieb, auch kein übliches Federwerk und nichts dergleichen. Es war ein schlagendes, pochendes Herz, das auch einmal – von einem innigen Gebet bewegt – einen Herzschlag lang aussetzte, um den hastenden Sekundenzeiger einen Merkstrich ohne Erbeben übergleiten zu lassen.

Es war, als sei lange Gesuchtes unvermutet an unerwarteter Stelle gefunden.

### *Wie eine überreife Frucht*

Plötzlich aber war anstelle des Herzens – anstelle des Zifferblatts – ein Holzschnitzer. Ein Herrgottsschnitzer. Und er schnitzte einen Gott. Und der Gott hatte eine schiefe Nase, einen leichten Kropf, war klein und ging etwas krumm. Und da sah der Herrgottsschnitzer, daß es gar nicht Gott war, sondern ein Mensch, den er geschnitzt hatte. Aber es fiel ihm im Moment nicht ein, was das für ein Mensch war und warum er ihn geschnitzt hatte und warum er geglaubt hatte, Gott zu schnitzen.

Da aber war hinter dem Holzschnitzer wieder die Uhr. Und der Kasten öffnete sich – und es war wie ein Erschrecken: Ein Mann trat aus dem Kasten, ganz in Grau gekleidet. Der Holzschnitzer drehte sich schnell herum und hielt sein Schnitzmesser in der Hand und wollte sich wehren. Aber der Mann in Grau breitete nur die Arme aus wie zu einem Kreuz, ließ sie dann wieder sinken und sagte:

»Es tut mir leid. Ich mag diese Farbe auch nicht. Es ist die Farbe der Trübnis und des Untergangs. Aber da wir bestimmt waren unterzugehen, mußten wir sie tragen.«

»Ich schnitze Gott den Herrn, der die Liebe ist«, sagte der Holzschnitzer. Aber es war nicht die Wahrheit, und er wußte es. Wie um sich gegen etwas Unbegreifliches zu wehren, schrie er: »Was geht mich Ihre Farbe an? Sie haben mir in Religion gar nichts zu sagen. Sie sind ja nicht einmal ein Pfarrer!«

Der Mann in Grau tat daraufhin einen großen Schritt über den Holzschnitzer hinweg, wandte seinen Blick in eine Ferne, die nicht mehr greifbar war, und sagte leise: »Ist mit der Religion doch wie mit einem Schrei, der sich einem von der Seele drängt, ohne daß man weiß, von wannen er kommt.«

»Warum können Sie nicht schweigen?« fragte im Hintergrund der Holzschnitzer. Der Mann in Grau stöhnte, wischte sich Schweiß von der Stirne und flüsterte dabei: »Ich kann nicht. Ich breche auf wie eine überreife Frucht.«

Der Holzschnitzer antwortete etwas, aber es war nicht zu verstehen, weil es plötzlich ganz hell wurde und das Licht ein Geräusch machte wie Flut, die über Klippen bricht. Nur die Stimme von dem Mann in Grau übertönte die Brandung. Er rief: »Da ist sie wieder, die Zeit, der ich war zugetan mein Leben lang, die Zeit des Werkens und Wirkens, die Zeit, die keiner versteht, der nicht in ihr ist.«

Kaum hatte er das gesagt, war es wieder ganz still – und ganz dunkel. Es war, als ginge der Mann in Grau durch einen langen, unendlich langen Gang, der rechts und links viele kleine Nischen hatte wie ein Eisenbahntunnel, der schmal unter Bergen hindurch in ein anderes Land führt.

Aber das Land war noch so fern, daß man sein Licht nur ahnen, nicht jedoch sehen konnte. Und in den Nischen standen der Holzschnitzer und viele andere, die nicht zu erkennen waren. Und alle riefen immer etwas. Aber was sie sagten, war nicht zu verstehen.

### *Dem fernen Licht entgegen*

Das Geräusch der Schritte, mit denen der Mann in Grau einsam vorwärts stolperte über den Schotter, dem fernen Licht entgegen, übertönte alle Stimmen. Nur seine Worte – die er im Gehen zu sich selbst sprach –, die waren deutlich zu hören:

»Einmal mußt du heimgehen und dich fragen, was hab ich draußen gesucht? Und fällt's dir nicht ein, war all dein Suchen vergebens. Aber weißt du's, so hat dein Leben den Sinn.

Geh nur, geh! Denn es kommt dir keiner ins Haus und sagt dir: Die Zeit ist reif und liegt vor der Tür, harrend wie ein hungriger Hund.

Was schadet's drum, wird von deinem Korn auch etwas zertreten, da du's doch überreichlich hast. Wär's besser angewandt, wenn's drin in der Brust dir verfaulte? – Drum trag's hinaus, und wag's vor die Zeit zu werfen. Ob sie's aufnimmt oder nicht, was kann's dich dann betrüben? Der Samen ist gelegt, und wird nicht alles davon von hungernden Spatzen aufgefressen und nicht alles und jedes verwehen. Hast du den Herbst der Zeit nicht erraten, besser dein Korn ist zu früh als endlich zu spät gar geworfen.«

Immer weiter tappten die Schritte des Mannes den Gang entlang in das Dunkel. Die Stimmen der anderen hinter ihm waren verklungen. Nur seine Stimme allein war noch zu hören:

»Wird schon ein Brecher kommen, der dir den Acker bestellt und alles umpflügt und umgräbt für deinen Samen. Und wird die Zeit dann ihren Herbst haben und vor dem Deinen aufreißen wie die Furch auf dem Feld. Und dann wird manch Körnlein noch liegen von deiner Saat und sich einrollen in die Herzen und aufgehen im kommenden Frühjahr als eine Frucht und neue Saat, die nimmer vergeht.

Und du brauchst nicht drauf warten und kannst dennoch gewiß sein, daß der Herbst noch kommt – wenn er nicht schon ist – und daß ihm ein Frühjahr wird folgen, weil's so Gesetz ist. Und weil's so Gesetz ist, daß jede Frucht, so sie gesund ist, irgendwann, irgendwie ihren Aufgang findet.«

Wie er aber wohl fühlen mochte, daß er jetzt in die Mitte der Dunkelheit kam und daß die Nischen rechts und links seines Weges leer standen und ihm keiner mehr nahe war, da schrie er: »Sag's immer, wo die Seele dich drückt, sag's laut hinaus, wenn auch keiner dir horchet.«

Danach stand er still und lauschte, wie das Echo in der Ferne verklang. Und als er den Weg wieder aufnahm, da sagte er sich:

»Trau denen Dienern nicht, die dir volle Körbe tragen, denn Gott will vor dich getragen leere Körbe haben, darein du etwas hineinzutun – und sei's dein pochend Herz.

Denk: Alles, was du von dir gibst, das kannst du nie mehr verlieren, doch alles, was du zu dir nimmst, darum mußt du ewig ängstlich sein. Und ein voller Magen verschafft nicht immer ein glücklich Gemüt.

Sorg für die Deinen und bestell das Feld, daß deine Ernte sie nähre, denn das ist die erste der Pflichten: anvertrautes Gut zu erhalten und zu mehren und mehr besorgt darum zu sein als um das eigene. Doch das Hemd, darin du dich wärmst, soll dir nicht näher sein als die Seele. Seele ist Pflicht und Gewissen: recht zu tun und recht zu bleiben und zu wuchern mit dem Pfund zum Wohle der Deinen, aber nie zum Schaden der anderen.

Bist du aber allein und glaubst dich der Pflichten ledig, dann ist dein Leben vertan – und häuftest du gleich alle Reichtümer der Welt um dich her –, so du nicht ruhlos eilst, dir eine Pflicht zu suchen wie ein Hund einen Herrn.

Denn die Pflicht unserer Seele ist uns gesetzt als einziger Herr vor Gott; wie ein Wegweiser gesetzt ist, daß wir an ihm die Richtung ersähen und nicht durch das Leben irrten wie ein verlorener Haufe zwischen den Feinden und vergingen und verdürben im Nichts.«

Und da er das sagte, da war vor dem Mann in Grau ein feiner Lichtstrahl; der kam aus der Ferne her, ihm zu künden, daß er das tiefste Dunkel durchschritten.

## *Trag deine Seele über die Schwelle*

Und der Mann sagte zu dem Licht und zu dem Weg, der vor ihm lag, und zu allem, was bis in weite Fernen hinein darauf gestellt und gesetzt sein mochte: »Was also gilt's, daß die Seele das Kostbarste ist, das wir besitzen können. Sei's drum, daß wir sie nie mit Händen gefaßt und mit Augen gesehen haben, weil sie wie alles Kostbare klein und fein ist und sich verbirgt wie die Perl in der Muschel.

So ist die Seele also von feinstem Gespinst und verweigert sich gemeinen Händen. Aber wer sie gläubig in seinem Herzen trägt – in jener Kammer, in die nur Gott seinen Einblick hat –, der wird sie fühlen an den Nervenenden seines Seins und wird an ihr hangen mehr als an seinem Leben.«

Und da der Mann in Grau weiterschritt, wurde es heller um ihn und immer heller. Und in den Nischen standen Gestalten, aber diese schwiegen und lauschten, und der Mann sagte zu ihnen: »Was gilt's auch, daß Menschsein nicht heißt, eine Seele haben! daß manch einer ist, der hat sie verwürfelt, verludert, vertan wie ein Landsknecht seine Dirn, daß sie ihm nur noch eine Zeitlang von Ferne folgen und warten mag, ob er sie wieder rufe.

Sind aber viele, die ihre brave Dirn nicht mehr rufen, die sie vergessen und lieber zu den Huren gehen, weil's bequemer ist – und ans Ende eh keiner gern denkt. Sollten sie alle aber daran denken, weil eine Hure kein gültiger Ersatz ist, sondern nur schaler Genuß und abgestandener Rausch, überpudert und behängt mit Firlefanz, daß man das nackte Elend darunter nicht sähe.

Und so sie ein frommer Ersatz sein sollen für die verstoßenen Seelen, sind Messe, Beichte und Kirchgang, sind Abendmahl und Bibelstunden nicht besser als Hurerei, die zittrig macht in den Knochen und krank im Blut und im Geist.

Nimm Weihrauch statt Puder, Frömmelei statt Firlefanz, und du stehst in der Kirchen wie im Bordell: Wo ist da die brave Dirn, wo die Seele, ihr ein eigenes Haus zu bauen und ihr einen Altar darein zu stellen, zu ihrem Lob und Gottes Ehren?

Du trag deine Dirn über die Schwelle eures Hauses, trag deine Seele über die Schwelle von Gottes Haus, und fühl dich in der Hut vor bitterem Ungemach.

Die aber, die ihre Seele davonflattern ließen wie einen verängstigten Vogel, der, auf den Bäumen neben der Straße sitzend, den Weg des Menschen betrachtet, der mit Rumpedibum und lautem Getöse und großmächtigen Schritten dahinmarschiert – und den kleinen Vogel nur schreckt, daß er aufschwirrt in den Himmel, um nie mehr wiederzukehren –, die marschieren ihre Straße der Welt und schlagen sich noch auf die Schenkel und sind zu stumpf, auch nur zu ahnen, daß jeder einzelne von ihnen nichts weiter mehr ist als ein lebender Leichnam.

Aber eines Tages brechen diesem dann die hohlen Glieder zusammen, und er ist verreckt und wird verscharrt, und irgendein Priester redet noch von Dingen, die den Toten nichts mehr angehen, und kassiert dafür sein Honorar. Denn die Nachlebenden wollen ja getröstet sein, und der Priester ist nicht dazu da, die Wahrheit zu sagen; weil sein Grabspruch sonst heißen müßte: Er lebte wie ein Vieh, er starb wie ein Vieh, und er geht drum als Vieh in die Ewigkeit ein. Amen.

Die Krähen fliegen herum und hacken in die Erde und tragen ein Stück Dreck von einem Grab in die Ewigkeit. Und ist das Stück Dreck nichts als eine leere Totenmaske, deren an den Wänden im Saal des ewigen Gerichts gar viele hängen.

Alles ist in tiefen Schnitten in die Maske eingegraben: die Wege, die einer ging, die Gedanken, die er gedacht, die Taten, die er getan. Und die Maske ist Bild vor dem Richter, hänget alleine und stumm, wird geschätzt für das Tun und das Warum, das eingeschnitten in ihren Zügen. Und keine Seele stehet auf und spricht für sie. Wird alles, was die Maske herzeigt, erkannt als eitel Gier und Lust. Und das Sein, das die Maske formte, ist gerichtet, wo keine bittende Seele es löst.«

Das letzte Stück des Weges – aus der Dunkelheit des schmalen Ganges in die Helligkeit des Lichts – schwieg der Mann in Grau. Er ging durch Menschen, die da standen und redeten. Er ging durch alles hindurch.

Und plötzlich war da nur noch Helligkeit.

Und der Mann ging darin auf.

Aber die Helligkeit war ein grauer, wolkenverhangener Morgen – und das Ende des Traums.

# Anhang

## I. Buch

### *Abkürzungen*

| | |
|---|---|
| G | = Globus-Kartendienst |
| Buttlar | = Johannes Freiherr von Buttlar: Leben auf dem Mars |
| Ditfurth | = Hoimar von Ditfurth: So laßt uns denn ein Apfelbäumchen pflanzen |
| Habsburg | = Otto von Habsburg: Die Reichsidee |
| Haßler/Erde | = Gerd von Haßler: Wenn die Erde kippt |
| Haßler/Welt | = Gerd von Haßler: Welt ohne Notausgang |
| Koestler | = Arthur Koestler: Der Mensch, Irrläufer der Evolution |
| Müller-Karpe | = Hermann Müller-Karpe: Geschichte der Steinzeit |
| MM 11.6 | = Münchner Merkur, Ausgabe vom 11.6.1987 |
| MM 22.6 | = Münchner Merkur, Ausgabe vom 22.6.1987 |
| PM 6/87 | = Zeitschrift »P. M.« vom Juni 1987 |
| Schell | = Jonathan Schell: Das Schicksal der Erde |
| UNO | = UNO-Studie: Kernwaffen |

### *Anmerkungen*

1) Habsburg, Seite 84
2) G: Raketen, die zur Diskussion stehen. Der sowjetische Parteichef Gorbatschow hat Ende April 1987 bei den Verhandlungen mit den USA in Genf einen Vertragsentwurf vorgelegt, der den

Abbau aller Mittelstreckenraketen in Europa mit einer Reichweite von mehr als 1000 Kilometern vorsieht. Dies betrifft die SS-4 und SS-20 auf östlicher und die Pershing-II und Cruise Missiles auf westlicher Seite. Gorbatschow hat ferner vorgeschlagen, auch die Raketen kürzerer Reichweite von 500 bis 1000 Kilometer zu beseitigen und die Raketen mit Reichweiten ab 150 Kilometer in die Überlegungen einzubeziehen. Solche Raketen besitzt vor allem die Sowjetunion. Im Westen gibt es nur die 72 Pershing-IA der Bundeswehr (Reichweite 720 km), über deren Sprengköpfe die USA die Verfügungsgewalt haben. (Statistische Angaben: International Institute for Strategic Studies, NATO)

3) G: Mittelstrecken-Raketen. So sah das Ergebnis von Drohung und Gegendrohung Ende 1986 aus: Die Sowjets haben 441 SS-20-Raketen aufgestellt, von denen jede drei atomare Sprengköpfe trägt; das sind 1323 Sprengköpfe. Davon sind nach NATO-Rechnung 810 Sprengköpfe für Ziele in Westeuropa und 513 für Ziele in Asien bestimmt. Hinzu kommen weitere 112 Sprengköpfe auf veralteten SS-4-Raketen, von denen aber möglicherweise ein Teil schon der Modernisierung zum Opfer gefallen ist. Auf der anderen Seite, in Westeuropa, sind 108 Pershing II (ausschließlich in der Bundesrepublik) und 160 Cruise Missiles (in verschiedenen westeuropäischen NATO-Ländern) stationiert. Beide Waffensysteme tragen nur jeweils einen Sprengkopf. Laut Nachrüstungsbeschluß sollen bis Anfang der 90er Jahre weitere 304 Cruise Missiles hinzukommen. (Statistische Angaben: SIPRI)
4) UNO, Seite 105
5) Schell, Seite 110 und Ditfurth, Seiten 57 bis 67
6) UNO, Seite 140
7) Ditfurth, Seite 55 und Haßler/Welt, Seite 300
8) Die Supermächte haben am 8. Dezember 1987 einen ersten Vertrag über die Abschaffung eines wesentlichen Teils von Atomwaffen unterzeichnet.
9) Habsburg, Seiten 87 + 98
10) Haßler/Erde, Seite 21
11) Müller-Karpe, Seiten 80 + 276
12) G: Atomraketen in Europa. Derzeit stehen beiderseits des Eisernen Vorhangs zwischen Atlantik und Ural über 700 Mittelstrecken- und mehr als 1400 Kurzstreckenraketen. Außer den USA und der UdSSR verfügen auch Frankreich und England

über eigene Atomraketen. Einen Teil der Kurzstreckenraketen haben die Supermächte bei den Streitkräften einiger Verbündeter stationiert (zum Beispiel der Bundesrepublik, der DDR und der ČSSR). Die dazugehörigen atomaren Sprengköpfe halten sie jedoch unter Verschluß, weil sich die Supermächte die alleinige Verfügung über den Einsatz von Atomwaffen vorbehalten. (Statistische Angaben: International Institute for Strategic Studies, NATO)

13) G: Atomare und konventionelle Rüstung. Die Strategie der atomaren Abschreckung beruht auf der Überlegung, daß niemand einen Krieg führen wird, wenn er weiß, daß dies unausweichlich die Zerstörung des eigenen Landes bedeutet. Dieser Strategie dienen die großen Interkontinentalraketen, die weitreichenden U-Boot-Waffen und die strategischen Fernbomber. (Statistische Angaben: International Institute for Strategic Studies, NATO)

14) G: Die Rüstungslast. Wenn man die Verteidigungsausgaben als Prozentsatz des Bruttosozialprodukts ausdrückt, liegen in der NATO die beiden ärmsten Mitglieder in der Spitzengruppe: Griechenland mit 7,2 Prozent an erster, die Türkei mit 4,4 Prozent an vierter Stelle. Die Führungsmacht USA steht mit 6,4 Prozent auf Platz zwei. Die UdSSR, deren Verteidigungsausgaben durchaus denen der USA entsprechen, hat viel schwerer an ihnen zu tragen, weil ihre Wirtschaftskraft geringer ist. Realistisch geschätzt, beträgt die Rüstungslast rund 15 Prozent des sowjetischen Bruttosozialprodukts. Damit liegt die UdSSR innerhalb des Warschauer Paktes mit Abstand an erster Stelle. (Statistische Angaben: International Institute for Strategic Studies, NATO)

15) Haßler/Welt, Seite 299

16) Habsburg, Seite 125

17) G: Ausbreitung der Atomtechnologie. Den Atomwaffensperrvertrag nicht unterschrieben haben einige Länder, die zwar keine Atomwaffen besitzen, deren Kernforschung aber möglicherweise oder bekanntermaßen auch auf waffentechnische Nutzung des Atoms zielt, so zum Beispiel Israel, Südafrika, Pakistan und Indien, das bereits erfolgreich eine Atombombe getestet hat. Inzwischen ist eine weitere Möglichkeit der »Weiterverbreitung« von Kernwaffen nicht mehr ganz auszuschließen. (Statistische Angaben: Atomwirtschaft, Stockholmer Institut für Friedensforschung – SIPRI)).

18) Habsburg, Seite 147
19) Habsburg, Seite 109
20) Schell, Seite 261
21) Haßler/Welt, Seite 304
22) Buttlar, Seiten 140 + 188
23) G: Atomwirtschaft 1985. Quelle: VDEW, Pressestellen der Energiewirtschaft
24) PM 6/87, Seite 70
25) G: Der private Energiebedarf. Die privaten Haushalte verbrauchen jährlich über 100 Millionen Tonnen Energie (ausgedrückt in Steinkohleneinheiten). Das ist mehr als ein Viertel des gesamten Energieverbrauchs in der Bundesrepublik. Ihren Bedarf decken sie zu fast zwei Dritteln (63 Prozent) mit Mineralöl – mit Heizöl zum Heizen sowie mit Benzin und Diesel zum Autofahren. (Statistische Angaben: VDEW, Arbeitsgemeinsch. Energiebilanzen)
26) Habsburg, Seite 198 ff.
27) Haßler/Welt, Seite 252
28) Haßler/Welt, Seite 276
29) G: Defizitbringer der USA. Die USA, das reichste Land der Welt, sind zugleich der Welt größter Schuldner. Das ist eine für die Amerikaner ungewohnte Situation. Denn seit 1914 waren sie dem Ausland gegenüber ununterbrochen in einer Gläubigerposition. Aber seit 1982 leben sie über ihre Verhältnisse. Jahr für Jahr stieg seitdem das Defizit in der US-Zahlungsbilanz und damit auch die US-Verschuldung gegenüber dem Ausland. Ende 1985 war es dann soweit: Die USA hatten gegenüber dem Ausland erstmals 112 Milliarden Dollar mehr Schulden als Vermögen (= Nettoverschuldung der USA). Ein Jahr später, Ende 1986, lag die Nettoverschuldung schon bei 263,6 Milliarden Dollar. Im Vergleich dazu nimmt sich die Verschuldung der Entwicklungsländer bescheiden aus. Das höchstverschuldete Land, Brasilien, kommt nur auf 108 Milliarden Dollar Auslandsschulden. (Statistische Angaben: US-Handelsministerium, OECD)
30) Haßler/Welt, Seite 242
31) Habsburg, Seite 220
32) Haßler/Welt, Seite 215
33) Haßler/Welt, Seite 295
34) Haßler/Erde, Seite 287
35) G: Wuchernde Menschheit. 1960 hatte der dreimilliardste Er-

denbürger Geburtstag. 16 Jahre später war die vierte Milliarde erreicht. Und 1987 erblickte der fünfmilliardste Mensch das Licht der Welt. Ein Grund zum Feiern ist das allerdings nicht; denn das rapide Wachstum der Erdbevölkerung findet vor allem in der Dritten Welt statt. Hier aber leben Millionen von Menschen in Armut und Elend. (Statistische Angaben: Vereinte Nationen, WSI, Stat. Bundesamt)

36) G: Wachsende Kriminalität. Im Jahre 1986 registrierte die Polizei in der Bundesrepublik 4,4 Millionen Straftaten – 3,6 Prozent mehr als im Vorjahr und weit mehr als doppelt so viele wie vor 20 Jahren. Fast zwei Drittel aller gemeldeten Straftaten entfielen auf schweren und einfachen Diebstahl. Dabei handelte es sich in den meisten Fällen um Diebstahl von oder aus Fahrzeugen. Geradezu einen »Boom« gab es beim Diebstahl aus Autos. Die Zahl dieser Delikte stieg im Vergleich zum Vorjahr um fast 18 Prozent auf über 700000 Fälle. (Statistische Angaben: Kriminalstatistik 1986)

37) G: Die Kriegszerstörung der deutschen Städte. Das Ergebnis einer Umfrage des Globus-Kartendienstes bei Bürgermeistern der vier Besatzungszonen – wahrscheinlich die einzige private Erhebung im damaligen Gesamtdeutschland.

38) Habsburg, Seite 196

39) G: Die Kriege nach dem Krieg. Seit 1945 ist kaum ein Tag vergangen, an dem nicht irgendwo in der Welt Krieg oder Bürgerkrieg tobte; ganze 26 Tage im September 1945 bildeten die Ausnahme. Zwar blieb in den Industriestaaten des Nordens der Friede tatsächlich erhalten – abgesehen vom Ungarn-Aufstand 1956 und dem Terror der Untergrundarmeen in Nordirland und dem Baskenland. Wenn Kriege geführt wurden, dann außerhalb der eigenen Grenzen – in Vietnam, am Suezkanal, auf den Falklandinseln oder in Afghanistan. Und dort, in der Region der Entwicklungsländer, zieht sich ein Ring der Gewalt rund um den Erdball. (U. Borchardt u. a., Die Kriege der Nachkriegszeit, in Vereinte Nationen 2/1986)

40) MM, 22.6.87

41) Ditfurth, Seiten 281, 325, 361

42) Haßler/Welt, Seite 10

43) G: Brennpunkte 1984, 1985, 1986. 1985 – Kriege, Krisen, vor allem aber Katastrophen mit jeweils Zehntausenden von Toten: Flutkatastrophe in Bangladesch, Erdbeben in Mexiko, Vulkanausbruch in Kolumbien. Die internationale Luftfahrt

erlebte ein schwarzes Jahr; allein bei den drei folgenschweren Abstürzen starben über 1000 Menschen. 1986 – die Kriege gehen weiter. Terroristen morden und nehmen Geiseln. Die Zweifel an der Beherrschbarkeit der Kernenergie sind durch die Katastrophe von Tschernobyl gewachsen. Die Natur hat erneut gezeigt, wie unberechenbar sie ist. Erdbeben, Wirbelstürme und Überschwemmungen forderten zahlreiche Menschenleben, der Giftgasausbruch des Nios-Kraters in Kamerun allein 1750.

44) Haßler/Erde, Seite 7
45) Koestler, Titel
46) Haßler/Welt, Seite 299
47) MM, 11.6.87
48) Haßler/Welt, Seite 140
49) Müller-Karpe, Seite 110
50) Müller-Karpe, Seite 145
51) Müller-Karpe, Seite 145
52) Müller-Karpe, Seite 145
53) Müller-Karpe, Seite 146
54) Müller-Karpe, Seite 147
55) Haßler/Erde, Seiten 113 + 267

## *II. Buch*

### *Abkürzungen*

Wie I. Buch, dazu

| | |
|---|---|
| Bayernkurier | = Wochenzeitung »Bayernkurier« vom ... |
| Buttlar/Kräfte | = Johannes Freiherr von Buttlar: Unsichtbare Kräfte |
| GGZ/Broschüre | = Gemeinnützige Gesellschaft zur Zukunftssicherung e. V.: Was gibt Sicherheit? |
| GGZ, 11/86 | = Mitteilungen, November 1986 |
| Martin | = Dr. Paul C. Martin: Sachwert schlägt Geldwert |
| Spiegel 48/86 | = Magazin »Der Spiegel«, Ausgabe Nr. 48/1986 |
| Tietz | = Professor Dr. Bruno Tietz: Optionen bis 2030 |
| Vester | = Professor Dr. Frederic Vester: Exposé zur Umstellung eines städtischen landwirtschaftlichen Guts |

*Anmerkungen*

1) Haßler/Welt, Seite 58
2) Buttlar/Kräfte, Seite 103 f.
3) Haßler/Erde, Seite 200
4) G: Krank durch den Beruf. Am meisten Sorgen machen die Chemikalien, mit denen die Menschen am Arbeitsplatz in Berührung kommen. Das zeigt sich insbesondere an den Hautkrankheiten, von denen jährlich über 10000 neue Fälle registriert werden und die seit 1982 die Lärmschwerhörigkeit an Häufigkeit übertreffen. Eine steigende Tendenz ist auch bei allergischen und anderen Erkrankungen der Atmungswege zu verzeichnen, die ebenfalls überwiegend auf das Konto von Chemikalien gehen. Hinzu kommen einige hundert durch Lösungsmittel, Schädlingbekämpfungsmittel, Gase und andere Stoffe verursachte Krankheiten. (Statistische Angaben Bundesarbeitsministerium)
5) G: Unser teures Gesundheitswesen. Die Gesamtausgaben »zur Erhaltung und Wiederherstellung der Gesundheit und zur Beseitigung von Krankheitsfolgen« (so die genaue Bezeichnung des Statistischen Bundesamtes) haben sich zwischen 1970 und 1984 mehr als verdreifacht. Sie stiegen in dieser Zeit von 70,3 auf 229,2 Milliarden DM. Die Summe aller Ausgaben für 1985: 242 Milliarden DM. Den Löwenanteil brachte die gesetzliche Krankenversicherung mit 112 Milliarden DM auf – das waren 46 Prozent der Aufwendungen. Arbeitgeber und Staat zahlten 38 bzw. 32 Milliarden DM. (Statistische Angaben: Statistisches Bundesamt)
6) G: Zivilisationskrankheiten obenan. Jeder zweite Bundesbürger stirbt an Herz- oder Kreislauferkrankungen, jeder fünfte an Krebs. Ursachen: Streß und Umweltverschmutzung, falsche und zu reichliche Ernährung – also Begleiterscheinungen des Wohlstands. (Statistische Angaben: Statistisches Bundesamt)
7) MM, 9.8.87
8) Habsburg, Seite 187 ff.
9) MM, 19.6.87
10) G: AIDS – Angriff auf die Polizei des Körpers. Da zwischen Ansteckung und Ausbruch der Krankheit zwei bis fünf Jahre vergehen, gibt es mit Sicherheit viele mit AIDS-Viren infizierte Menschen, die davon noch nichts wissen und inzwischen die Krankheit weiterverbreiten können. Das besonders Tückische der Krankheit ist ihr Angriffspunkt. Wenn AIDS-Viren ins

menschliche Blut gelangen, suchen sie sich genau jene weißen Blutkörperchen (Helfer-T-Zellen genannt) als Wirtszellen aus, die für das Abwehrsystem des Körpers gegen Infektionen entscheidend sind. Die Viren schleusen ihr eigenes Erbgut in das Erbgut der Zelle ein und zwingen sie, viele neue AIDS-Viren zu produzieren (unser Schaubild). Danach geht die Abwehrzelle zugrunde, und die freigesetzten neuen Viren infizieren weitere Abwehrzellen.

11) MM, 24.1.87

12) G: Weltseuche AIDS. Auf den Bahamas am weitesten verbreitet. Die Seuche AIDS ist unaufhaltsam auf dem Vormarsch. Für Ende Mai 1987 weist die Statistik der Weltgesundheitsorganisation (WHO) mehr als 51000 AIDS-Fälle aus; 1986 waren es erst 17100. Hierbei handelt es sich wohlgemerkt um die offiziell bekanntgewordenen Erkrankungen. Die tatsächliche Zahl – so wird vermutet – liegt um ein Vielfaches höher. (Statistische Angaben: WHO)

13) Spiegel 48/86

14) G: Geld für die Umwelt. Staat und Industrie investierten zusammen rund 80 Milliarden DM in Anlagen zur Vermeidung oder Beseitigung von Umweltbelastungen. Darunter ist vor allem die Beseitigung von Abwässern und Abfällen zu verstehen. Von den gesamten Umweltinvestitionen des Staates in Höhe von 55,7 Milliarden DM waren 51 Milliarden – 92 Prozent – für Kläranlagen und Abwasserkanalisation bestimmt; der Abfallbeseitigung dienten 3,7 Milliarden und dem Lärmschutz 0,9 Milliarden. Anders die Schwerpunkte in der Industrie. Die Luftreinhaltung erforderte mit 12,3 Milliarden DM rund die Hälfte der Umweltschutzinvestitionen; die Anlagen zur Reinigung industrieller Abwässer kosteten 8 Milliarden DM, und jeweils rund 2 Milliarden DM gaben die Produktionsunternehmen für die Abfallbeseitigung und für Lärmschutzeinrichtungen aus. (Statistische Angaben: Statistisches Bundesamt)

15) G: Umwelt-Kriminalität. Die Zahl der erfaßten Umweltdelikte ist von 1975 bis 1985 von 3445 auf 12875 angestiegen, hat sich also binnen zehn Jahren annähernd vervierfacht. Der größte Teil, nämlich rund zwei Drittel aller Vergehen, entfällt auf die Gewässerverunreinigung. (Statistische Angaben: Amtliche Kriminalstatistik)

16) G: Luftschmutz – woher, wohin? Luftverschmutzung kennt

keine Grenzen. Was aus bundesdeutschen Schornsteinen aufsteigt, geht nur zu weniger als der Hälfte wieder auf bundesdeutschem Boden nieder. Der größere Teil macht sich mit Wind und Wolken auf die Reise in alle Himmelsrichtungen. Am meisten Schwefel aus Verbrennungsanlagen der Bundesrepublik lagert sich bei unseren nächsten Nachbarn ab. Wieviel dort herunterregnet, hängt natürlich auch von der im jeweiligen Jahr vorherrschenden Wind- und Wetterlage ab. Aber Frankreich, die DDR, die Niederlande, Polen, die Tschechoslowakei und Belgien bekommen in jedem Fall das meiste vom deutschen Schwefel-Export. Natürlich importiert auch die Bundesrepublik unfreiwillig den Luftschmutz ihrer Nachbarn, aber insgesamt doch nicht ganz soviel, wie sie selbst exportiert. Hauptlieferant ist meist die DDR. Sie gehört mit Polen, Italien und England zu den größten Luftverschmutzern Europas. (Statistische Angaben: Bundesministerium für Umwelt)

17) G: Müll – Kehrseite des Wohlstands. Hausmüll war am öffentlichen Abfallaufkommen 1984 mit 29,6 Millionen Tonnen beteiligt; das sind zehn Zentner je Bundesbürger. Mehr Gewicht hatten mit 46,5 Millionen Tonnen Bauschutt und Bodenaushub. Hinzu kamen noch Abfälle aus der gewerblichen Produktion, Rückstände aus Kläranlagen, Schlacken aus Müllverbrennungsanlagen und anderes. Wie der alljährliche Abfall beseitigt werden soll, wird für Gemeinden und Landkreise zu einer immer drückenderen Sorge. Denn der Platz für umweltsichere Lagerstätten wird knapp. (Statistische Angaben: Statistisches Bundesamt)

18) G: Abwässer – alles klar? Von je 100 schwedischen Haushalten sind 100 – also alle – per Kanalisation an Kläranlagen angeschlossen. Mit einer Anschlußdichte von 90 folgen die Dänen auf dem zweiten Rang. In der Bundesrepublik Deutschland, in Großbritannien und in der Schweiz gehen die Abwässer von mehr als 80 Prozent der Haushalte durch Kläranlagen. (Statistische Angaben: OECD)

19) G: Das Krankheitsbild vom deutschen Wald. Leichte Besserung für den Patienten meldet die Waldschadenserhebung 1987. Aber hinter dieser summarischen Feststellung verbergen sich sehr unterschiedliche Entwicklungen im einzelnen. Der Rückgang der Schäden ist beispielsweise ausschließlich der Tatsache zu danken, daß weniger mittlere und starke Schäden festzustellen waren; der Anteil der Bäume mit leichten Schäden

blieb hingegen mit 35 Prozent genauso hoch wie 1986. Und die Besserung war durchaus nicht bei allen Baumarten gleichermaßen festzustellen; vielmehr wuchsen die Flächen mit geschädigten Laubbäumen gegenüber dem Vorjahr, während sich der Zustand der Nadelbäume besserte. Auch regional war der Krankheitsverlauf uneinheitlich: Verschlechterung des Waldzustandes im Saarland, in Schleswig-Holstein und Nordrhein-Westfalen, Verbesserung in Baden-Württemberg, Niedersachsen und Bayern. Daß der Wald sich auf dem Wege der Besserung befindet, wäre also zuviel gesagt. (Statistische Angaben: Bundesernährungsministerium)

20) G: Die Wolke von Tschernobyl. Der Unfall von Tschernobyl hat drastisch deutlich gemacht, daß Vorgänge auf dem Gebiet eines Staates sehr wohl andere Staaten etwas angehen. Die Bundesrepublik ist bei dem Reaktorunglück glimpflich davongekommen, weil die radioaktive Wolke durch die Winde erst nach Norden und Süden getrieben wurde und erst nach einer Woche – schon stark verdünnt – ihr Gebiet erreichte. Zehn Tage nach dem Unglück war dann fast auf der gesamten Nordhalbkugel erhöhte radioaktive Strahlung nachweisbar. (Statistische Angaben: Atomforschungszentrum Lawrence Livermore Laboratory, US-Luftwaffe)

21) Bayernkurier, 20.6.87

22) G: siehe Graphik »Die Atomstromländer« S. 126

23) G: Die Drogen-Welt. Die meisten natürlichen Drogen waren schon in alter Zeit im Orient oder in Amerika bekannt und in Gebrauch. Europa entdeckte sie neu als schmerzstillende oder betäubende Heilmittel. Im 20. Jahrhundert wurden sie als Rauschgifte zu einer allgemeinen Bedrohung und einem kriminellen Großgeschäft. Drei Pflanzen sind es, aus denen die wichtigsten Rauschmittel gewonnen werden: Die Blätter des südamerikanischen Kokastrauchs liefern das Kokain. Die Blüten und Blätter des Indischen Hanfs werden zu Haschisch und Marihuana verarbeitet (der illegale Handel bezieht seine Ware aus Mittelamerika und Asien). Opium wird aus dem Milchsaft des Schlafmohns gewonnen; Hauptbestandteil ist das Morphium, das häufig zu Heroin weiterverarbeitet wird. Die Drogenhändler kaufen Opium vor allem in Mittelamerika, im Vorderen Orient und in Südostasien. Allerdings wird Schlafmohn zur Herstellung von Arzneimitteln auch legal in Europa, Kleinasien und Indien angebaut. – Der internationale Drogen-

handel ist heute nicht mehr nur auf die natürlichen Rauschgifte beschränkt. Zahlreiche synthetische Drogen sind hinzugekommen, die in illegalen Laboratorien in aller Welt produziert werden.

24) Habsburg, Seite 201

25) Martin, Seite 336 ff.

26) Ditfurth, Seite 278

27) Habsburg, Seite 193

28) G: Drei Verdiener-Generationen. Der durchschnittliche Jahresverdienst der Arbeitnehmer lag 1985 bei 35.286 DM brutto. Das war fast sechsmal soviel wie die 6177 DM, die deutsche Verdiener des Jahres 1925 nach Hause brachten. Vor sechzig Jahren gab es freilich noch keine DM, sondern Reichsmark. Und in Reichsmark ausgedrückt, wirkt der Jahresverdienst noch kümmerlicher; er lag nämlich nur bei 1469 RM. Aber für jede Reichsmark konnte man damals mehr als viermal soviel kaufen wie heute für eine DM. Der Jahresverdienst der Urgroßväter war also tatsächlich 6177 DM wert. Für diesen Betrag mußte man härter und länger arbeiten als heute. Denn damals gab es noch keine Fünf-Tage-Woche, und bezahlter Urlaub war noch ein Zukunftstraum. (Statistische Angaben: Bundestagdrucksache 10/2608, Rentenanpassungsbericht 1985, Stat. Bundesamt)

29) G: Die schönsten Tage des Jahres. Niederländer und Deutsche haben am meisten. Die schönste Zeit des Jahres – die arbeitsfreien Tage durch Urlaub und gesetzliche Feiertage – dauert in den Niederlanden und in der Bundesrepublik Deutschland am längsten. Mit 43,5 bzw. 42 arbeitsfreien Tagen schneiden die niederländischen und die deutschen Industriearbeiter international am besten ab. Mehr als 40 freie Tage pro Jahr – das entspricht bei einer Fünf-Tage-Woche einem Freizeitvergnügen von mehr als acht Wochen. In allen anderen westlichen Industrieländern kommen die Beschäftigten auf weniger als 40 bezahlte Urlaubs- oder Feiertage im Jahr. Am schlechtesten sind die Amerikaner dran. In den USA beträgt der durchschnittliche Jahresurlaub zwölf Tage, dazu kommen zehn arbeitsfreie Feiertage; zusammen sind das 22 Tage – 20 weniger als in der Bundesrepublik. (Statistische Angaben: Bundesvereinigung der Deutschen Arbeitgeberverbände)

30) G: Konjunkturwellen 1950–1987. Auf eine Phase mit zunehmenden Wachstumsraten (Aufschwung) folgte stets eine

Phase mit abnehmenden Wachstumsraten (Abschwung). Die Wirtschaft der Bundesrepublik hat bisher sechs Konjunkturzyklen durchlaufen und steht vor dem Ende des siebten. Augenfällig ist, daß nahezu jede neue Wachstumswelle niedriger ausfällt als die vorhergehende. (Statistische Angaben: Statistisches Bundesamt, Frühjahrsgutachten der Wirtschaftsforschungsinstitute)

31) G: Konsumieren auf Pump. Die Deutschen sind heute vergleichsweise wohlhabend. Aber sie haben auch Schulden wie noch nie: Mit 197 Milliarden DM stehen sie bei den Kreditinstituten in der Kreide (Hypothekendarlehen nicht mitgerechnet); das sind durchschnittlich 7500 DM je Haushalt in der Bundesrepublik Deutschland. (Statistische Angaben: Deutsche Bundesbank)

32) G: Schuldentreppe des Staates. Bund, Länder und Gemeinden bemühen sich seit Anfang der 80er Jahre, mit ihrer sogenannten Haushaltskonsolidierung die jährliche Neuverschuldung, also die Schuldenzunahme, zu verringern. Aber neue Schulden sind eben neue Schulden; sie bewirken, daß der Schuldenberg weiter wächst. (Statistische Angaben: Deutsche Bundesbank)

33) Habsburg, Seite 197 f.

34) Martin, Seite 279

35) Martin, Seite 274

36) G: Die größten Schuldner der Welt. Die Schuldenlast der Entwicklungsländer von 1,1 Billionen Dollar entspricht nach Berechnungen der OECD 45 Prozent des Bruttosozialprodukts dieser Länder. Die Menschen der Dritten Welt müßten also fast ein halbes Jahr nur für die Schulden arbeiten, wenn sie sie auf einen Schlag loswerden wollten. (Statistische Angaben: OECD, dpa)

37) Martin, Seite 235 f.

38) G: Die Schulden der Armen. Die Schuldenlast steigt immer noch. Im Jahr 1986 hatte sie nach Berechnungen der Weltbank 1035 Milliarden Dollar erreicht, also die 1-Billion-Dollar-Grenze überschritten. (Statistische Angaben: Internationaler Währungsfonds, Weltbank)

39) Bayernkurier, 4.10.86

40) G: Minus in den Auftragsbüchern. Mitte 1987 beurteilten Wirtschaftsforschungsinstitute und Bundeswirtschaftsministerium die künftige Konjunkturentwicklung pessimistischer als

noch vor einem halben Jahr. (Statistische Angaben: Statistisches Bundesamt)

41) Haßler/Welt, Seite 73 ff.

42) G: Unersättlicher Fiskus. Die Lohnsteuer: stärker als andere Steuerquellen. Ihr Aufkommen stieg von 35 Milliarden DM im Jahre 1970 auf 152 Milliarden DM im Jahre 1986. Das ist ein Plus von 334 Prozent. Alle anderen Steuerarten zusammen brachten im gleichen Zeitraum Mehreinnahmen von »nur« 170 Prozent. Obgleich immer wieder Steuererleichterungen und Steuerreformen den Trend zu höherer Steuerbelastung unterbrachen, war die Wirkung solcher Wohltaten jedesmal schon binnen Jahresfrist verpufft. (Statistische Angaben Bundesfinanzministerium, DIW)

43) Haßler/Welt, Seite 84 f.

44) G: Wolken über der Weltwirtschaft. Die Wolken über der Weltwirtschaft werden nicht heller. Vor allem drei Probleme belasten die Volkswirtschaften der Welt. Das eine ist die übermäßige Verschuldung der Entwicklungsländer. Viele von ihnen werden ihre Schulden nie vereinbarungsgemäß verzinsen und zurückzahlen können. Es muß deshalb verhindert werden, daß die geldgebenden Institute ihrerseits Bankrott machen und eine Kettenreaktion das Welt-Finanzsystem zerrüttet. Ein großes Konfliktpotential steckt ferner in den Handelsungleichgewichten zwischen den großen Handelsmächten. Daß die Amerikaner nicht endlos über ihre Verhältnisse leben und riesige Handelsbilanzdefizite hinnehmen können, steht außer Zweifel. Aber die notwendige Umkehr der Handelsbilanzen birgt die Gefahr großer Erschütterungen des Welthandels in sich. Langfristig noch schwerwiegender ist das dritte Problem, die Arbeitslosigkeit in der westlichen Welt. Trotz Wirtschaftsaufschwung sind die Arbeitslosenzahlen nur hier und da aber nicht insgesamt zurückgegangen. Die OECD schätzt die Gesamtzahl der Arbeitslosen im Jahre 1987 auf 31 Millionen (Statistische Angaben: Weltbank, OECD)

45) G: Wachsende Rentenlast. Die Alterslast steigt. Als 1957 die große Rentenreform beschlossen wurde, schien sie ein Jahrhundertwerk zu sein. Aber das System wird in seiner jetzigen Form das Jahrhundert kaum überdauern können. Denn der »Generationenvertrag«, auf dem es beruht, ist brüchig geworden. Dieser Vertrag besagt, daß die aktive Generation für die Rentner sorgt und damit den Anspruch erwirbt, selbst einmal

von der nachfolgenden Generation versorgt zu werden. Die Zahl der berufstätigen Beitragszahler in der Bundesrepublik sinkt jedoch und die der Rentner steigt an. Heute kommen auf je 100 Beitragszahler 48 Rentner. Der Verband Deutscher Rentenversicherungsträger schätzt, daß im Jahre 2026 die Zahl der Rentner die der Beitragszahler überschreiten wird. Daraus ergibt sich, daß dann die Renten nicht mehr aus Beiträgen allein finanziert werden können, wenn nicht die Beitragssätze eine untragbare Höhe erreichen sollen. (Statistische Angaben: Verband deutscher Rentenversicherungsträger)

46) Tietz, Seite 11 ff.

47) G: Welt der Satten – Welt der Hungrigen. Fast ein Drittel der Weltbevölkerung hat nicht genug zu essen. Die Nahrungsmittelproduktion in den Entwicklungsländern ist in den letzten Jahren zwar merklich angestiegen; dieser Erfolg wurde aber durch das Bevölkerungswachstum fast zunichte gemacht. Verbesserungen in der Lebensmittelversorgung in einigen Regionen stehen Verschlechterungen in anderen – besonders in Afrika – gegenüber. Auch in Ländern, wo der Bedarf längerfristig gesehen gedeckt ist – sei es durch eigene Produktionen, sei es durch Einfuhren –, kommt es bei schlechten Ernten immer noch zu Hungerkatastrophen. In vielen Ländern sind die Probleme von Transport, Lagerung und Verteilung längst nicht gelöst. Im Gegensatz dazu gibt es vor allem in Europa und Nordamerika Überversorgung und Überproduktion. Sie führen zu Verschwendung, Erkrankungen durch Überernährung und zur Vernichtung von Lebensmittelüberschüssen. (Statistische Angaben: Weltbank, UN)

48) Haßler/Welt, Seite 156

49) G: Die deutsche Handelsbilanz 1986. 1986 wurden deutsche Waren im Wert von 526 Milliarden Mark ins Ausland verkauft, für Importwaren mußte die Bundesrepublik jedoch 414 Milliarden Mark aufwenden, davon 25,6 Milliarden Mark für Agrarprodukte. (Statistische Angaben: Statistisches Bundesamt)

50) G: Der Boden-Verbrauch. Das Statistische Bundesamt hat in Flächenerhebungen untersucht, wie sich die Nutzung der Flächen zwischen 1981 und 1985 verändert hat. Das Ergebnis: Insgesamt waren von solchen Nutzungsveränderungen 251 000 Hektar betroffen; das entspricht einem Prozent der gesamten Bundesfläche. Ein Prozent unseres Bodens hat also in diesen vier Jahren seine Bestimmung und damit meistens auch sein

Aussehen verändert. Vor allem die Landwirtschaft ist »Lieferant« für Boden. Hauptverbraucher sind Gebäude samt Gärten und Freiflächen sowie Straßen. (Statistische Angaben: Raumordnungsbericht 1986)

51) Ditfurth, Seite 227 f.

52) Ditfurth, Seite 281 f.

53) Haßler/Welt, Seite 87

54) Habsburg, Seiten 218 + 229

55) G: Zukunft der Höfe. Mehr als ein Drittel aller landwirtschaftlichen Betriebe soll in den kommenden zehn Jahren an einen Nachfolger übergeben werden. Das bedeutet: 274 000 von den insgesamt rund 720 000 landwirtschaftlichen Betrieben werden bis 1996 einen neuen Besitzer haben. Längst nicht alle werden – soweit die befragten Landwirte das heute schon voraussehen – den Hof als landwirtschaftlichen Betrieb weiterführen; bei 33 000 Betrieben ist die Aufgabe des Betriebes zu erwarten, bei weiteren 55 000 ist die Zukunft noch ungewiß. Nur 101 000 werden voraussichtlich als Haupterwerbsbetriebe weitergeführt, die restlichen 85 000 als Nebenerwerbsbetriebe. Diese Ergebnisse machen deutlich, daß der Strukturwandel in der Landwirtschaft weitergehen wird und immer weniger Landwirte hauptberuflich von der Landwirtschaft leben wollen. (Statistische Angaben: Bundesernährungsministerium)

56) GGZ/Broschüre, Seite 3

57) Vester

58) Tietz, Seite 420

59) GGZ, 11/86

60) Tietz, Seite 421

61) G: Fleiß ohne Preis. In den letzten 15 Jahren hat sich die Ergiebigkeit landwirtschaftlicher Arbeit mehr als verdoppelt. Jede landwirtschaftliche Arbeitskraft produzierte 1970 im Durchschnitt 31,7 Tonnen Nahrungsmittel (ausgedrückt in Getreideeinheiten), im Jahre 1985 hingegen 65,8 Tonnen. Mehr und leistungsfähigere Maschinen, ertragreichere Züchtungen, ausgefeilte Produktionspläne, Spezialisierung auf bestimmte Produktionszweige, sachgerechte Fütterung, Düngung und Schädlingsbekämpfung haben den Anstieg der Produktivität ermöglicht. Aber das Realeinkommen der Landwirte liegt heute niedriger als vor 15 Jahren. (Statistische Angaben: Agrarbericht 1986, Bundesernährungsministerium)

62) G: Wie lohnt sich Landwirtschaft? Die dänischen Bauern

kamen 1984/85 im Durchschnitt auf umgerechnet 56390 DM je Arbeitskraft, die deutschen Bauern nur auf 23660 DM. Damit liegen sie unter den zwölf EG-Ländern an siebter Stelle. Nahezu alle nord- und westeuropäischen Berufskollegen verdienen besser; deutlich schlechter sind nur die südeuropäischen Bauern dran. (Statistische Angaben: Agrarbericht 1987)

63) G: Ein Landwirt ... Die EG-Landwirte produzieren mehr, als die EG-Verbraucher essen wollen. Lagerung und Verwertung dieser Überschüsse sind so teuer, daß die EG-Kassen bis auf den Grund geleert sind; die Fülle ist zur Last geworden. Mehr noch, zu einer finanziell untragbaren Last.

64) Habsburg, Seite 230

65) Haßler/Welt, Seite 108 f.

66) G: Ozon – Schutzschild der Erde. Das Universum ist lebensfeindlich. Erst die irdische Atmosphäre macht Leben möglich, denn sie speichert einerseits Wärme und hält andererseits einen großen Teil der Strahlung von der Erdoberfläche fern. Hierbei spielt die Ozonschicht, die in 20 bis 30 Kilometern Höhe die Erde umschließt, eine besondere Rolle. Ozon ist Sauerstoff, dessen Moleküle anders als der Sauerstoff der Atemluft nicht aus zwei, sondern aus je drei Atomen bestehen. Dieses Ozon absorbiert einen Teil der gefährlichen ultravioletten Strahlung (UV-Licht). In den letzten Jahren haben Wissenschaftler festgestellt, daß die Ozonschicht über den Polen – insbesondere über dem Südpol – dünner wird (Ozonloch). Man hat gute Gründe für die Annahme, daß für den Abbau des Ozons auch Fluor-Chlor-Kohlenwasserstoffe verantwortlich sind. Das sind Gase, die als Treibmittel in Spraydosen und vor allem in großen Mengen in Kühl- und Klimaanlagen verwendet werden.

67) G: Das Deltawerk. Nach der Flutkatastrophe von 1953 wurde in den Niederlanden die Planung für die Sturmflutsicherung des Rhein-Maas-Schelde-Deltas aufgenommen und 1957 als Delta-Plan vom Parlament beschlossen. Im Oktober 1986 wurde das letzte Sperrwerk (vor der Oosterschelde) eingeweiht. Damit wird ein Jahrhundertwerk vollendet – das größte Wasserbauprojekt, das die Niederländer jemals durchgeführt haben. Das Deltawerk sichert 15000 Quadratkilometer Land. Es schließt alle Mündungsarme des Deltas mit Ausnahme des Nieuwe Waterweg im Norden und der Westerschelde im Süden und verkürzt die Linie der Seedeiche um 700 Kilometer auf nur noch 33 Kilometer.

68) Haßler/Erde, Seite 199
69) ebenda, Seite 210
70) ebenda, Seite 184 ff.
71) ebenda, Seite 195 f.
72) ebenda, Seite 129
73) ebenda, Seite 28 ff.
74) MM, 7.7.87
75) G: Der Mittelmeerraum. Der Mittelmeerraum ist seit Jahrzehnten eine Problem- und Krisenregion erster Ordnung. Dies insbesondere wegen der politischen Gegensätze zwischen den südlichen Anrainerstaaten. Kernpunkt der Krise ist die Feindschaft zwischen Israel und den Arabern sowie das ungelöste Palästinenserproblem. Hinzu kommen der Bürgerkrieg im Libanon, der Zwist zwischen Ägypten und Libyen und die Unterstützung, die Libyens Staatschef Gaddafi palästinensischen und anderen Terroristen angedeihen läßt. Auch der Streit zwischen Algerien und Marokko um die Zukunft der Westsahara schwärt weiter.
76) G: Parteien im Golfkrieg. Im Golfkrieg sind seit September 1980 mindestens 350000 Iraker und Iraner gefallen; manche Schätzungen gehen sogar bis 900000. Der Verbrauch an Kriegsmaterial kostet jährlich viele Milliarden Dollar. Aber an Waffen und Munition scheint es den Kriegsgegnern nicht zu mangeln. Die hohen Gewinnmöglichkeiten haben eine große Anziehungskraft auf den privaten und zum Teil illegalen Waffenhandel. Aus einer Aufstellung des Internationalen Instituts für Friedensforschung (SIPRI) in Stockholm geht hervor, daß in den Jahren 1980 bis 1986 Waffen aus 42 Ländern geliefert wurden, wobei aus 26 Ländern Waffen sowohl in den Irak als auch den Iran gelangten – oft ohne Wissen oder Genehmigung der jeweiligen Regierungen. Weitere elf Länder lieferten militärische Transportmittel, Ersatzteile oder gaben Geld.
77) G: Sri Lanka. Sri Lanka kommt nicht zur Ruhe. Die Kämpfe zwischen Singhalesen und separatistischen Tamilen haben sich zum Bürgerkrieg ausgeweitet. Die Spannungen beruhen auf sprachlichen, religiösen und historischen Unterschieden zwischen den Volksgruppen. Von den 16 Millionen Einwohnern der Insel sind 74 Prozent Singhalesen. Sie sind im 5. Jahrhundert v. Chr. aus Nordindien eingewandert und überwiegend Buddhisten. Die tamilische Bevölkerung besteht aus zwei Gruppen. Die größere Gruppe (13 Prozent der Einwohner)

ist im 10. und 11. Jahrhundert n. Chr. aus Südindien eingewandert und meist hinduistischen Glaubens. Sie fordert einen unabhängigen Staat im Norden und Osten der Insel. Im Südosten Sri Lankas leben die Moors (sieben Prozent); sie sind Nachkommen von arabischen Seefahrern und muslimischen Glaubens. (Statistische Angaben: Ministry of State, Sri Lanka)

78) G: Lebensadern des südlichen Afrika. Die unmittelbaren Nachbarn der Republik Südafrika sind von Südafrika in hohem Maße wirtschaftlich abhängig. Das gilt besonders für Namibia, Botswana, Lesotho und Swasiland, die eine Zollunion mit dem Burenstaat bilden. Aber auch weiter entfernt liegende Staaten wickeln den größten Teil ihres Handels mit Südafrika ab oder müssen südafrikanische Transportwege benutzen, weil die Bahnlinien durch Angola, Moçambique und Tansania wegen Bürgerkrieg oder aus technischen Gründen kaum mehr benutzt werden können.

79) G: Südafrikas Rassenproblem. Obwohl die südafrikanische Regierung in jüngster Zeit einige Apartheids-Vorschriften gemildert hat, wird die Konfrontation zwischen den Rassen eher schärfer, die Konflikte nehmen zu, die blutigen Zusammenstöße werden häufiger. Denn nach wie vor haben die Schwarzen, die nahezu drei Viertel der 29 Millionen Einwohner Südafrikas stellen, außerhalb der »Homelands« keinerlei politische Rechte. Die vier von Südafrika für unabhängig erklärten Homelands haben knapp sieben Millionen Bürger. Da aber diese Homelands nicht gerade die wirtschaftlich wertvollsten Teile Südafrikas umfassen, können sie bei weitem nicht allen ihren Bürgern einen Lebensunterhalt bieten. Rund ein Drittel der Staatsbürger dieser Homelands lebt deshalb in den »weißen« Gebieten, wo sie ihre Arbeitsplätze haben. Die weiße Bevölkerung bildet überall die Minderheit; selbst in der Kapprovinz bleibt sie unter 30 Prozent. Von den Großstädten hat nur Pretoria, der Sitz der Regierung, eine mehrheitlich weiße Bevölkerung. Die Bewohner Kapstadts, Sitz des Parlaments, sind überwiegend Mischlinge. Die Inder bilden in Durban die größte Gruppe. Alle anderen großen Städte haben schwarze Mehrheiten.

80) G: Waffen für die Dritte Welt. Nach Berechnungen des Stockholmer Instituts für Friedensforschung (SIPRI) importierten die Entwicklungsländer im Zehnjahreszeitraum von 1976 bis 1985 Großwaffen im Wert von mehr als 90 Milliarden Dollar (zu festen Preisen von 1975 gerechnet). Der Löwenanteil –

39 Milliarden Dollar – ging nach Nahost. Die Nordafrikaner und Ostasiaten kauften für je elf Milliarden, die Lateinamerikaner für zehn Milliarden Dollar.

81) G: Weltproblem Flüchtlinge. 14 Millionen registrierte Flüchtlinge gab es 1986 auf der ganzen Welt. Asylsuchende, die in den Aufnahmeländern noch auf Anerkennung als Asylberechtigte warten, oder Menschen, die im eigenen Land auf der Flucht vor Bürgerkrieg oder wirtschaftlicher Not sind, werden bei dieser Zählung noch nicht einmal berücksichtigt. Besonders schwer betroffen sind die Nachbarländer des von der Sowjetunion besetzten Afghanistan: In Iran sind 2,3 Millionen Flüchtlinge registriert, in Pakistan sogar 2,7 Millionen. 2,1 Millionen Palästinenser leben in Lagern in verschiedenen arabischen Staaten. Sudan, eines der ärmsten Länder Afrikas, hat über eine Million Flüchtlinge aus den Nachbarländern aufgenommen. (Statistische Angaben: Flüchtlingskommissar der UN, UNRWA)

82) G: Katastrophenjahr 1985. Das Jahr 1985 war ein Katastrophenjahr. Naturgewalten, menschliche Unzulänglichkeit und technische Pannen kosteten Tausende von Menschen das Leben. Die größte Zahl von Opfern forderte im Mai ein Wirbelsturm mit einer Flutwelle in Bangladesch; die genaue Zahl der Toten wurde nie bekannt; Schätzungen sprechen von 40 000. Schlimme Folgen hatte auch das Erdbeben in Mexiko (ca. 12 000 Tote) und der Vulkanausbruch in Kolumbien (ca. 26 000 Tote). Ein schwarzes Jahr war 1985 für die Luftfahrt. Bei zehn Abstürzen und einem Flugzeugbrand starben rund 1700 Menschen. Die schwersten Unglücke waren der Absturz in Japan (520 Tote), die Explosion der Air-India-Maschine durch eine Bombe (329 Tote) und der Absturz einer US-Chartermaschine mit Soldaten an Bord in Neufundland (258 Tote). Jeweils mehrere hundert Menschen starben überdies bei einem Dammbruch in Italien und bei Fährunglücken in Bangladesch und China. Allein die spektakulärsten Katastrophen unseres Schaubildes kosteten 81 000 Menschenleben, nicht gerechnet sind dabei die vielen kleineren Unglücke und die vielen tausend Menschen, die durch Bürgerkriege oder Terrorismus in aller Welt ums Leben kamen.

83) Haßler/Erde, Seite 200

84) ebenda, Seite 192 f.

85) ebenda, Seite 190

86) ebenda, Seite 187

## *Abkürzungen*

wie I. und II. Buch, dazu:

| | |
|---|---|
| Brigitte | = Zeitschrift »Brigitte« vom 20.4.1987 |
| Hübner | = Kurt Hübner: Die Wahrheit des Mythos |
| Kreuz | = Eberhard Orthhandt/Dietrich Hans Teuffen: Ein Kreuz und tausend Wege |
| Moody | = Dr. Raymond A. Moody: Leben nach dem Tod |
| Planck | = Max Planck: (nicht veröffentlichtes) Archiv-Manuskript eines 1929 im Harnack-Haus in Berlin gehaltenen Vortrags |
| Ring | = Kenneth Ring: Den Tod erfahren – das Leben gewinnen |
| Umfrage | = Elisabeth Noelle-Neumann/Renate Köcher: Die verletzte Nation |

## *Anmerkungen*

1) Brigitte
2) MM, 16.12.86
3) Umfrage
4) Ditfurth, Seite 327
5) Hübner
6) Bayernkurier, 4.7.87
7) Buttlar, Seite 98
8) Bayernkurier, 25.4.87
9) Buttlar/Kräfte, Seite 130
10) ebenda, Seite 148
11) Habsburg, Seite 257
12) ebenda, Seite 255 f.
13) Haßler/Welt, Seite 239 ff.
14) Haßler/Erde, Seite 37
15) Planck
16) Ring, Seiten 11, 169, 178, 216
17) Moody, Seiten 23, 29 ff., 38 ff., 97, 121 ff.
18) MM, 7.2.86
19) MM, 23.1.86
20) Kreuz, Seite 194
21) Ring, Seiten 214, 244

# Register

**T**



**U**



**V**



**W**



**Y**



**Z**

**Knaur**

**Sheehy, Gail**
**Neue Wege wagen**
Ungewöhnliche Lösungen für gewöhnliche Krisen. Gail Sheehy, Autorin des Bestsellers »In der Mitte des Lebens« zeichnet Portraits von Frauen und Männern, die mit Mut und Kraft einen neuen Anfang gewagt haben.
640 S. [3734]

**Kubelka, Susanna**
**Ich fange noch mal an**
Glück und Erfolg in der zweiten Karriere. Dieses Buch ist für alle geschrieben, die nicht in Schablonen denken und sich nicht mit vorgegebenen Lebensformen begnügen wollen.
208 S. [7663]

**Senger, Gerti**
**Was heißt schon frigid!**
Intimsachen, die auch jeder Mann kennen sollte. Eine »Liebesschule« nicht nur für Frauen.
208 S. [7681]
**Gute Männer sind so!**
Männern sowie Frauen wird dieses mit einem Schuß Humor geschriebene Sachbuch, das auf den Erkenntnissen neuester Sexualwissenschaft und angewandter Psychologie beruht, helfen, sich besser zu verstehen und richtig zu behandeln.
208 S. [7680]
**Sinnenfreude Lebenslust**
100 Regeln für eine neue Sinnlichkeit.
Die bekannte Journalistin, Buchautorin und Fernsehmoderatorin hat in diesem Buch hundert Regeln zur Entfaltung einer neuen Sinnlichkeit aufgestellt.
208 S. [7704]

**Schönberger, Margit**
**Rettet uns den Mann!**
Ein Leitfaden für Frauen, die auf eigenen Füßen stehen und dennoch in Männerarmen liegen wollen. 272 S. [7698]

**Strömsdörfer, Lars**
**Ich such' mir einen Partner**
Ein Ratgeber für alle, die nicht immer Single sein wollen. 128 S. [7702]

**Turecki, Stanley / Tonner, Leslie**
**Das lebhafte Kind – fordernd und begabt**
In diesem umfassenden und auch für den Laien verständlichen Buch geben die Kinder- und Familienpsychiater Turecki/Tonner den Eltern ein komplettes Programm an die Hand, mit dessen Hilfe sie ihr Kind besser verstehen, lenken und seine positiven Seiten verstärken können. 320 S. [3859]

# Rat & Tat